高等学校"十二五"规划教材

分析化学

姚思童 刘 利 张 进 主编

U0376892

ANALYTIC CHEMISTRY

化学工业出版社
·北京·

本书根据工科类本科化学教学的要求编写，着眼于培养基础知识扎实、有创新能力、高素质的工科人才。全书分为10章，主要内容包括绪论、定量分析基础、滴定分析法、酸碱滴定法、配位滴定法、氧化还原滴定法、沉淀滴定法、重量分析法、吸光光度法、电位分析法。本书力求基本理论阐述清楚、重点突出。书中每章另有例题、本章重点和有关计算公式、思考题和习题，有利于教学基本要求的实施与完成。

　　本书可作为本科高等院校化学、化工、轻工、材料、生物、医药、环境、食品、地质、农学、林学等相关专业的分析化学课程教材，也可作为其他专业与分析化学相关的课程教学的参考书，还可供从事相关工作的专业人员阅读参考。

图书在版编目（CIP）数据

分析化学/姚思童，刘利，张进主编 .—北京：化学工业出版社，2015.1（2024.9重印）
高等学校"十二五"规划教材
ISBN 978-7-122-22248-0

Ⅰ.①分… Ⅱ.①姚…②刘…③张… Ⅲ.①分析化学-高等学校-教材 Ⅳ.①O65

中国版本图书馆 CIP 数据核字（2014）第 254400 号

责任编辑：褚红喜　宋林青　　　　　　装帧设计：张　辉
责任校对：李　爽

出版发行：化学工业出版社（北京市东城区青年湖南街 13 号　邮政编码 100011）
印　　装：北京盛通数码印刷有限公司
787mm×1092mm　1/16　印张 14¼　字数 360 千字　2024 年 9 月北京第 1 版第 8 次印刷

购书咨询：010-64518888　　　　　　售后服务：010-64518899
网　　址：http://www.cip.com.cn
凡购买本书，如有缺损质量问题，本社销售中心负责调换。

定　　价：36.00 元

《分析化学》 编写组

主　编　姚思童　刘　利　张　进
副主编　厉安昕　刘　阳　张晓然
编　者　（以姓氏笔画顺序）

厉安昕　吕　丹　刘　阳　刘　利

孙雅茹　李志杰　吴晓艺　张　进

张晓然　杨　军　姚思童　徐炳辉

前言

分析化学已经发展成为一门以多学科为基础的综合性学科，诸多学科的理论和实际问题的解决越来越需要分析化学的参与。同时，分析化学也是高等院校化工、轻工、石油、环境、制药、材料、生物、食品、地质、农学、林学等工科类专业学生的一门极其重要的学科基础课。

本书是参照高等学校工科类与理科类《分析化学》教学大纲编写的，以定量分析为主要内容。为培养学生分析问题和解决问题的能力，对"定量分析基础"、"酸碱滴定法"、"配位滴定法"、"氧化还原滴定法"、"沉淀滴定法"、"重量分析法"、"吸光光度法"、"电位分析法"等部分，作了比较全面、系统的细致阐述，力求为学生打下扎实的分析化学理论基础，并建立正确的学习分析化学的方法。

考虑到相关专业将来还要学习《仪器分析》课程，因此，本书关于仪器分析的内容仅编入了吸光光度法和电位分析法。

本书主要特色如下。

1. 注重基础，突出重点

本书共分 10 章，包括绪论、定量分析基础、滴定分析法、酸碱滴定法、配位滴定法、氧化还原滴定法、沉淀滴定法、重量分析法、吸光光度法、电位分析法等。全书注重基本理论和基本概念的阐述，力求内容充实、体系完整、语言精练、通俗易懂、重点突出。

2. 层次分明，条理清晰

本着循序渐进的原则，编写梳理教材内容。本教材各章节内容明确、每节中各级标题针对性强，问题阐述形成了逐条的观点或结论，易于学生明确掌握各知识点的精髓。

3. 注重"量"的概念

"定量"是分析化学的核心之一。分析化学是从取样、试样的处理与分解、分析方法的选择、分离与富集、分析测量，最后到误差和分析结果统计处理的全过程。在这个过程中，"量"的概念无处不在。本书编写时，注重引导学生建立完整、准确的"量"的概念。

4. 理论与实际密切相联

强调理论和实际应用两个方面的密切联系。每章都简明扼要地阐述了各种分析方法的基本原理及应用技术，着重介绍了各类方法标准溶液的配制、指示剂及测定条件的选择，列举了各类分析方法的应用实例。

5. 以培养学生能力为目标

全书编写注重对学生分析问题、综合解决问题和创新思维能力的培养与提高。另外，每章内容的编写中还包含例题、本章重点和有关计算公式、思考题和习题等环节，既便于教师教学，又利于学生独立思考、分析归纳和总结能力的养成。

6. 适用面广

主修化学、化工、轻工、材料、生物、医药、环境、食品、地质、农学、林学等专业的学生及相关专业的学生皆可选用本教材。

本书的编写成员来自国内多所高校，且均是长期从事分析化学教学和科研的教师，具有较高的学术水平和丰富的教学实践经验。参加本书编写工作的有姚思童（第1、2、4、5章）、刘利（第6、7、8章）、张进（第9、10章）、厉安昕（第3章）、刘阳和张晓然（表格、附录、插图）。姚思童负责主持及全书的策划、统稿等工作。全书由沈阳工业大学姚思童、刘利、张进修改和定稿，沈阳化工大学科亚学院厉安昕、沈阳建筑大学刘阳和北京建筑大学张晓然共同参与完成本书的编写工作。

编写本书时，参考了国内外的分析化学教材和专著，并从中得到了启发和教益。沈阳工业大学的吴晓艺、吕丹、李志杰、孙雅茹、徐炳辉、杨军等在本书编写过程中给予了无私的帮助并提出了宝贵意见，在此一并表示感谢。

尽管这是我们多年教学的结晶，但由于编者水平有限，疏漏和不妥之处在所难免，恳请读者批评指正。

编　者

2014 年 9 月

目录

第 1 章　绪论

1.1　分析化学的任务和作用 ……………………………………………………… 1
1.2　分析方法的分类 ……………………………………………………………… 2
　1.2.1　化学分析法 …………………………………………………………… 2
　1.2.2　仪器分析法 …………………………………………………………… 2
1.3　分析化学的进展和发展趋势 ………………………………………………… 3

第 2 章　定量分析基础

2.1　定量分析的过程 ……………………………………………………………… 5
2.2　定量分析中的误差 …………………………………………………………… 6
　2.2.1　误差及其产生的原因 ………………………………………………… 7
　2.2.2　误差和偏差的表示方法 ……………………………………………… 8
　2.2.3　减免误差的方法 ……………………………………………………… 10
　2.2.4　提高分析结果准确度的方法 ………………………………………… 11
2.3　分析结果的数据处理 ………………………………………………………… 12
　2.3.1　有效数字及运算规则 ………………………………………………… 12
　2.3.2　置信度与平均值的置信区间 ………………………………………… 14
　2.3.3　可疑值的取舍 ………………………………………………………… 16
　2.3.4　平均值与标准值的比较（检查方法的准确度） …………………… 18
2.4　标准曲线的回归分析 ………………………………………………………… 18
本章重点和有关计算公式 ………………………………………………………… 20
思考题 ……………………………………………………………………………… 21
习题 ………………………………………………………………………………… 21

第 3 章　滴定分析法

3.1　滴定分析的基本术语 ………………………………………………………… 23
3.2　滴定分析法的分类和滴定方式 ……………………………………………… 23
　3.2.1　滴定分析法的分类 …………………………………………………… 23
　3.2.2　滴定分析对化学反应的要求 ………………………………………… 24
　3.2.3　滴定方式 ……………………………………………………………… 24

3.2.4　滴定分析的特点 ……………………………………………………………… 25

3.3　滴定分析中的标准溶液和基准物 ……………………………………………… 25

3.3.1　基准物 …………………………………………………………………………… 26

3.3.2　标准溶液的配制方法 ……………………………………………………… 26

3.3.3　标准溶液浓度的表示方法 ………………………………………………… 27

3.4　滴定分析结果的计算 …………………………………………………………… 28

3.4.1　被测组分的物质的量与滴定剂的物质的量的关系 ……………………… 29

3.4.2　被测组分质量分数的计算 ………………………………………………… 30

3.4.3　计算示例 ………………………………………………………………… 30

本章重点和有关计算公式 ………………………………………………………… 32

思考题 ……………………………………………………………………………… 33

习题 ………………………………………………………………………………… 33

第 4 章　酸碱滴定法

4.1　不同 pH 溶液中酸碱存在形式的分布——分布曲线 ……………………… 35

4.1.1　酸碱平衡理论基础 ………………………………………………………… 35

4.1.2　酸碱平衡的相关概念 ……………………………………………………… 38

4.1.3　一元酸的分布曲线 ………………………………………………………… 38

4.1.4　二元酸的分布曲线 ………………………………………………………… 39

4.1.5　三元酸的分布曲线 ………………………………………………………… 40

4.1.6　多元酸的分布系数推广结论 ……………………………………………… 41

4.2　酸碱溶液 pH 的计算 …………………………………………………………… 42

4.2.1　质子条件 …………………………………………………………………… 42

4.2.2　一元弱酸、弱碱溶液 pH 的计算 ………………………………………… 44

4.2.3　两性溶液 pH 的计算 ……………………………………………………… 45

4.2.4　其他酸碱溶液 pH 的计算 ………………………………………………… 47

4.3　酸碱指示剂 ……………………………………………………………………… 49

4.3.1　指示剂的作用原理 ………………………………………………………… 49

4.3.2　指示剂的变色范围 ………………………………………………………… 50

4.3.3　混合指示剂 ………………………………………………………………… 52

4.3.4　酸碱指示剂使用时的注意事项 …………………………………………… 53

4.4　酸碱滴定曲线和指示剂的选择 ………………………………………………… 54

4.4.1　强碱滴定强酸 ……………………………………………………………… 54

4.4.2　强碱滴定弱酸 ……………………………………………………………… 56

4.4.3　强酸滴定弱碱 ……………………………………………………………… 59

4.4.4　多元酸、混合酸以及多元碱的滴定 ……………………………………… 59

4.5　酸碱滴定法的应用 ……………………………………………………………… 62

4.5.1　酸碱标准溶液的配制和标定 ……………………………………………… 62

4.5.2　酸碱滴定法应用示例 ……………………………………………………… 63

4.6　酸碱滴定分析结果的计算 ……………………………………………………… 66

本章重点和有关计算公式 ………………………………………………………… 68

思考题 ……………………………………………………………………………… 69

习题 ·· 70

第5章 配位滴定法

5.1 配位滴定法概述 ··· 74
  5.1.1 配位滴定法 ··· 74
  5.1.2 配位滴定对配位反应的要求 ··· 74
  5.1.3 配位剂的种类及特点 ··· 74
5.2 EDTA的性质及其配合物 ··· 75
  5.2.1 EDTA的性质 ··· 75
  5.2.2 EDTA与金属离子的配合物 ··· 77
5.3 EDTA与金属离子配合物稳定性的影响因素 ························· 78
  5.3.1 主反应与副反应 ··· 78
  5.3.2 EDTA的酸效应及酸效应系数 $\alpha_{Y(H)}$ ··························· 79
  5.3.3 金属离子的配位效应及副反应系数 α_M ······················· 80
  5.3.4 条件稳定常数 ··· 81
  5.3.5 配位滴定法测定单一金属离子的条件及酸度范围 ············· 83
5.4 配位滴定曲线 ··· 85
  5.4.1 滴定曲线的绘制 ··· 85
  5.4.2 滴定曲线的讨论 ··· 86
5.5 金属指示剂 ··· 88
  5.5.1 金属指示剂的性质和作用原理 ····································· 88
  5.5.2 金属指示剂应具备的条件及使用中的注意事项 ················· 88
  5.5.3 常用金属指示剂 ··· 90
5.6 混合离子的选择性滴定 ··· 90
  5.6.1 混合离子分别滴定可能性的判断 ·································· 91
  5.6.2 控制溶液酸度进行分别滴定 ······································· 91
  5.6.3 掩蔽和解蔽的方法进行分别滴定 ································· 92
  5.6.4 预先分离 ·· 95
5.7 配位滴定的方式和应用 ··· 95
  5.7.1 直接滴定 ·· 95
  5.7.2 返滴定 ··· 96
  5.7.3 置换滴定 ·· 96
  5.7.4 间接滴定 ·· 97
本章重点和有关计算公式 ··· 97
思考题 ·· 98
习题 ·· 99

第6章 氧化还原滴定法

6.1 氧化还原平衡与条件电极电位 ··· 102
  6.1.1 条件电极电位 ··· 102
  6.1.2 外界条件对电极电位的影响 ······································· 104

6.2 氧化还原反应进行程度和影响反应速率的因素 ·················· 106
  6.2.1 氧化还原反应进行程度 ····························· 106
  6.2.2 影响氧化还原反应速率的因素 ······················· 108
  6.2.3 氧化还原滴定法中的预处理 ························· 110
6.3 氧化还原滴定的基本原理 ······························· 112
  6.3.1 氧化还原滴定曲线 ······························· 112
  6.3.2 氧化还原指示剂 ································· 116
6.4 常用氧化还原滴定法 ································· 117
  6.4.1 高锰酸钾法 ································· 118
  6.4.2 重铬酸钾法 ································· 121
  6.4.3 碘量法 ··································· 122
6.5 氧化还原滴定结果的计算 ······························· 125
本章重点和有关计算公式 ·································· 128
思考题 ··· 128
习题 ·· 129

第 7 章 沉淀滴定法

7.1 沉淀滴定法概述 ··································· 132
  7.1.1 沉淀反应需满足的条件 ··························· 132
  7.1.2 银量法滴定方式和用途 ··························· 132
7.2 银量法确定滴定终点的几种方法 ······················· 133
  7.2.1 摩尔法 ··································· 133
  7.2.2 佛尔哈德法 ································· 134
  7.2.3 法扬司法 ································· 136
7.3 银量法的应用 ···································· 138
  7.3.1 银量法标准溶液 ······························· 138
  7.3.2 银量法的应用示例 ······························· 138
本章重点 ··· 139
思考题 ··· 139
习题 ·· 139

第 8 章 重量分析法

8.1 重量分析法概述 ··································· 141
  8.1.1 重量分析法 ································· 141
  8.1.2 待测组分与其他组分分离的方法 ······················· 141
  8.1.3 沉淀形式和称量形式 ··························· 142
  8.1.4 重量分析对沉淀形式的要求 ························· 142
  8.1.5 重量分析对称量形式的要求 ························· 142
  8.1.6 沉淀剂的选择与用量 ··························· 143
8.2 沉淀及影响沉淀纯度的因素 ··························· 143
  8.2.1 共沉淀和后沉淀 ······························· 143

8.2.2 获得纯净沉淀的措施 ………………………………………………… 144
8.2.3 沉淀的形成 …………………………………………………………… 144
8.2.4 沉淀条件的选择 ……………………………………………………… 145
8.2.5 沉淀的过滤、洗涤、烘干或灼烧 …………………………………… 146
8.3 影响沉淀溶解度的主要因素 ……………………………………………… 147
8.3.1 同离子效应 …………………………………………………………… 147
8.3.2 盐效应 ………………………………………………………………… 148
8.3.3 酸效应 ………………………………………………………………… 148
8.3.4 配位效应 ……………………………………………………………… 149
8.3.5 其他影响因素 ………………………………………………………… 149
8.4 重量分析法的计算和应用 ………………………………………………… 150
8.4.1 重量分析结果的计算 ………………………………………………… 150
8.4.2 重量分析法的应用 …………………………………………………… 151
本章重点和有关计算公式 ……………………………………………………… 153
思考题 …………………………………………………………………………… 154
习题 ……………………………………………………………………………… 154

第 9 章 吸光光度法

9.1 吸光光度法的基本原理 …………………………………………………… 156
9.1.1 吸光光度法的特点 …………………………………………………… 156
9.1.2 物质对光的选择性吸收 ……………………………………………… 157
9.1.3 光吸收基本定律 ……………………………………………………… 159
9.1.4 偏离朗伯-比尔定律的原因 ………………………………………… 160
9.2 显色反应及其影响因素 …………………………………………………… 161
9.2.1 显色反应与显色剂 …………………………………………………… 161
9.2.2 影响显色反应的因素 ………………………………………………… 161
9.2.3 显色剂的种类及选择 ………………………………………………… 163
9.3 分光光度计及测定方法 …………………………………………………… 165
9.3.1 分光光度计的基本构造及性能 ……………………………………… 165
9.3.2 常用的分光光度计 …………………………………………………… 166
9.3.3 吸光光度法的测定方法 ……………………………………………… 167
9.4 吸光光度法测量条件的选择 ……………………………………………… 168
9.4.1 入射光波长的选择 …………………………………………………… 169
9.4.2 吸光度范围的选择 …………………………………………………… 169
9.4.3 参比溶液的选择 ……………………………………………………… 169
9.5 吸光光度法的应用 ………………………………………………………… 170
9.5.1 单一组分含量的测定 ………………………………………………… 170
9.5.2 多组分含量的测定 …………………………………………………… 171
9.5.3 配合物组成的测定 …………………………………………………… 172
9.5.4 醋酸解离常数的测定 ………………………………………………… 173
本章重点和有关计算公式 ……………………………………………………… 174
思考题 …………………………………………………………………………… 174

习题 ·· 174

第 10 章 电位分析法

10. 1　电位分析法的基本原理 ·· 177
　10. 1. 1　概述 ·· 177
　10. 1. 2　参比电极 ··· 178
　10. 1. 3　指示电极 ··· 180
　10. 1. 4　离子选择性电极 ·· 181
10. 2　电位测定法 ·· 184
　10. 2. 1　溶液 pH 的测定 ··· 185
　10. 2. 2　离子活度或浓度的测定 ·· 185
　10. 2. 3　影响测量准确度的因素 ·· 187
10. 3　电位滴定法 ·· 188
　10. 3. 1　方法原理和特点 ·· 188
　10. 3. 2　电位滴定终点的确定 ·· 188
　10. 3. 3　电位滴定法的应用 ··· 189
本章重点和有关计算公式 ·· 189
思考题 ·· 190
习题 ·· 190

附录

附录 1　国际相对原子质量表 ·· 192
附录 2　化合物的相对分子质量 ·· 193
附录 3　常用洗液的配制 ·· 198
附录 4　弱酸、弱碱在水中的解离常数（298. 15K, $I = 0$） ······························ 199
附录 5　常用的酸溶液和碱溶液的相对密度和浓度 ··· 201
附录 6　常用的缓冲溶液 ·· 202
附录 7　金属配合物的稳定常数(20 ~ 25℃) ·· 205
附录 8　金属离子与氨羧配位剂形成的配合物的稳定常数（lgK_{MY}） ·················· 207
附录 9　标准电极电位（298. 15K） ·· 208
附录 10　条件电极电位 $\varphi^{\ominus'}$ ··· 211
附录 11　难溶化合物的溶度积常数(18℃) ··· 212

参考文献

第1章 绪论

1.1 分析化学的任务和作用

分析化学是一门经典学科，又是一门正在蓬勃发展变革的学科。作为化学学科的一个重要分支，分析化学是研究物质的化学组成、结构和测定方法及有关理论的科学。

分析化学主要由成分分析和结构分析两部分组成。成分分析又包括定性分析和定量分析两部分。定性分析的任务是鉴定物质的化学组成，定量分析的任务是测定物质各组分的含量，结构分析是推测物质的化学结构。在对物质进行分析时，通常先进行定性分析确定其组成，然后再进行定量分析。定量分析的两大支柱是化学分析和仪器分析，两部分内容相互补充。就物质成分的定量分析而言，尽管仪器分析发挥着重要的作用，但它主要用于微量和痕量组分的测定，而常量组分的精确分析仍然主要依靠化学分析。化学分析是分析化学基础课的重要支柱，并在化学及相关专业人才培养中起着重要的作用。

分析化学在国民经济建设中有着重要的意义。如在工业生产方面：原料的选择，中间产品、成品的检验，新产品的开发与研制，以及生产过程中三废（废水、废气、废渣）的处理和综合利用都需要分析化学。在农业生产方面：土壤成分、肥料、农药的分析以及农作物生长过程的研究也都离不开分析化学。在国防和公安方面：武器装备的生产和研制以及刑事案件的侦破等也都需要分析化学的密切配合。

在科学技术的诸多方面，分析化学的作用已经远远超出化学的领域。它不仅对化学各学科的发展起着重要的推动作用，而且与生物学、医学、环境科学、材料科学、能源科学、地质学等的发展，都有密切的关系。人类赖以生存的环境（大气、水质和土壤）需要监测；在人类与疾病的斗争中，临床诊断、病理研究、药物筛选，以至进一步研究基因缺陷；登陆月球后的岩样分析，火星、土星的临近观测……所有这些人类活动的每一步都离不开分析化学。

因此，分析化学是人们认识自然、改造自然的工具，在现代科技发展中起着"眼睛"的作用。

在化工与制药、轻工、纺织、食品、生物工程、材料、资源与环境等类专业的课程设置中，分析化学是一门重要的基础课。通过本课程的学习和实验基本技能的训练，不仅能培养学生严格、认真和实事求是的科学态度，观察实验现象、分析和判断问题的能力，精密、细致地进行科学实验的技能，而且可以使学生具有科学技术工作者应具备的素质。为此在教学中必须注意理论联系实际，引导学生深入理解所学的理论知识，培养其分析问题和解决问题的能力，为他们学习后继课程和日后投身我国社会主义现代化建设打下良好的基础。

1

1.2 分析方法的分类

一般按照分析原理的不同，可将分析方法分为两大类，即化学分析法和仪器分析法。

1.2.1 化学分析法

以物质的化学反应为基础的分析方法称为化学分析法。化学分析法是最早采用的分析方法，是分析化学的基础，故又称经典分析法。化学分析法包括重量分析法和滴定分析法等分析方法。

（1）重量分析法

通过化学反应及一系列的操作步骤使试样中的待测组分转化为另一种纯粹、化学组成固定的化合物而与试样中其他组分得以分离，然后称量该化合物的质量，从而计算出待测组分含量或质量分数，这样的分析方法称为重量分析法。

（2）滴定分析法

用一种已知准确浓度的溶液，通过滴定管滴加到待测组分溶液中，使其与待测组分恰好完全反应，根据所加入的已知准确浓度的溶液的体积计算出待测组分的含量，这样的分析方法称为滴定分析法。依据不同的反应类型，滴定分析法又可以分为酸碱滴定法、沉淀滴定法、配位滴定法和氧化还原滴定法。

重量分析法和滴定分析法通常用于高含量或中含量组分的测定，即待测组分的质量分数在1%以上（常量分析）。重量分析法的特点是准确度高，因此至今仍有一些组分的测定是以重量分析法为标准方法，但其操作麻烦，分析速度较慢，耗时较多。滴定分析法操作简便，省时快速，测定结果的准确度也较高，一般情况下相对误差为±0.2%，所用的仪器设备又很简单，因此应用比较广泛。即使在当前仪器分析快速发展的情况下，滴定分析法在生产实践和科学实验上仍有很大的实用价值和重要作用。

1.2.2 仪器分析法

以物质的物理和物理化学性质为基础，借助光电仪器测量试样的光学性质（如吸光度或谱线强度）、电学性质（如电流、电位和电导）等物理和物理化学性质来求出待测组分含量的分析方法称为仪器分析法。这类分析方法都需要用到较特殊的仪器，通常称为仪器分析方法，也称物理或物理化学分析方法。

最主要的仪器分析法有以下几种。

（1）光学分析法

根据物质的光学性质所建立的分析方法称为光学分析法。主要包括：紫外-可见光度法、红外光谱法、发光分析法、分子荧光及磷光分析法、原子发射、原子吸收光谱法等。

（2）电化学分析法

根据物质的电化学性质所建立的分析方法称为电化学分析法。主要包括电位分析法、极谱和伏安分析法、电重量和库仑分析法、电导分析法等。

（3）色谱分析法

色谱分析法是根据物质在两相（固定相和流动相）中吸附能力、分配系数或其他亲和作用力的差异而建立的一种分离、测定方法。这种分析法最大的特点是集分离和测定于一体，是多组分物质高效、快速、灵敏的分析方法。主要包括气相色谱法、液相色谱法等。

随着科学技术的发展，许多新的仪器分析方法也得到不断的发展，如质谱法、核磁共振、X射线、电子显微镜分析、毛细管电泳等大型仪器分析方法。作为高效试样引入及处理手段的流动注射分析法以及为适应分析仪器微型化、自动化、便携化而最新涌现出的微流控芯片毛细管分析等现代分析方法，已经受到人们的极大关注。

与化学分析法相比，仪器分析法具有操作简便、快速、灵敏度高、准确度高等优点，适用于微量（质量分数0.01%～1%）或痕量（0.01%以下）及生产过程中的控制分析等。但通常仪器分析的设备较复杂，价格昂贵，且有些仪器对环境条件要求较苛刻（如恒温、恒湿、防震等），因此有时难以普及。此外在进行仪器分析之前，时常要用化学方法对试样进行预处理（如除去干扰杂质、富集等）；在建立测定方法过程中，要把未知物的分析结果和已知的标准作比较，而该标准则常需要以化学分析法与仪器分析法互为补充的，而且前者是后者的基础。

化学分析法和仪器分析法都有各自的优缺点和局限性，通常实验时要根据被测物质的性质和对分析结果的要求选择适当的分析方法进行测定。

另外，按照分析对象不同，分析化学可分为无机分析和有机分析。按照分析时所取的试样量不同，又可分为常量分析、微量分析、痕量分析等。

1.3 分析化学的进展和发展趋势

环境科学、材料科学、宇宙科学、生命科学以及化学学科的发展，既促进了分析化学的发展，又对分析化学提出了更高的要求。现代分析化学已不再局限于测定物质的组成和含量，它实际上已成为"从事科学研究的科学"，正向着更深、更广阔的领域发展。当前的发展趋势主要表现在以下几个方面。

（1）智能化

主要体现在计算机的应用和化学计量学的发展方面。计算机在分析数据处理、实验条件的最优化选择、数字模拟、专家系统和各种理论计算的研究中以及在农业、生物、环境测控与管理中都起着非常重要的作用。

（2）自动化

主要体现在自动分析、遥测分析等方面。如遥感监测地面污染情况，就可以通过植物的种类、长势及其受害程度，间接判断土壤受污染的程度，这是因为植物受污染后发生的生理病变可在陆地卫星影像上有明显的显示。又如红外遥测技术在环境监测（大气污染、烟尘排放等），流程控制，火箭、导弹飞行器尾气组分测定等方面具有独特作用。

（3）精确化

主要体现在提高灵敏度和分析结果的准确度方面。如激光微探针质谱法对有机化合物的检出限量为$10^{-15}\sim10^{-12}$g，对某些金属元素的检出限量可达$10^{-20}\sim10^{-19}$g，且能分析生物大分子和高聚物；电子探针分析所用试液体积可低至10^{-12}mL，高含量的相对误差值已达到0.01%以下。

（4）微观化

主要体现在表面分析与微区分析等方面。如电子探针、X射线微量分析法可分析半径和深度为$1\sim3\mu m$的微区，其相对检出限量为0.01%～0.1%。

分析化学的发展必须也必将和当代科学技术的发展同步进行，并将广泛吸收当代各种技术的最新成果，如化学、物理、数学与信息学、生命科学、计算科学、材料科学、医学等，利用一切可以利用的性质和手段，完善和建立新的表征、测定方法和技术，并广泛应用和服务于各个科学领域。同时计算机技术、激光、纳米技术、光导纤维、功能材料、等离子体、化学计量学等新技术、新材料和新方向同分析化学的交叉研究，更促进了分析化学的进一步发展。因此，分析化学已经不是单纯提供信息的科学，它已经发展成一门以多学科为基础的综合性科学。它将继续沿着高灵敏度（达原子级、分子级水平）、高选择性（复杂体系）、快速、简便、经济、分析仪器自动化、数字化、计算机化和信息化的纵深方向发展，以解决更多、更新、更复杂的课题。

第2章　定量分析基础

在定量分析测定过程中，由于误差是客观存在的，所以即使由技术很熟练的操作人员，采用最可靠的分析方法，使用最精密的仪器，也不可能得到绝对准确的结果。因此作为分析工作者应该充分了解分析过程中误差的种类及产生的原因，才能有针对性的采取相应方法尽可能减小误差。

2.1　定量分析的过程

定量分析的任务是确定试样中有关组分的含量。完成一项定量分析任务通常包括取样、预处理、测定和分析结果的数据处理等步骤。

（1）取样

所谓试样是指在分析工作中被用来进行分析的物质体系，它可以是固体、液体或气体。

分析测定中所需试样的量较少，一般在零点几克至几克，而可供测定的物质往往是大量的，如测定河水的水质，空气污染程度，进行土壤、矿石分析等。分析化学对试样的基本要求是其在组成和含量上具有代表性，能代表被分析的总体，否则即使测定结果再准确也是毫无意义的，甚至可能导致错误的结论。为保证所采集到的部分试样具有与整体试样完全相同的性质，一般都要遵守如下规则：首先，根据样品的性质和测定要求确定取样量；其次，试样的组成与整体物质的组成须一致，确保试样的代表性；最后，对所采集的试样必须妥善保存，避免因吸湿、光照、风化或与空气接触而发生变化，以及由容器壁的侵蚀导致污染等。因此，合理的取样是分析结果是否准确可靠的前提。

（2）试样的预处理

包括试样的分解和预分离富集。

试样的处理与分解应根据试样的形态、方法项目和分析方法等的要求，进行科学的处理，选择合适的分解方法。

在分析工作中，除少数分析方法（如差热分析、发射光谱、红外光谱等）为干法外，大多为湿法分析，即先将试样分解后制成溶液再进行分析测定。因此，需称取一定质量的试样进行预处理。

试样的预处理是定量分析的重要步骤之一，应满足以下两个条件：

① 试样必须分解完全，待测组分不应损失且其状态应有利于测定；

② 分解过程中不应引入干扰物质和待测组分。

试样的性质不同，预处理的方法也不同。无机物试样的处理方法通常有酸溶、碱溶和熔融法。在农业方面，生物样品中有机物的测定较多，通常可通过溶剂萃取、挥发和蒸馏的方法分离后进行测定。

实际试样中往往有多种组分共存，当测定其中某一组分时，共存的其他组分可能对其测定产生干扰，因此，必须采用适当的方法消除干扰。加掩蔽剂是最简单的消除干扰的方法，但并不一定能消除所有的干扰。在许多情况下，需要选择适当的分离方法使待测组分与其他干扰组分分离。有时试样中待测组分含量太低，需要适当的方法将待测组分富集后再进行测定。

经过预处理的试样，有的将全部用作分析，有的先定量地稀释到一定体积，然后再取其中的一部分进行分析。在分析测定前，有的还要调节酸碱度、进行氧化还原处理等。总之，预处理是为了保证能够方便准确地进行分析测定。

（3）测定

根据试样的性质和分析要求选择合适的方法进行测定。

一般对于标准物和成品的分析，准确度要求较高，应选用标准分析方法，如国家标准。对生产过程的中间控制分析则要求快速简便，宜选用在线分析。对常量组分的测定，常采用化学分析法，如滴定分析法、重量分析法。对微量组分的测定应采用高灵敏度的仪器分析法。选择测定方法的一般原则如下。

① 与测定的具体要求相适应　应明确测定的目的和要求，即需要测定的组分、准确度及完成测定的速度等。例如对原子量的测定、仲裁分析、标准物及成品分析等的准确度要求较高，微量和痕量成分分析对灵敏度的要求高，而中间控制分析则要求的是快速简便。

② 与被测组分的含量相适应　滴定分析法和重量分析法的相对误差千分之几，通常适用于常量组分的分析测定。由于滴定分析法相对简便、快速，因此当两者均可应用时，一般选用滴定分析法。

对于微量组分的测定，一般应选用灵敏度高的仪器分析法，如吸光光度法、原子吸收光谱法、色谱分析等。

③ 考虑被测组分的性质　通常测定方法的选择都是基于被测组分的性质。例如，很多金属离子可与 EDTA 形成稳定的配合物，因此配位滴定法是测定金属离子的重要方法。又如测定具有酸性或碱性的组分、具有氧化性或还原性的组分，若组分含量和纯度又较高时，一般选择酸碱滴定法或氧化还原滴定法。

④ 考虑共存组分的影响　在选择测定方法时，必须同时考虑共存组分对测定的影响。控制适当的分析条件，选择适当的分离方法或加入掩蔽剂，消除各种干扰之后，才能提高测定的选择性，得到准确的测定结果。

⑤ 考虑现有的实验条件　实验人员根据试样的组成、被测组分的性质和含量、测定准确度的要求及共存干扰组分的情况，选择具体测定方法时，还需考虑现有的实验设备与技术条件，秉着一切从实际出发的原则，综合考虑准确、专属、灵敏、快速、简便、节约等各种因素，选择适宜的测定方法，以求达到预期的目的和效果。

（4）分析结果的数据处理

根据测定的有关数据，依据数据处理的原则，计算出待测组分的含量，并对分析结果的可靠性进行分析，最后得出结论。

2.2　定量分析中的误差

定量分析的目的是准确测定试样中组分的含量，因此分析结果必须具有一定的准确度。在定量分析中，由于受分析方法、测量仪器、所用试剂和分析工作者主观条件等多种因素的限制，使得分析结果与真实值不完全一致。即使采用最可靠的分析方法，使用最精密的仪器，由技术很熟练的分析人员进行测定，也不可能得到绝对准确的结果。同一个人在相同条件下对同一种试样进行多次测定，所得结果也不会完全相同。这表明，在分析过程中，这种测定结果与真实值之间的不一致是客观存在、不可避免的。因此，分析工作者不仅要掌握正确的实验操作，而且要了解分析过程中产生误差的原因及规律性，以便采取相应的措施减小这种差别，提高分析结果的准确度。

2.2.1 误差及其产生的原因

分析测试中的测定结果与真实值之间的差异称为误差。误差有正、负之分，当测定值大于真实值时为正误差，当测定值小于真实值时为负误差。但客观存在的真实值不可能知道，实际工作中往往用"标准值"代替真值。标准值是采用多种可靠的分析方法，由具有丰富经验的人员经过反复多次测定得出的比较准确的结果。按照误差的来源不同，误差可分为系统误差和偶然误差。

（1）系统误差

系统误差（可测误差）是由于某些比较确定经常发生的原因引起的，它对分析结果的影响比较固定。即误差的正、负通常是一定的，其大小也有一定的规律性，在重复测量的情况下，它有重复出现的性质，因此其大小往往可以测出，并且还可以通过实验减小或消除。按照误差产生的原因，系统误差可以分为下列几种。

① 方法误差　这种误差是由于分析方法本身造成的。例如，滴定分析中反应进行不完全、滴定终点与化学计量点不相符、有其他副反应发生等。

② 仪器误差　由于仪器本身不准确而引起的分析误差。例如，天平两臂不等长引起称量误差、砝码质量和滴定管刻度不准确等。

③ 试剂误差　由于试剂本身纯度不够而引起的分析误差。例如，所用试剂或蒸馏水中含有杂质等，均能带来误差。

④ 操作误差　一般是指在正常操作条件下，由于分析人员掌握操作规程和实验条件有出入而引起的误差。例如，滴定管读数偏低或偏高、对颜色的分辨能力不够敏锐等所造成的误差。

系统误差的性质：
① 重复性　同一条件下的重复测定中系统误差会重复出现；
② 单向性　测定结果系统偏高或偏低；
③ 误差大小基本不变，对测定结果的影响比较恒定。
系统误差的大小可以测定出来，从而对测定结果进行校正。

（2）偶然误差（随机误差）

偶然误差（随机误差）是由于一些偶然因素所引致的误差，因此是偶然的或不能控制的。这类误差对分析结果的影响不固定，即具有随机性和不确定性，有时大，有时小，有时正，有时负。例如，称量时，分析天平的感量是 0.1mg，几次称量同一物体，彼此之间有±0.1mg 差别，这是难以避免的。同理，滴定管读数彼此常会相差±0.01mL 等。

大量的生产实践和科学实验说明，当人们对一个量进行重复很多次的测定，然后把所得结果进行统计，发现偶然误差符合正态分布规律，如图 2-1 所示，即偶然误差分布具有如下性质。

① 对称性　绝对值相等的正误差和负误差出现的机会相等，即误差分布曲线是对称的。
② 单峰性　小误差出现的机会多，大误差出现的机会少，个别特别大的误差出现的机会极少。

③ 有界性　仅仅由于偶然误差造成的误差值不可能很大，即大误差出现的机会极少，如果出现误差很大的测定值，往往是由于其他过失造成的，对这种数据需按规则进行处理。

④ 抵偿性　误差的算术平均值的极限为零。

$$\lim_{n \to \infty} \sum_{i=1}^{n} \frac{d_i}{n} = 0$$

必须注意，前面上述的系统误差和偶然误差都是指在正常操作的情况下所产生的误差。至于因为操作不细心而加错试剂、记错读数、溶液溅失等违反操作规程所造成的错误称为过失。"过失"不属于误差，"过失"是完全可以避免的。

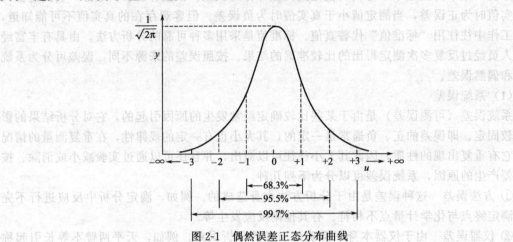

图 2-1　偶然误差正态分布曲线

2.2.2　误差和偏差的表示方法

（1）准确度与误差

分析结果的准确度是指测量值 x 与真实值 μ 相接近的程度。准确度的高低用误差来衡量。误差是测量值 x 与真实值 μ 之间的差值，误差越小，则分析结果准确度越高。误差又分为绝对误差 E 和相对误差 E_r。

① 绝对误差　实验测得的数值 x 与真实值 μ 之间的差值称为绝对误差 E，即

$$E = x - \mu \tag{2-1}$$

② 相对误差　相对误差指的是绝对误差对于真值所占的百分率，即

$$E_r = \frac{E}{\mu} \times 100\% \tag{2-2}$$

例如，分析天平称量两物体的质量各为 1.6380g 和 0.1637g，假定两者的真实质量分别为 1.6381g 和 0.1638g，则两者称量的绝对误差分别为：

$$E = 1.6380g - 1.6381g = -0.0001g$$
$$E = 0.1637g - 0.1638g = -0.0001g$$

两者称量的相对误差则分别为：

$$E_r = \frac{-0.0001}{1.6381} \times 100\% = -0.006\%$$

$$E_r = \frac{-0.0001}{0.1638} \times 100\% = -0.06\%$$

由此可知，绝对误差相等，相对误差并不一定相同，上例中第一个称量结果的相对误差为第二个称量结果相对误差的十分之一。也就是说，同样的绝对误差，当被测定的量较大

时，相对误差就比较小，测定的准确度也就比较高。因此，用相对误差来表示各种情况下测定结果的准确度更为确切些。

绝对误差和相对误差都有正、负之分。正值表示分析结果偏高，负值表示分析结果偏低。

实际工作中，真值实际上是无法获得的，人们常常用纯物质的理论值、国家标准局提供的标准参考物质的证书上给出的数值或多次测定结果的平均值当作真值。

（2）精密度与偏差

在实际工作中，真值常常是不知道的，因此无法求得分析结果的准确度，通常用精密度来说明分析结果的好坏。

精密度是指在确定条件下，多次测量结果相一致的程度，即反映多次测量结果的重现性。精密度的好坏用偏差来衡量。偏差是指个别测量结果与多次测量结果的平均值之间的差别。偏差越小，表明测量结果的精密度越好。偏差有多种表示方法。

① 绝对偏差和相对偏差　由于真实值往往不知道，因而只能用多次测量的平均值代表分析的结果（即以平均值为"标准"），这样计算出来的误差称为偏差。偏差也分为绝对偏差及相对偏差。

绝对偏差是指某一次测量值与平均值的差异，即

$$d_i = x_i - \bar{x} \tag{2-3}$$

相对偏差是指某一次测量的绝对偏差占平均值的百分比，即

$$d_r = \frac{d_i}{\bar{x}} \times 100\% \tag{2-4}$$

② 平均偏差和相对平均偏差　为表示多次测量的总体偏离程度，可以用平均偏差 $(\bar{d})$，它是指各次偏差的绝对值之和的平均值，即

$$\bar{d} = \frac{1}{n}\sum_i^n |d_i| = \frac{1}{n}\sum_i^n |x_i - \bar{x}| \tag{2-5}$$

平均偏差没有正、负号。平均偏差占平均值的百分数叫相对平均偏差 $(\bar{d}_r)$，即

$$\bar{d}_r = \frac{\bar{d}}{\bar{x}} \times 100\% \tag{2-6}$$

③ 标准偏差和相对标准偏差　在分析工作中，标准偏差是表示精密度更合理的方法。当测定次数有限时（$n < 20$），标准偏差常用式（2-7）表示。

$$S = \sqrt{\frac{\sum_i^n d_i^2}{n-1}} = \sqrt{\frac{\sum_i^n (x_i - \bar{x})^2}{n-1}} \tag{2-7}$$

相对标准偏差也称为变异系数，即标准偏差占平均值的百分率，即

$$S_r = \frac{S}{\bar{x}} \times 100\% \tag{2-8}$$

总之，在偏差的表示中，用标准偏差更合理，因为将单次测定值的偏差平方后，能将较大的偏差显著地表现出来。

例 **2-1** 有两组测定值

> 甲组: 2.9　2.9　3.0　3.1　3.1
> 乙组: 2.8　3.0　3.0　3.0　3.2

判断精密度的差异。

解: 甲组 平均值 $\bar{x}=3.0$ 平均偏差 $\bar{d}=0.08$ 标准偏差 $S=0.10$

乙组 平均值 $\bar{x}=3.0$ 平均偏差 $\bar{d}=0.08$ 标准偏差 $S=0.14$

例题中,两组数据的平均偏差是一样的,但数据的离散程度不一样,乙组的数据更分散,说明用平均偏差有时不能够反映出客观情况。而用标准偏差来判断,例题中乙的 S 更大一些,即精密度差一些,反映了真实情况。因此在一般情况下,对测定数据应该表示出标准偏差或变异系数。

(3) 准确度与精密度的关系

通过以上的讨论可知,准确度表示测定结果与真实值之间的符合程度,即反映出测量的准确性;而精密度则表示平行测定值之间的符合程度,即测定结果的重现性。

精密度是保证准确度的先决条件,精密度差说明测定结果的重现性差,即所得结果可靠性差,但是精密度高的测定也并不一定准确度就高。只有从精密度和准确度两个方面综合衡量测定结果的优劣,二者都高的测定结果才是可信的。两者的关系可用图 2-2 表示。图中标出甲、乙、丙、丁实验者测定同一试样中铁含量时所得的四组测定结果。由图可知,甲所测结果的精密度和准确度都高,结果可靠;乙所测结果的精密度高而准确度低,说明在测定过程中存在系统误差;丙所测结果的精密度和准确度均不高,结果自然不可靠;丁所测结果的精密度非常差,尽管由于较大的正、负误差恰好相互抵消而使平均值接近真实值,但并不能说明其测定的准确度高,显然丁的结果只是巧合,并不可靠。

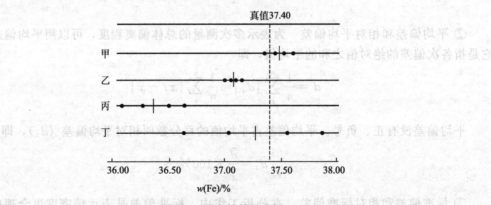

图 2-2　测定结果示意图

定量分析中对测量精密度的要求通常是:当方法直接、操作比较简单时,一般要求相对偏差在 $0.1\%\sim0.2\%$;对混合试样或试样均匀性较差时,随分析成分含量的不同,对精密度的要求也不相同。但必须明确的是,分析数据必须具备一定的准确度和精密度。

2.2.3　减免误差的方法

在定量分析中误差是不可避免的,为了获得准确的分析结果,必须尽可能地减少分析过程中的误差。

(1) 系统误差的检验和消除

从上面的讨论可知,精密度高是准确度高的先决条件,而精密度高并不表示准确度高。

在实际工作中，有时遇到这样的情况，几个平行测定的结果非常接近，似乎分析工作没有什么问题了，可是一旦用其他可靠的方法检验，就发现分析结果有严重的系统误差，甚至可能因此而造成严重差错。因此，在分析工作中，必须十分重视系统误差的检验和消除，以提高分析结果的准确度。

造成系统误差的原因有多方面，根据具体情况可采用不同的方法加以校正。一般系统误差可用下面的方法进行检验和消除。

① 对照试验　在相同条件下，用标准试样（已知含量的准确值）与被测试样同时进行测定，通过对标准试样的分析结果与其标准值的比较，可以判断测定是否存在系统误差。也可以对同一试样用其他可靠的分析方法与所采用的分析方法进行对照，以检验是否存在系统误差。

② 空白试验　由试剂或蒸馏水和器皿带进杂质所造成的系统误差，通常可用空白试验来进行校正。空白试验就是不加试样，按照与试样分析相同的操作步骤和条件进行试验，测定结果称为空白值。然后，从试样测定结果中扣去空白值，即得到较可靠的测定结果。

③ 校准仪器　仪器不准确引起的系统误差，可通过校准仪器来减小。例如在滴定分析过程中，首先要对滴定管、移液管、容量瓶、砝码等进行校准。

④ 校正方法　某些由于分析方法引起的系统误差可用其他方法直接校正。重量分析法测定水泥熟料中 SiO_2 的含量时，滤液中的硅可用分光光度法测定，然后加到重量法的结果中，这样就可消除由于沉淀的溶解损失而造成的系统误差。

⑤ 回收试验　回收试验是在测定试样某组分含量（x_1）的基础上，加入已知量的该组分（x_2），再次测定其组分含量（x_3），由回收试验所得数据可以计算出回收率。

$$回收率 = \frac{x_3 - x_1}{x_2} \times 100\% \tag{2-9}$$

若回收率符合一定要求，说明系统误差合格，分析方法可用。由回收率的高低来判断有无系统误差存在的原则：对常量组分回收率要求高，一般为 99% 以上，对微量组分回收率要求在 95%～110%。

（2）增加平行测定次数，减少随机误差

随机误差是由偶然性的不固定的原因造成的，在分析过程中始终存在，是不可消除的，但可以通过增加平行测定次数，减少随机误差。在消除系统误差的前提下，平行测定次数越多，平均值越接近真实值。在分析化学中，对同一试样，通常要求至少平行测定 3～5 次，以获得较准确的分析结果。

2.2.4　提高分析结果准确度的方法

为了获得准确的分析结果，必须减少分析过程中的误差。

（1）选择适当的分析方法

不同的分析方法有不同的准确度和灵敏度。对常量组分（含量在 1% 以上）的测定，可用灵敏度不高，但准确度高（相对误差小于 0.2%）的重量分析法或滴定分析法。对微量组分（含量在 0.01%～1% 之间）或痕量组分（含量在 0.01% 以下）的测定，则应选用灵敏度较高的仪器分析法。如常用的吸光光度法检测下限可达 $10^{-5}\%$～$10^{-4}\%$，但吸光光度法分析结果的相对误差一般在 2%～5%，准确度不高。因此，必须根据所要分析的样品情况及对分析结果的要求，选择适当的分析方法。

（2）减少测量误差

为了提高分析结果的准确度，必须尽量减小各测量步骤的误差。例如，滴定管的读数有

±0.01mL 误差，一次滴定必须读两次数据，可能造成的最大误差为±0.02mL。为使滴定的相对误差小于0.1%，消耗滴定液的体积必须在20mL以上。又如，用分析天平称量，称量误差为±0.0001g，每称量一个样品必须进行两次称量，可能造成的最大误差是±0.0002g，为使称量的相对误差小于0.1%，每个样品称取的质量必须大于0.2g。

(3) 减少偶然误差

在消除或减小系统误差的前提下，通过增加平行测定的次数，可以减小偶然误差。一般要求平行测定3～5次，取算术平均值，便可以得到较准确的分析结果。

(4) 消除系统误差

检验和消除系统误差对提高准确度非常重要。

2.3 分析结果的数据处理

2.3.1 有效数字及运算规则

为了使记录和计算的实验数据不仅能表达数值的大小，而且准确地反映测量的精确程度，提出了有效数字的概念和有效数字的运算规则。

(1) 有效数字的含义

有效数字是指实际能测得到的数字（包括最后估读的一位数字）。例如，50mL 滴定管，最小刻度为0.1mL，若读数为20.87mL，表示前三位是准确的，最后一位数字"7"是估读的可疑值，这四位数字都是有效数字。同理，用万分之一天平称得某物体的质量为1.5180g，1.518是准确的，最后一位数字"0"是可疑值，这五位数字也都是有效数字。

有效数字不仅表示数量的大小，而且反映测量的精确程度。因此，对任何物理量的测定，不仅要准确地测量，而且要正确地记录和计算。

(2) 有效数字的位数

在确定有效数字的位数时，应注意如下几点。

① 数字"0"的重要意义。如用万分之一天平称得某物体的质量为0.5080g，该数字为四位有效数字。"0"在数字前，即"5"前面的"0"不是有效数字，只起定位作用；"0"在数字中间是有效数字，即"8"前面的"0"是有效数字；"0"在数字后有时是有效数字，有时不确定。0.5080中"8"后面的"0"是有效数字，表示该物体的质量准确到小数点后三位。17000是自然数，并非测量所得，应看成是足够有效，即自然数的有效数字位数不确定，此时"7"后面的"0"无法确定是否为有效数字。当写成指数1.70×10^4时，该数字是三位有效数字，即"7"后面的"0"是有效数字。

② 有效数字的位数应与测定仪器的精确程度相一致。例如，50mL 滴定管，因为可以读至0.01mL，所以滴定管读数必须记录到小数点后第二位，如"0mL"，应记录"0.00mL"。同理，用万分之一天平称得"1g"时，正确记录为"1.0000g"。

③ 对数（如pH，pM，lgK）值的有效数字位数仅由小数的位数决定，且小数部分的所有"0"，都为有效数字。例如，pH=5.02只有两位有效数字，因为此时$[H^+]=9.5 \times 10^{-6} \mathrm{mol \cdot L^{-1}}$，也是两位有效数字。这一点可以通过计算验证，即将此数及上、下限同时计算，确定在哪一位发生变化，结果位数便由此确定。

(3) 有效数字的修约规则

通常所说的实验结果大多是各种测量数据经计算得到的。在计算过程中，必须运用有效数字的运算规则，做到合理取舍。既不能无原则地保留过多位数使计算复杂化，也不能随便舍弃任何尾数而使准确度受到影响。舍去多余数字的过程称为数字修约过程，该过程遵循"四舍六入五留双"的原则：当被修约的数字小于等于 4 时舍，大于等于 6 时入。当被修约的数字等于 5 且 5 后面是零或者没有数字时，应确保修约的结果的末位数字成双，即 5 前面的数字是偶数时舍，奇数时则入。当 5 后面有大于零的任何数字时，无论 5 前面的数字是偶数还是奇数都入。例如，将下列数字分别修约为四位：

$$3.1424 \rightarrow 3.142$$
$$3.2156 \rightarrow 3.216$$
$$5.6235 \rightarrow 5.624$$
$$4.6245 \rightarrow 4.624$$
$$20.44521 \rightarrow 20.45$$

值得注意的是，如果运算分步进行，中间步骤的有效数字修约时应多保留一位，以免因修约引起的误差累积传递，一个确定的数字只能修约一次。如将 18.2348 修约为四位有效数字，应 $18.2348 \rightarrow 18.23$，而不能 $18.2348 \rightarrow 18.235 \rightarrow 18.24$。

（4）有效数字的运算规则

① 加减运算　当几个测定结果相加或相减时，它们的和或差的有效数字的保留应该以小数点后位数最少的一个为标准，也就是以绝对误差最大的一个为标准。

例如，计算：$0.0121 + 25.64 + 1.05782$

首先以 0.0121、25.64、1.05782 三个数字中小数点后位数最少者为基准修约。由于每个数据的最末一位都是可疑的，其中 25.64 小数点后第二位已经不准确了，即从小数点后第二位开始与准确的有效数字相加，得出的数字也不会准确。因此计算结果应保留小数点后两位，即

$$0.01 + 25.64 + 1.06 = 26.71$$

② 乘除运算　当几个测定结果进行乘除运算时，保留有效数字的位数取决于有效数字位数最少的一个，即相对误差最大的一个。例如，计算下式：

$$\frac{0.0325 \times 5.103 \times 60.06}{139.8}$$

各数的相对误差分别为：

$$0.0325: \frac{\pm 0.0001}{0.0325} \times 100\% = \pm 0.3\%$$

$$5.103: \pm 0.02\% \quad 60.06: \pm 0.02\% \quad 139.8: \pm 0.07\%$$

由此可见，在上述 4 个数中，0.0325 是相对误差最大者，即有效数字位数最少者，因此计算结果应取三位有效数字，即

$$\frac{0.0325 \times 5.103 \times 60.06}{139.8} = 0.0713$$

（5）关于有效数字的特殊说明

① 若某个数据的第一位有效数字大于或等于 8，则有效数字的位数可多算一位，如 8.37 可看成是四位有效数字。

② 在计算过程中，可以暂时多保留一位数字，对最后结果应根据"四舍六入五留双"的原则弃去多余的数字。

③ 凡涉及化学平衡的有关计算，一般保留两位或三位有效数字。

④ 对于物质组成的测定，对质量分数大于 10% 的组分测定，计算结果一般保留四位有效数字；质量分数为 1%～10% 的组分测定，一般保留三位有效数字；对质量分数小于 1%

的组分测定，则通常保留两位有效数字。

⑤ 误差和偏差一般只取一位有效数字，最多取两位有效数字。

⑥ 在对数计算中，所取对数的位数应与真数的有效数字位数相等。

⑦ 表示标准溶液的浓度时，一般取四位有效数字。

⑧ 所有计算式中的常数如 π，$1/2$，$\sqrt{2}$ 等非测量所得的数据可以视为有无限多位有效数字。其他如相对原子质量等基本数量，如需要的有效数字位数少于公布的数值，可以根据需要保留。

⑨ 使用计算器做连续运算时，运算过程中不必对每一步的计算结果进行修约，但最后结果的有效数字位数必须按照以上规则正确取舍。

2.3.2 置信度与平均值的置信区间

只有当测定次数 $n \rightarrow \infty$ 时，才能实现 $\bar{x} \rightarrow \mu$，即此时才能得到最可靠的分析结果。由于实际工作中，通常把测定数据的平均值作为分析结果报告，但测得的少量数据得到的平均值总是带有一定的不确定性，它不能明确说明测定结果的可靠性。偶然误差的分布规律告诉我们，对于有限次测定，测定值总是围绕平均值 $\bar{x}$ 而集中的，$\bar{x}$ 是总体平均值（可以看作真值）的最佳估计值。因此，只能在一定条件（置信度）下，根据 $\bar{x}$ 对 μ 可能存在的区间做出估计。

(1) 置信度

真实值落在置信区间的概率称为置信度 P，置信度就是人们对所做判断有把握的程度，其意义可理解为某一定范围的测定值出现的概率，或者说分析结果在某一误差范围内出现的概率。在前面图 2-1 中曲线各点的横坐标 u 是误差的大小，曲线上各点的纵坐标表示某个误差出现的频率，曲线与横坐标从 $-\infty$ 到 $+\infty$ 之间所包围的面积代表具有各种大小误差的测定值出现的概率总和，设定为 100%。在 $\mu - \sigma$ 到 $\mu + \sigma$ 区间内，曲线所包围的面积为 68.3%，即真值落在 $\mu \pm \sigma$ 区间内的概率（或把握），也即置信度为 68.3%。同理，真值落在 $\mu \pm 2\sigma$ 和 $\mu \pm 3\sigma$，区间内的置信度分别为 95.5% 和 99.7%。

(2) 平均值的置信区间

平均值的置信区间是在选定的置信度 P 下，真值 μ 在以测定平均值 $\bar{x}$ 为中心出现的范围，简称置信区间。其意义为真实值在指定概率下，分布所在的某一个区间。

真值 μ 与平均值 $\bar{x}$ 之间的关系（平均值的置信区间）：

$$\mu = \bar{x} \pm \frac{tS}{\sqrt{n}} \tag{2-10}$$

式中，$\bar{x}$ 为平均值；S 为标准偏差；n 为测定次数；t 为在选定的某一置信度下的概率系数（置信因子）。可以根据测定次数和置信度，从表 2-1 中查得相应的 t 值。

表 2-1 t 值表

测定次数 n	置信度(P)				
	50%	90%	95%	99%	99.5%
2	1.000	6.314	12.706	63.657	127.32
3	0.816	2.920	4.303	9.925	14.089
4	0.765	2.353	3.182	5.841	7.453
5	0.741	2.132	2.776	4.604	5.598

测定次数	置信度(P)				
n	50%	90%	95%	99%	99.5%
6	0.727	2.015	2.571	4.032	4.773
7	0.718	1.943	2.447	3.707	4.317
8	0.711	1.895	2.365	3.500	4.029
9	0.706	1.860	2.306	3.355	3.832
10	0.703	1.833	2.262	3.250	3.690
11	0.700	1.812	2.228	3.169	3.581
21	0.687	1.725	2.086	2.845	3.153
∞	0.674	1.645	1.960	2.576	2.807

式（2-10）的意义：在一定置信度下（如95%），真值（总体平均值）将在测定平均值 $\bar{x}$ 附近的一个区间，即在 $\bar{x}+\dfrac{tS}{\sqrt{n}}$ 至 $\bar{x}-\dfrac{tS}{\sqrt{n}}$ 之间存在，把握程度为95%。

式（2-10）常作为分析结果的表达式。$\pm\dfrac{tS}{\sqrt{n}}$ 表示不确定度。

置信区间的宽窄与置信度、测定值的精密度和测定次数有关，当测定值精密度愈高（S 值愈小），测定次数愈多（n 值愈大）时，置信区间愈窄，即平均值愈接近真值，平均值愈可靠。

置信度选择越高，置信区间越宽，其区间包括真值的可能性也就越大。当置信度为100%，置信区间取无限大，但这样的区间是毫无意义的。置信度是根据具体的工作需要提出的，对于分析工作的数据处理，置信度通常取90%或95%。

例 2-2 测定 SiO_2 的质量分数，得到下列数据（%）：28.62，28.59，28.51，28.48，28.52，28.63。求平均值、标准偏差及置信度分别为90%和95%时平均值的置信区间。

解：

$$\bar{x}=\left(\dfrac{28.62+28.59+28.51+28.48+28.52+28.63}{6}\right)\%=28.56\%$$

$$S=\sqrt{\dfrac{(0.06)^2+(0.03)^2+(0.05)^2+(0.08)^2+(0.04)^2+(0.07)^2}{6-1}}\%=0.06\%$$

查表 2-1，置信度为90%，$n=6$，$t_表=2.015$，因此

$$\mu=\left(28.56\pm\dfrac{2.015\times0.06}{\sqrt{6}}\right)\%=(28.56\pm0.05)\%$$

同理，当置信度为95%，$n=6$，$t_表=2.571$，可得

$$\mu=\left(28.56\pm\dfrac{2.571\times0.06}{\sqrt{6}}\right)\%=(28.56\pm0.06)\%$$

上述计算说明，若平均值的置信区间取 $(28.56\pm0.05)\%$，则真值在其中出现的概率为90%，而若使真值出现的概率提高为95%，则其平均值的置信区间将扩大为 $(28.56\pm0.06)\%$。

例 2-3 测定钢中铬含量时，先测定两次，测得的质量分数为1.12%和1.15%；再测定三次，测得的数据为1.11%，1.16%和1.12%。试分别按两次测定和按五次测定的数据来计算平均值的置信区间（95%置信度）。

解：两次测定时

$$\bar{x}=\left(\dfrac{1.12+1.15}{2}\right)\%=1.135\%$$

$$S=\sqrt{\frac{(0.015)^2+(0.015)^2}{2-1}}\%=0.021\%$$

查表 2-1，置信度为 95%，$n=2$，$t_{表}=12.706$，因此

$$w_{Cr}=\left(1.14\pm\frac{12.706\times0.021}{\sqrt{2}}\right)\%=(1.14\pm0.19)\%$$

五次测定时

$$\bar{x}=\left(\frac{1.12+1.15+1.11+1.16+1.12}{5}\right)\%=1.13\%$$

$$S=\sqrt{\frac{\sum\limits_{i}^{n}(x_i-\bar{x})^2}{n-1}}\%=0.022\%$$

查表 2-1，置信度为 95%，$n=5$，$t_{表}=2.776$，因此

$$w_{Cr}=\left(1.13\pm\frac{2.776\times0.022}{\sqrt{5}}\right)\%=(1.13\pm0.03)\%$$

从表 2-1 和例 2-3 计算可知：在一定测定次数范围内，适当增加测定次数，t 值将减小，因而可使置信区间显著缩小，即可使真值 μ 与平均值 $\bar{x}$ 越接近。但并非需要无限增加测定次数，因为当测定次数超过 20 次以上时，再增加测定次数，t 值变化很小，对提高测定结果的准确度已经没有什么意义了。所以，只有在一定测定次数范围内，分析数据的可靠性才随平行测定次数的增多而增加。

2.3.3 可疑值的取舍

可疑值也称离群值，是指在相同条件下，对同一样品进行多次重复测定时，常有个别值比同组其他测定值明显地偏大或偏小。当数据中出现个别值离群太远时，首先要仔细检查测定过程中，是否有操作错误，是否有过失误差（粗差）存在，若确实由于实验技术上的过失或实际过程中的失误所致，则应将该值舍去。否则不能随意地舍弃离群值以提高精密度，而是必须通过统计检验才能确定可疑值的取舍。常用 Q 检验法和 Grubbs 检验法，这些方法都是建立在随机误差服从一定分布规律的基础上。

(1) Q 检验法

Q 检验法适于 3～10 次的测定，依据所要求的置信度，按照下列步骤检验。

① 将数据从小到大排列 $x_1<x_2<\cdots<x_n$，计算极差 R：

$$R=x_n-x_1$$

② 算出可疑值与其最邻近数据之间的差。

③ 按下式计算舍弃商 $Q_{计}$：

$$Q_{计}=\frac{|x_{可疑}-x_{相邻}|}{R}=\frac{|x_{可疑}-x_{相邻}|}{x_n-x_1} \tag{2-11}$$

例如当 x_1 可疑时，$Q_1=\dfrac{x_2-x_1}{x_n-x_1}$；当 x_n 可疑时，$Q_n=\dfrac{x_n-x_{n-1}}{x_n-x_1}$。

④ 根据测定次数 n 和指定置信度，查 Q 值表（表 2-2），获取相应条件下的 $Q_{表}$ 值。

⑤ 比较取舍：当 $Q_{计}>Q_{表}$ 则舍弃可疑值，反之则保留。

表 2-2 Q 值表

测定次数 n	置信度(P)		
	90%	95%	99%
3	0.94	0.98	0.99
4	0.76	0.85	0.93
5	0.64	0.73	0.82
6	0.56	0.64	0.74
7	0.51	0.59	0.68
8	0.47	0.54	0.63
9	0.44	0.51	0.60
10	0.41	0.48	0.57

（2）Grubbs 检验法

Grubbs 检验法步骤如下。

① 将数据从小到大依次排列 $x_1 < x_2 < \cdots < x_n$，计算包括可疑值在内的该组数据的平均值 $\bar{x}$ 和标准偏差 S。

② 算出可疑值与平均值之差，计算 $G_{计}$：

$$G_{计} = \frac{|x_{可疑} - \bar{x}|}{S}$$ (2-12)

例如当 x_1 可疑时，$G_1 = \dfrac{\bar{x} - x_1}{S}$；当 x_n 可疑时，$G_n = \dfrac{x_n - \bar{x}}{S}$。

③ 依测定次数和指定置信度，查 G 值表（表 2-3），获取相应条件下 $G_表$ 值。

④ 比较取舍：当 $G_{计} > G_表$，则舍弃可疑值，反之则保留。

此法计算过程中，应用了平均值 $\bar{x}$ 和标准偏差 S，故判断的准确性较高。

例 2-4　测定某药物中 Co 的质量分数（$\times 10^{-6}$）得到结果如下：1.25，1.27，1.31，1.40。用 Q 检验法和 Grubbs 检验法判断 1.40×10^{-6} 这个数据是否保留。

解：分析测定数据，可疑值为 1.40×10^{-6}。

（1）Q 检验法：

$$Q_{计} = \frac{1.40 - 1.31}{1.40 - 1.25} = 0.60$$

查表 2-2，置信度选 90%，$n = 4$ 时，$Q_表 = 0.76$，$Q_{计} < Q_表$，故 1.40×10^{-6} 应保留。

（2）Grubbs 检验法：

平均值 $\bar{x} = 1.31 \times 10^{-6}$，标准偏差 $S = 0.067 \times 10^{-6}$

$$G_{计} = \frac{1.40 - 1.31}{0.067} = 1.34$$

查表 2-3，置信度选 95%，$n = 4$ 时，$G_表 = 1.46$，$G_{计} < G_表$，故 1.40×10^{-6} 应保留，两种方法判断一致。

表 2-3 G 值表

测定次数 n	置信度(P)		
	95%	97.5%	99%
3	1.15	1.15	1.15
4	1.46	1.48	1.49
5	1.67	1.71	1.75
6	1.82	1.89	1.94
7	1.94	2.02	2.10

测定次数 n	置信度(P)		
	95%	97.5%	99%
8	2.03	2.13	2.22
9	2.11	2.21	2.32
10	2.18	2.29	2.41
11	2.23	2.36	2.48
12	2.29	2.41	2.55
13	2.33	2.46	2.61
14	2.37	2.51	2.66
15	2.41	2.55	2.71
20	2.56	2.71	2.88

Q 检验法由于不必计算平均值 $\bar{x}$ 和标准偏差 S，故使用起来比较方便，但 Q 检验法在统计上有可能保留离群较远的值。置信度常选 90%，如选 95% 会使判断误差更大。所以可疑值取舍时，由于应用了平均值 $\bar{x}$ 和标准偏差 S，判断时用 Grubbs 检验法更好。

2.3.4 平均值与标准值的比较(检查方法的准确度)

为了检验一个分析方法是否可靠，是否有足够的准确度，常用已知含量的标准试样进行试验，用 t 检验法将测定的平均值与已知值（标样值）比较，按照下式

$$t = \frac{|\bar{x} - \mu|}{S} \sqrt{n} \tag{2-13}$$

计算 t 值。

若 $t_{计} > t_{表}$，则 $\bar{x}$ 与已知值有显著差别，表明被检验的方法存在着系统误差。若 $t_{计} \leqslant t_{表}$ 则 $\bar{x}$ 与已知值之间的差异可认为是随机误差引起的正常差异。

例 2-5 一种新方法用来测定试样含铜量，用含量为 11.7mg/kg 的标准试样，进行五次测定，所得数据为 10.9，11.8，10.9，10.3，10.0。判断该方法是否可行？（是否存在系统误差）

解：计算平均值 $\bar{x} = 10.8$，标准偏差 $S = 0.7$

$$t_{计} = \frac{|\bar{x} - \mu|}{S} \sqrt{n} = \frac{|10.8 - 11.7|}{0.7} \sqrt{5} = 2.87$$

查表 2-1，置信度为 95%，$n = 5$，$t_{表} = 2.776$，因此

$$t_{计} > t_{表}$$

说明该方法存在系统误差，结果偏低。

2.4 标准曲线的回归分析

在分析化学中，经常使用标准曲线来获得试样某组分的浓度。如光度分析中的浓度-吸光度曲线，电位法中的浓度-电位值曲线，色谱法中的浓度-峰面积（或峰高）曲线等。

怎样才能使这些标准曲线描绘得最准确，误差最小呢？这就需要找出浓度与某特性值两个变量之间的回归直线及代表此直线的回归方程。下面将简介回归方程的计算方法。

设浓度 x 为自变量，某性能参数 y 为因变量，在 x 与 y 之间存在一定的相关关系，当用实验数据 x_i 与 y_i 绘图时，由于实验误差存在，绘出的点不可能全在一条直线上，而是分散在直线周围，为了确保分析结果的准确性，就需要找出一条直线，使各实验点到直线的距离最短（此时误差最小）。

应用数理统计方法，利用最小二乘法关系，求出相应方程 $y=a+bx$ 中的系数 a 和 b，然后再绘出相应的直线，这样的方程称为 y 对 x 的回归方程，相应的直线称为回归直线，从回归方程或回归直线上求得的数值，误差小，准确度高。式中 a 为直线的截距，与系统误差大小有关；b 为直线的斜率，与方法灵敏度有关。

设实验点为 x_i，y_i（$i=1 \rightarrow n$），则平均值

$$\bar{x} = \frac{\sum_{i=1}^{n} x_i}{n}, \quad \bar{y} = \frac{\sum_{i=1}^{n} y_i}{n}$$

由最小二乘法关系得

$$b = \frac{\sum_{i=1}^{n}(x_i - \bar{x})(y_i - \bar{y})}{\sum_{i=1}^{n}(x_i - \bar{x})^2} \tag{2-14}$$

或

$$b = \frac{\sum_{i=1}^{n} x_i y_i - (\sum_{i=1}^{n} x_i)(\sum_{i=1}^{n} y_i)/n}{\sum_{i}^{n} x_i^2 - (\sum_{i=1}^{n} x_i)^2/n} \tag{2-15}$$

$$a = \bar{y} - b\bar{x} \tag{2-16}$$

如 a、b 值确定，回归方程也就确定了。但这个方程是否有意义呢？因为即使数据误差很大，仍然可以求出相应方程。这就需要判断两个变量 x 与 y 之间的相关关系是否达到一定密切程度，为此可采用相关系数（r）检验法。

$r = \pm 1$ 时，两变量完全线性相关，实验点全部在回归直线上。

$r = 0$ 时，两变量毫无相关关系。

$0 < |r| < 1$ 时，两变量有一定的相关性，只有当 $|r|$ 大于某临界值时，二者相关才显著，所求回归方程才有意义。

r 的数值按下列公式计算：

$$r = \frac{\sum_{i=1}^{n}(x_i - \bar{x})(y_i - \bar{y})}{\sqrt{\sum_{i=1}^{n}(x_i - \bar{x})^2 \sum_{i=1}^{n}(y_i - \bar{y})^2}} \tag{2-17}$$

或

$$r = \frac{\sum_{i=1}^{n} x_i y_i - n\bar{x}\bar{y}}{\sqrt{(\sum_{i=1}^{n} x_i^2 - n\bar{x}^2)(\sum_{i=1}^{n} y_i^2 - n\bar{y}^2)}} \tag{2-18}$$

r 的临界值与置信度及自由度关系见表 2-4。

表 2-4　相关系数 r 的临界值（$f = n - 2$）

r \ f \ P	1	2	3	4	5	6	7	8	9	10
90%	0.988	0.900	0.805	0.729	0.669	0.622	0.582	0.549	0.521	0.497
95%	0.997	0.950	0.878	0.811	0.755	0.707	0.666	0.632	0.602	0.576
99%	0.999	0.990	0.959	0.917	0.875	0.834	0.798	0.765	0.735	0.708

例 2-6 分光光度法测定酚的数据如下：

酚含量 x	0.005	0.010	0.020	0.030	0.040	0.050
吸光度 y	0.020	0.046	0.100	0.120	0.140	0.180

用回归方程表示酚含量与吸光度的关系，并检验方程是否有意义？

解： $n=6$ $\sum_{i=1}^{6} x_i = 0.155$ $\sum_{i=1}^{6} y_i = 0.606$ $\sum_{i=1}^{6} x_i y_i = 0.0208$

$$\bar{x} = 0.0258 \quad \bar{y} = 0.101 \quad n\bar{x}\bar{y} = 0.0156$$

$$\sum_{i=1}^{6} x_i^2 = 0.0055 \quad \sum_{i=1}^{6} y_i^2 = 0.0789$$

则

$$\sum x_i y_i - (\sum x_i)(\sum y_i)/n = 0.0208 - 0.155 \times 0.606/6 = 0.0051$$

$$\sum x_i^2 - (\sum x_i)^2/n = 0.0055 - (0.155)^2/6 = 0.0015$$

所以

$$b = \frac{0.0051}{0.0015} = 3.4$$

$$a = 0.101 - 3.40 \times 0.0258 = 0.013$$

回归方程为：$y = 0.013 + 3.4x$

利用此回归方程只要测得 y（吸光度），即可求得试样中酚含量 x。

检查 x 与 y 的相关系数，代入公式（2-18）得，$r_{计} = 0.996$。

查表 2-4，当 $f = 6-2 = 4$ 时，选置信度 95%，$r_{临} = 0.811$，因此

$$r_{计} > r_{临}$$

表明方程是有意义的，含量与吸光度之间有较好的线性关系。

本章重点和有关计算公式

重点：

1. 系统误差的种类及减免方法
2. 系统误差和偶然误差的区别
3. 准确度和精密度二者的意义和关系
4. 可疑值取舍方法
5. 置信度和置信区间
6. 有效数字及运算规则
7. 标准曲线的回归分析

有关计算公式：

1. 绝对误差 $E = x - \mu$

2. 相对误差 $E_r = \dfrac{E}{\mu} \times 100\%$

3. 绝对偏差 $d_i = x_i - \bar{x}$

4. 相对偏差 $d_r = \dfrac{d_i}{x} \times 100\%$

5. 平均偏差 $\bar{d} = \dfrac{1}{n}\sum_i^n |d_i| = \dfrac{1}{n}\sum_i^n |x_i - \bar{x}|$

6. 相对平均偏差 $\bar{d}_r=\dfrac{\bar{d}}{\bar{x}}\times100\%$

7. 标准偏差 $S=\sqrt{\dfrac{\sum\limits_i^n d_i^2}{n-1}}=\sqrt{\dfrac{\sum\limits_i^n (x_i-\bar{x})^2}{n-1}}$ （有限次测定）

8. 相对标准偏差(变异系数) $S_r=\dfrac{S}{\bar{x}}\times100\%$

9. 平均值的置信区间 $\mu=\bar{x}\pm\dfrac{tS}{\sqrt{n}}$

10. Q 检验法公式 $Q_{计}=\dfrac{|x_{可疑}-x_{相邻}|}{R}=\dfrac{|x_{可疑}-x_{相邻}|}{x_n-x_1}$

11. Grubbs 检验法公式 $G_{计}=\dfrac{|x_{可疑}-\bar{x}|}{S}$

12. t 检验法公式 $t=\dfrac{|\bar{x}-\mu|}{S}\sqrt{n}$

思考题

1. 下列情况分别引起什么误差？如果是系统误差，应该如何消除？
(1) 砝码被腐蚀；
(2) 天平两臂不等长；
(3) 试剂含被测组分；
(4) 重量分析中杂质被共沉淀；
(5) 天平称量时最后一位读数估计不准；
(6) 以含量为 99% 的邻苯二甲酸氢钾作基准物标定碱溶液。
2. 判断下列说法是否正确。
(1) 偶然误差是由某些难以控制的偶然因素所造成的，因此无规律可循。
(2) 精密度高的一组数据，其准确度一定高。
(3) 绝对误差等于某次测定值与多次测定结果平均值之差。
(4) pH=11.21 的有效数字为四位。
(5) 偏差与误差一样有正、负之分，但平均偏差恒为正值。
(6) 因使用未经校正的仪器而引起的误差属于偶然误差。
(7) 测定结果的精密度很高，说明系统误差小。
(8) 测定结果的精密度很高，说明偶然误差小。
3. 用标准偏差和算术平均偏差表示分析结果，哪一种更合理？
4. 如何减少随机误差？如何减少系统误差？
5. 滴定管的读数误差为 0.01mL，如果滴定时用去滴定剂 2.50mL，相对误差是多少？如果滴定时用去滴定剂 25.00mL，相对误差又是多少？说明了什么问题？
6. 试区别准确度和精密度、误差和偏差。

习 题

1. 已知分析天平能准确称至 0.1mg，要使试样的称量误差不大于±0.1%，则至少要称取试样多少克？

2. 某试样经分析测得含锰质量分数（%）为：41.24，41.27，41.23，41.26。求分析结果的平均偏差、标准偏差和变异系数。

3. 测定某样品的含氮量，6 次平行测定结果为：20.48%、20.55%、20.58%、20.60%、20.53%、20.50%。

(1) 计算测定结果的平均值、平均偏差、标准偏差、相对标准偏差。

(2) 若此样品含氮量为 20.45%，求测定结果的绝对误差和相对误差。

4. 按合同定购了有效成分为 24.00% 的某种肥料产品，对已收到的一批产品测定 5 次的结果为 23.72%、24.09%、23.95%、23.99% 及 24.11%，求置信度为 95% 时的平均值的置信区间，产品质量是否符合要求？

5. 用某一方法测定矿样中锰含量的标准偏差为 0.12%，锰含量的平均值为 9.56%。设分析结果是根据 4 次、6 次测得的，计算两种情况下的平均值的置信区间（95% 置信度）。

6. EDTA 法测定标准试样（已知含 ZnO 36.9%）ZnO 含量所得数据为 37.9%，38.9%，37.4%，37.1%。试用 Q 检测法检验是否有数据要舍弃，并判断此分析方法是否存在系统误差（置信度 90%）。

7. 某矿石中钨的质量分数（%）测定结果为：20.39，20.41，20.43。计算标准偏差 S 及置信度为 95% 时的置信区间。

8. 测定试样中 P_2O_5 质量分数（%），数据如下：

8.44，8.32，8.45，8.52，8.69，8.38

用 Grubbs 检验法及 Q 检测法对可疑数据决定取舍，并求平均值 $\bar{x}$、平均偏差 $\bar{d}$、标准偏差 S 和置信度选 90% 及 99% 的平均值的置信区间。

9. 有一标样，其标准值为 0.123%，今用一新方案测定，得四次数据如下（%）：0.112，0.118，0.115 和 0.119，判断新方法是否存在系统误差（置信度选 95%）。

10. 下列数据中包含几位有效数字：

(1) 0.0251　(2) 0.2180　(3) 1.8×10^{-5}　(4) pH=2.50

11. 利用一种新方法测氮的含量（标准含氮量为 21.21%），结果为 $n=6$，$\bar{x}=21.12\%$，$S=0.14\%$，指定置信度为 90%，问此方法是否可行？

12. 根据有效数字修约规则，将下列数据修约到小数点后第三位。

(1) 1.41159　(2) 0.51749　(3) 15.454546　(4) 0.378502

(5) 7.691688　(6) 2.362568

13. 根据有效数字运算规则计算下列各式。

(1) $1.187 \times 0.85 + 9.6 \times 10^{-3} - 0.0326 \times 0.00824 \div 2.1 \times 10^{-3}$

(2) $0.067 + 2.1415 - 1.32$

(3) $0.09067 \times 21.30 \div 25.00$

(4) $\dfrac{0.09802 \times \dfrac{(21.12 - 13.40)}{1000} \times \dfrac{162.21}{3}}{1.4193}$

(5) pH=4.03 时，计算 H^+ 浓度。

第3章 滴定分析法

3.1 滴定分析的基本术语

（1）滴定分析法

用滴定管将已知准确浓度的试剂溶液（标准溶液）滴加到待测组分溶液中，直至与待测组分按化学计量关系恰好完全反应时为止。这时加入的标准溶液的物质的量与待测组分的物质的量符合反应的化学计量关系，根据消耗的标准溶液的体积和已知浓度，按化学计量关系即可求得待测组分的含量。这一类分析方法统称为滴定分析法。

（2）标准溶液

已知准确浓度的试剂溶液称为标准溶液，也称为滴定剂。

（3）滴定

滴加标准溶液的操作过程称为滴定。

（4）化学计量点

滴加的标准溶液与待测组分按照化学反应计量关系恰好反应完全的点，称为化学计量点。

（5）滴定终点

在化学计量点时，反应往往没有出现任何外部特征，实验人员此时无法确定反应是否完全，因此一般在待测溶液中加入指示剂，根据指示剂的工作原理，当指示剂的颜色发生突变时即终止滴定，此时称为滴定终点。

（6）终点误差

滴定终点与理论上的化学计量点往往不能恰好一致，它们之间往往存在很小的差别，由此引起的误差，称为终点误差。

滴定分析主要用来测定常量成分，有时也可以测定微量成分。利用滴定分析可以测定很多物质，在工农业生产和科学研究上都有广泛的应用。

3.2 滴定分析法的分类和滴定方式

3.2.1 滴定分析法的分类

化学分析法包括滴定分析法和重量分析法，这是一类以化学反应为基础的分析方法，而滴定分析法是化学分析法中重要的分析方法。根据实际发生化学反应的不同，滴定分析法一般可以分成下列四类。

（1）酸碱滴定法

它是以质子传递反应为基础的滴定分析方法，可以主要用来测定酸、碱，其反应实质可用下式表示：

$$H^+ + B^- \Longrightarrow HB$$

例如，HCl、NaOH 等酸碱浓度的测定、Na_2CO_3 含量的测定、食醋中总酸量的测定等都可以用酸碱滴定法。

（2）配位滴定法

它是利用配位反应为基础的一种滴定分析方法，主要对金属离子进行测定，如用 EDTA 作配位剂，有如下反应：

$$M^{2+} + Y^{4-} \Longrightarrow MY^{2-}$$

式中，M^{2+} 表示二价金属离子，Y^{4-} 表示 EDTA 的阴离子。例如，水中 Ca^{2+}、Mg^{2+} 含量的测定就常用配位滴定法。

（3）氧化还原滴定法

它是以氧化还原反应为基础的一种滴定分析方法，可用其测定：

① 具有氧化还原性质的物质，例如以 $KMnO_4$ 标准溶液滴定 Fe^{2+}，其反应如下：

$$MnO_4^- + 5Fe^{2+} + 8H^+ \Longrightarrow Mn^{2+} + 5Fe^{3+} + 4H_2O$$

② 某些不具有氧化还原性质但却可以与具有氧化还原性质的物质发生定量作用的物质。例如石灰石中钙的测定，其过程如下。

首先，使 Ca^{2+} 与过量的 $C_2O_4^{2-}$ 发生作用，其反应如下：

$$Ca^{2+} + C_2O_4^{2-} \Longrightarrow CaC_2O_4 \downarrow$$

然后，再用酸将 CaC_2O_4 溶解后，用 $KMnO_4$ 标准溶液滴定 $C_2O_4^{2-}$，其反应如下：

$$5C_2O_4^{2-} + 2MnO_4^- + 16H^+ \Longrightarrow 2Mn^{2+} + 10CO_2 \uparrow + 8H_2O$$

另外，$CuSO_4$、H_2O_2、有机物质等含量的测定，都可以用氧化还原滴定法。

（4）沉淀滴定法

它是以沉淀反应为基础的一种滴定分析方法，如银量法。以 $AgNO_3$ 作标准溶液滴定 Cl^-，其反应如下：

$$Ag^+ + Cl^- \Longrightarrow AgCl \downarrow$$

Ag^+、CN^-、SCN^- 及卤素离子的测定，都可以用沉淀滴定法。

3.2.2　滴定分析对化学反应的要求

大家知道，能够在溶液中进行的化学反应很多，但并不是所有的化学反应都可以用来进行滴定分析。可以用于滴定分析的化学反应必须具备下列条件。

① 反应必须完全、定量地完成　即按一定的化学反应方程式进行，无副反应发生，且反应完全程度达到 99.9% 以上，这是定量计算的基础。

② 反应速率要快　对于速率慢的反应，应采取适当措施来提高反应速率，如加热、加催化剂等。

③ 能用比较简便的方法确定滴定的终点　可以用适当的指示剂或通过仪器分析方法来确定滴定的终点。

3.2.3　滴定方式

（1）直接滴定法

① 条件　凡能满足滴定分析三个基本要求的反应都可用标准溶液直接滴定待测组分。

② 方法 将标准溶液直接滴加到待测组分和指示剂的溶液中，当溶液颜色发生突变时，即到达滴定终点。反应完成后，根据标准溶液的浓度和消耗的体积，按化学反应计量关系求出待测组分的含量。

示例：HCl（或 NaOH）可用 NaOH（或 HCl）直接滴定。$KMnO_4$ 直接滴定 Fe^{2+}。直接滴定法是最基本和最常用的一种滴定方式。

（2）返滴定法

① 条件 没有合适的指示剂确定滴定终点或滴定反应速率较慢。

② 方法 使用两种标准溶液。先在待测组分中加入一定量过量的标准溶液 1，采用适当的方法使反应完全，反应后溶液中会剩余一定量的标准溶液 1。然后将另一种标准溶液 2 滴加到试样溶液中，直至试样溶液颜色突变，即到达滴定终点。这种滴定方式称为返滴定法。

示例：配位滴定法测定试样中的铝含量。由于 EDTA 与 Al^{3+} 反应得较慢，可先在铝试样溶液中加入一定量过量的 EDTA 标准溶液，加热促使反应完全。然后再用 Zn^{2+}（或 Cu^{2+}）标准溶液滴定剩余的 EDTA 标准溶液。这样根据两种标准溶液的浓度和体积，可求得 Al^{3+} 的含量。

（3）置换滴定法

① 条件 标准溶液与待测组分的反应伴有副反应，化学计量关系不确定，或者缺乏合适的指示剂等。

② 方法 先让某种试剂与待测组分反应，定量地置换出可以直接滴定的另一物质，然后用现有的标准溶液滴定该物质。这种滴定方式称为置换滴定。

示例：$K_2Cr_2O_7$ 与 $Na_2S_2O_3$ 反应的产物有 $Na_2S_4O_6$ 和 Na_2SO_4 等，反应无确定的化学计量关系，不能采用直接滴定法。但是在酸性溶液中，$K_2Cr_2O_7$ 可以定量地从 KI 中置换出 I_2，而 $Na_2S_2O_3$ 与 I_2 的反应有确定的化学计量关系，符合直接滴定要求。这样根据 $Na_2S_2O_3$ 滴定 I_2 时消耗的体积，即可用 $K_2Cr_2O_7$ 标准溶液测出 $Na_2S_2O_3$ 的含量或浓度。

（4）间接滴定法

① 条件 待测组分不能直接与标准溶液反应，或者即使反应产物的稳定性差。

② 方法 可通过适当的化学反应，将待测组分转变成可被滴定的物质，用间接的方法进行滴定，这种方法称为间接滴定法。

示例：Ca^{2+} 不能用 $KMnO_4$ 标准溶液直接滴定，但若将 Ca^{2+} 用 $C_2O_4^{2-}$ 定量沉淀为 CaC_2O_4，然后将沉淀过滤洗净后溶于稀 H_2SO_4 中，再用 $KMnO_4$ 标准溶液滴定 $C_2O_4^{2-}$，从而间接地测定出 Ca^{2+} 的含量。

正是由于滴定分析可以采用直接滴定、返滴定、置换滴定和间接滴定等多种方法完成不同条件下的测定，因此扩大了滴定分析的应用范围。

3.2.4 滴定分析的特点

滴定分析具有以下特点。

① 准确度高 对于常量分析，相对误差一般在 0.2% 以内。

② 设备简便 只需简单的玻璃仪器和试剂，操作简便。

③ 快速 分析速度比重量法快得多。

④ 应用广泛 可对许多无机物和有机物进行分析测定。

3.3 滴定分析中的标准溶液和基准物

滴定分析中必须使用标准溶液，最后通过标准溶液的浓度和消耗的体积，计算待测组分的含量。因此正确地配制标准溶液，准确地标定标准溶液的浓度以及对有些标准溶液进行妥善保存，对于提高滴定分析的准确度有重大意义。

3.3.1 基准物

能够直接用于配制标准溶液的物质，或者用以标定溶液准确浓度的物质称为基准物。如重铬酸钾（$K_2Cr_2O_7$）、邻苯二甲酸氢钾（$KHC_8H_4O_4$）、无水 Na_2CO_3 等。作为基准物必须满足下列条件。

① 物质必须具有足够的纯度，即含量≥99.9%，其杂质的含量应少到滴定分析所允许的误差限度以下，一般选用基准试剂或优级纯试剂。

② 物质的组成与化学式应完全符合。若含结晶水，其含量也应与化学式相符，如 $Na_2B_4O_7 \cdot 10H_2O$。

③ 性质稳定。在一般情况下其物理性质和化学性质非常稳定，如不挥发、不吸湿、不和空气中的 CO_2 反应等。

④ 尽量用摩尔质量较大的物质进行标定以减小称量误差。例如 $Na_2B_4O_7 \cdot 10H_2O$ 和 Na_2CO_3 作为标定盐酸标准溶液浓度的基准物质都符合上述前三条要求，但前者摩尔质量大于后者，因此 $Na_2B_4O_7 \cdot 10H_2O$ 更适合作为标定盐酸标准溶液浓度的基准物质。

滴定分析中常用的基准物的干燥处理及应用列于表 3-1。

表 3-1 常用的基准物的干燥处理及应用

名称	化学式	干燥后组成	干燥条件	标定对象
碳酸氢钠	$NaHCO_3$	Na_2CO_3	270～300℃	酸
十水合碳酸钠	$Na_2CO_3 \cdot 10H_2O$	Na_2CO_3	270～300℃	酸
硼砂	$Na_2B_4O_7 \cdot 10H_2O$	$Na_2B_4O_7$	放在装有 NaCl 和蔗糖饱和溶液的恒湿器中	酸
二水合草酸	$H_2C_2O_4 \cdot 2H_2O$	$H_2C_2O_4$	室温空气干燥	碱 $KMnO_4$
邻苯二甲酸氢钾	$KHC_8H_4O_4$	$KHC_8H_4O_4$	110～120℃	碱
重铬酸钾	$K_2Cr_2O_7$	$K_2Cr_2O_7$	140～145℃	还原剂
铜	Cu	Cu	室温干燥器保存	还原剂
三氧化二砷	As_2O_3	As_2O_3	室温干燥器保存	氧化剂
草酸钠	$Na_2C_2O_4$	$Na_2C_2O_4$	130℃	氧化剂
碳酸钙	$CaCO_3$	$CaCO_3$	110℃	EDTA
锌	Zn	Zn	室温干燥器保存	EDTA
氯化钠	NaCl	NaCl	500～600℃	$AgNO_3$
硝酸银	$AgNO_3$	$AgNO_3$	220～250℃	氯化物

3.3.2 标准溶液的配制方法

标准溶液的配制方法通常有直接法和间接法两种。

（1）直接法

按照实际需要，准确称取一定质量的基准物质，待完全溶解后，在室温下定量转入容量瓶中，加蒸馏水稀释至刻度。根据所称基准物的质量和容量瓶的体积，直接计算出标准溶液的准确浓度。这种用基准物质直接配制准确浓度标准溶液的方法称为直接配制法。

例如，准确称取 1.2260g 基准物 $K_2Cr_2O_7$，加水溶解后，置于 250mL 容量瓶中，加水稀释至刻度，即得 0.01667mol·L^{-1} $K_2Cr_2O_7$ 溶液。

（2）间接法

许多试剂由于不易提纯和保存，或组成不固定，不能满足作为基准物的条件，因而不能用直接法配制标准溶液，这时可采用间接法。

间接法即粗略地称取一定量物质或量取一定量体积溶液，配制成近似于所需浓度的溶液，这样配制的溶液，其准确浓度还是未知的。然后选一种基准物或另一种已知准确浓度的标准溶液来测定其准确浓度。这种确定标准溶液浓度的过程称为标定。

① 用基准物标定　准确称取一定量的基准物质，溶解后，用待标定的溶液滴定，根据所消耗的待标定溶液的体积和基准物的质量，计算出该溶液的准确浓度。

② 用标准溶液标定　准确吸取一定体积的待标定溶液，然后用另外一种已知准确浓度的标准溶液滴定或反过来滴定，依据两溶液所消耗的体积及标准溶液的浓度，便可计算出待标定溶液的浓度。

例如欲配制 $0.1mol \cdot L^{-1}$ NaOH 标准溶液，可先在普通天平上称取 4g 的 NaOH，用水将其溶解后，稀释至 1L 左右，然后用基准物质如邻苯二甲酸氢钾或已知浓度的 HCl 标准溶液测定其准确浓度。

3.3.3　标准溶液浓度的表示方法

通常标准溶液浓度的表示方法有物质的量浓度和滴定度两种。

（1）物质的量浓度

这是最常用的表示方法，标准溶液的物质的量的浓度为

$$c_B = \frac{n_B}{V} \tag{3-1}$$

是指单位体积溶液所含溶质的物质的量。式中，n_B 为物质 B 的物质的量，V 为标准溶液的体积。物质的量的浓度常用单位为 $mol \cdot L^{-1}$。

> **例 3-1**　欲配制 250mL 浓度为 $0.2100mol \cdot L^{-1}$ 的 $H_2C_2O_4 \cdot 2H_2O$ 标准溶液，应称取 $H_2C_2O_4 \cdot 2H_2O$ 多少克？
>
> **解：** $H_2C_2O_4 \cdot 2H_2O$ 的摩尔质量为 $126.07g \cdot mol^{-1}$
>
> $$m_{H_2C_2O_4 \cdot 2H_2O} = c_{H_2C_2O_4 \cdot 2H_2O} V M_{H_2C_2O_4 \cdot 2H_2O}$$
> $$= 0.2100 \times 250 \times 10^{-3} \times 126.07g = 6.619g$$

（2）滴定度

在生产单位的例行分析中，为了简化计算常用滴定度表示标准溶液的浓度。滴定度（T）是指每毫升标准溶液相当于被测组分的质量，常用 $T_{被测物/滴定剂}$ 表示，单位为 $g \cdot mL^{-1}$。例如：$T_{Fe/K_2Cr_2O_7} = 0.005260g \cdot mL^{-1}$，表示 1mL $K_2Cr_2O_7$ 标准溶液相当于 0.005260g Fe，也就是说 1mL $K_2Cr_2O_7$ 标准溶液恰好能与 0.005260g Fe 反应。如果在滴定中消耗该 $K_2Cr_2O_7$ 标准溶液 V(mL)，则 Fe 的质量 $m = VT_{Fe/K_2Cr_2O_7}$。

（3）物质的量浓度与滴定度的关系

对于一个化学反应：

$$a\,A + b\,B \Longrightarrow c\,C + d\,D$$

A 为被测组分，B 为标准溶液，若以 V_B 表示反应完成时标准溶液消耗的体积（mL），m_A 为物质 A 的质量（g），M_A 为物质 A 的摩尔质量（$g \cdot mol^{-1}$）。当反应达到化学计量点时：

$$\frac{m_A}{M_A} = \frac{a}{b} \cdot \frac{c_B V_B}{1000}$$

$$\frac{m_A}{V_B}=\frac{a}{b}\cdot\frac{c_B M_A}{1000}$$

由滴定度定义 $T_{A/B}=m_A/V_B$，得到：

$$T_{A/B}=\frac{a}{b}\cdot\frac{c_B M_A}{1000} \tag{3-2}$$

例 3-2 求 $0.1000\text{mol}\cdot\text{L}^{-1}$ NaOH 标准溶液对 $H_2C_2O_4$ 的滴定度。

解：二者的反应如下：

$$H_2C_2O_4+2OH^-\rule[0.5ex]{2em}{0.4pt}C_2O_4^{2-}+2H_2O$$

即 $a=1,b=2$，按式（3-2）得：

$$T_{H_2C_2O_4/NaOH}=\frac{a}{b}\cdot\frac{c_{NaOH} M_{H_2C_2O_4}}{1000}=\frac{1}{2}\times\frac{0.1000\times90.04}{1000}\text{g}\cdot\text{mL}^{-1}=0.004502\text{g}\cdot\text{mL}^{-1}$$

3.4 滴定分析结果的计算

滴定分析结果的计算是本章的重要内容，根据化学计量关系，计算具体步骤如下。

① 弄清题意，写出相关的化学反应方程式 例如，在直接滴定法中，设被测物 A 与滴定剂 B 之间的反应为：

$$aA+bB\rule[0.5ex]{2em}{0.4pt}cC+dD$$

② 找出相应的化学计量关系 当滴定到化学计量点时，a mol A 恰好与 b mol B 作用完全，即

$$\frac{n_A}{a}=\frac{n_B}{b}$$

故

$$n_A=\frac{a}{b}n_B \quad n_B=\frac{b}{a}n_A \tag{3-3}$$

③ 列出化学计算式 式（3-3）是一个最基本的公式，据此还可衍生出其他公式。例如：

$$c_A=\frac{a}{b}n_B\frac{1}{V_A} \tag{3-4}$$

$$w_A=\frac{\frac{a}{b}n_B M_A}{m_{试}} \tag{3-5}$$

$$T_{A/B}=\frac{m_A}{V_B}=\frac{\frac{a}{b}c_B M_A}{1000} \tag{3-6}$$

$$w_A=\frac{T_{A/B}V_B}{m_{试}}\times100\% \tag{3-7}$$

其中

$$n_B=c_B V_B \text{ 或 } n_B=\frac{m_B}{M_B}$$

式中，A 为待测物，B 为标准溶液，c_A 和 c_B 分别为 A 和 B 物质的量浓度，M_A 和 M_B 分别为 A 和 B 物质的摩尔质量，w_A 为待测物 A 的质量分数，$T_{A/B}$ 为标准溶液 B 对 A 的滴定

度，$m_{试}$为试样的质量。

④ 代入数值计算　计算过程应注意：不应死记硬背公式，应合理推导出式（3-4）～式（3-7）。

3.4.1　被测组分的物质的量与滴定剂的物质的量的关系

滴定分析计算的理论依据为：当滴定达到化学计量点时，它们的物质的量之间关系恰好符合化学反应式所表示的化学计量关系。

（1）直接滴定

在直接滴定法中，设被测组分 A 与滴定剂 B 间的反应为：

$$aA+bB=\!=\!=cC+dD$$

当滴定到化学计量点时，a mol A 恰好与 b mol B 作用完全，即：

$$\frac{n_A}{a}=\frac{n_B}{b}$$

故

$$n_A=\frac{a}{b}n_B \quad n_B=\frac{b}{a}n_A$$

例如，用 Na_2CO_3 作基准物标定 HCl 溶液的浓度时，其反应式为：

$$Na_2CO_3+2HCl=\!=\!=2NaCl+CO_2\uparrow+H_2O$$

则

$$n_{HCl}=2n_{Na_2CO_3}$$

若被测物是溶液，其体积为 V_A，浓度为 c_A 到达化学计量点时用去浓度为 c_B 的滴定剂的体积为 V_B，则

$$c_AV_A=\frac{a}{b}c_BV_B$$

例如用已知浓度的 NaOH 标准溶液测定 H_2SO_4 溶液浓度，其反应式为：

$$H_2SO_4+2NaOH=\!=\!=Na_2SO_4+2H_2O$$

反应达到化学计量点时：

$$c_{H_2SO_4}V_{H_2SO_4}=\frac{1}{2}c_{NaOH}V_{NaOH}$$

$$c_{H_2SO_4}=\frac{c_{NaOH}V_{NaOH}}{2V_{H_2SO_4}}$$

上述关系式也能用于有关溶液稀释的计算中。因为溶液稀释后，浓度虽然降低了，但所含溶质的物质的量没有改变，所以：

$$c_1V_1=c_2V_2$$

式中，c_1，V_1分别为稀释前溶液的浓度和体积；c_2，V_2分别为稀释后溶液的浓度和体积。

（2）间接滴定

在间接法滴定中涉及两个或两个以上反应，应从多个反应中找出实际参加反应的物质的物质的量之间关系。

例如用 $KMnO_4$ 标准溶液滴定 Ca^{2+}，会发生如下过程：

$$Ca^{2+}\xrightarrow{C_2O_4^{2-}}CaC_2O_4\downarrow\xrightarrow{H^+}C_2O_4^{2-}\xrightarrow{MnO_4^-}2CO_2$$

具体反应为：

$$Ca^{2+}+C_2O_4^{2-}=\!=\!=CaC_2O_4\downarrow$$

$$2MnO_4^-+5C_2O_4^{2-}+16H^+=\!=\!=2Mn^{2+}+10CO_2\uparrow+8H_2O$$

此处 Ca^{2+} 与 $C_2O_4^{2-}$ 反应的物质的量之比是 $1:1$，而 $C_2O_4^{2-}$ 与 MnO_4^- 是按 $5:2$ 的物质的量比相互反应的。

故

$$n_{Ca} = \frac{5}{2} n_{KMnO_4}$$

3.4.2　被测组分质量分数的计算

若称取试样的质量为 $m_{试}$，测得被测组分的质量为 m，则被测组分在试样中的质量分数 w_A 为：

$$w_A = \frac{m}{m_{试}} \times 100\% \tag{3-8}$$

在滴定分析中，被测组分物质的量 n_A 是由滴定剂的浓度 c_B 体积 V_B 以及被测组分与滴定剂反应的物质的量比 a/b 求得的，即

$$n_A = \frac{a}{b} n_B = \frac{a}{b} c_B V_B$$

因

$$m_A = n_A M_A$$

即可求得被测组分的质量 m_A：

$$m_A = \frac{a}{b} c_B V_B M_A$$

于是

$$w_A = \frac{\frac{a}{b} c_B V_B M_A}{m_{试}} \times 100\% \tag{3-9}$$

这是滴定分析中计算被测组分的质量分数的一般通式。

3.4.3　计算示例

例 **3-3**　中和体积为 $20.00mL$ 浓度为 $0.09450mol \cdot L^{-1}$ H_2SO_4 溶液，需要浓度为 $0.2000mol \cdot L^{-1}$ NaOH 溶液多少毫升？

解：发生的反应为：

$$H_2SO_4 + 2NaOH =\!\!=\!\!= Na_2SO_4 + 2H_2O$$

$$n_{NaOH} = 2n_{H_2SO_4}$$

$$V_{NaOH} = \frac{n_{NaOH}}{c_{NaOH}} = \frac{2n_{H_2SO_4}}{c_{NaOH}} = \frac{2c_{H_2SO_4} V_{H_2SO_4}}{c_{NaOH}}$$

$$= \frac{2 \times 0.09450 \times 20.00}{0.2000} mL = 18.90mL$$

例 **3-4**　选用邻苯二甲酸氢钾（$KHC_8H_4O_4$）作基准物，标定 $0.1mol \cdot L^{-1}$ NaOH 溶液的准确浓度。今欲把用去的体积控制为 $25mL$ 左右，应称取基准物多少克？如改用二水合草酸（$H_2C_2O_4 \cdot 2H_2O$）作基准物，应称取多少克？

解：以邻苯二甲酸氢钾（$KHC_8H_4O_4$）作基准物，其滴定反应为：

$$KHC_8H_4O_4 + OH^- =\!\!=\!\!= KC_8H_4O_4^- + H_2O$$

所以

$$n_{NaOH} = n_{KHC_8H_4O_4}$$

$$m_{KHC_8H_4O_4} = n_{KHC_8H_4O_4}M_{KHC_8H_4O_4} = n_{NaOH}M_{KHC_8H_4O_4} = c_{NaOH}V_{NaOH}M_{KHC_8H_4O_4}$$
$$= 0.1 \times 25 \times 10^{-3} \times 204.2g \approx 0.5g$$

以二水合草酸的（$H_2C_2O_4 \cdot 2H_2O$）作基准物，其滴定反应为：

$$H_2C_2O_4 + 2OH^- =\!=\!= C_2O_4^{2-} + 2H_2O$$

$$n_{NaOH} = 2n_{H_2C_2O_4 \cdot 2H_2O}$$

$$m_{H_2C_2O_4 \cdot 2H_2O} = n_{H_2C_2O_4 \cdot 2H_2O}M_{H_2C_2O_4 \cdot 2H_2O} = \frac{1}{2}n_{NaOH}M_{H_2C_2O_4 \cdot 2H_2O}$$

$$= \frac{1}{2}c_{NaOH}V_{NaOH}M_{H_2C_2O_4 \cdot 2H_2O}$$

$$= \frac{1}{2} \times 0.1 \times 25 \times 10^{-3} \times 126.1g \approx 0.2g$$

由此可见，采用邻苯二甲酸氢钾作基准物可减少称量上的相对误差。

例 3-5 有一 $KMnO_4$ 标准溶液，已知其浓度为 $0.02010mol \cdot L^{-1}$，求其 $T_{Fe/KMnO_4}$ 和 $T_{Fe_2O_3/KMnO_4}$。如果称取试样 $0.2718g$，溶解后将溶液中的 Fe^{3+} 还原成 Fe^{2+}，然后用 $KMnO_4$ 标准溶液滴定，用去 $26.30mL$，求试样中 Fe，Fe_2O_3 的质量分数。

解：滴定反应为：

$$MnO_4^- + 5Fe^{2+} + 8H^+ =\!=\!= Mn^{2+} + 5Fe^{3+} + 4H_2O$$

$$n_{Fe} = 5n_{KMnO_4}$$

$$n_{Fe_2O_3} = \frac{5}{2}n_{KMnO_4}$$

依据式（3-2）得：

$$T_{Fe/KMnO_4} = \frac{5c_{KMnO_4}M_{Fe}}{1000} = \frac{5 \times 0.02010 \times 55.85}{1000}g \cdot mL^{-1} = 0.005613g \cdot mL^{-1}$$

同理

$$T_{Fe_2O_3/KMnO_4} = \frac{\frac{5}{2}c_{KMnO_4}M_{Fe_2O_3}}{1000} = \frac{\frac{5}{2} \times 0.02010 \times 159.7}{1000}g \cdot mL^{-1} = 0.008025g \cdot mL^{-1}$$

根据式（3-7）得：

$$w_{Fe} = \frac{T_{Fe/KMnO_4}V_{KMnO_4}}{m} \times 100\% = \frac{0.005613 \times 26.30}{0.2718} \times 100\% = 0.5431 = 54.31\%$$

$$w_{Fe_2O_3} = \frac{T_{Fe_2O_3/KMnO_4}V_{KMnO_4}}{m} \times 100\% = \frac{0.008025 \times 26.30}{0.2718} \times 100\% = 0.7765 = 77.65\%$$

例 3-6 分析不纯的 $CaCO_3$（其中不含干扰物质），称取试样 $0.3000g$，加入浓度为 $0.2500mol \cdot L^{-1}$ HCl 标准溶液 $25.00mL$。煮沸除去 CO_2，用浓度为 $0.2012mol \cdot L^{-1}$ 的 NaOH 标准溶液返滴定过量的 HCl 溶液，消耗体积 $5.84mL$，试计算试样中 $CaCO_3$ 的质量分数。

解：此题属于返滴定法计算，涉及反应为：

$$CaCO_3 + 2HCl =\!=\!= CaCl_2 + CO_2 \uparrow + H_2O$$

$$NaOH + HCl =\!=\!= NaCl + H_2O$$

由于 $\dfrac{n_{CaCO_3}}{n_{HCl}} = \dfrac{1}{2}$，依题意知实际中与待测组分发生 $CaCO_3$ 反应的 HCl 物质的量 $n_{HCl(实际)}$ 为：

$$n_{HCl(实际)} = n_{HCl(总)} - n_{NaOH} = c_{HCl}V_{HCl} - c_{NaOH}V_{NaOH}$$

$$= (0.2500 \times 25.00 - 0.2012 \times 5.84) \times 10^{-3}mol$$

$$= 0.005075mol$$

而 $CaCO_3$ 的物质的量 $\qquad n_{CaCO_3}=\dfrac{1}{2}n_{HCl(实际)}$

根据式（3-8）得：

$$w_{CaCO_3}=\frac{m_{CaCO_3}}{m_{试}}\times100\%=\frac{\dfrac{1}{2}n_{HCl(实际)}M_{CaCO_3}}{m_{试}}\times100\%$$

$$=\frac{\dfrac{1}{2}\times0.005075\times100.09}{0.3000}\times100\%$$

$$=0.8466=84.66\%$$

例 3-7 称取 0.5085g 含铜试样，溶解后加入过量 KI，用 $0.1034mol\cdot L^{-1}\ Na_2S_2O_3$ 溶液滴定释出的 I_2 至终点，耗去 27.16mL。求试样中铜的质量分数。

解： 此题属于置换滴定法计算，涉及反应为：

$$2Cu^{2+}+4I^-\!=\!\!=\!\!2CuI\downarrow+I_2$$

$$I_2+2S_2O_3^{2-}\!=\!\!=\!\!2I^-+S_4O_6^{2-}$$

计量关系 $\qquad 2mol\ Cu^{2+}\sim1mol\ I_2\sim2mol\ S_2O_3^{2-}$

即 $\qquad 1mol\ Cu^{2+}\sim1mol\ S_2O_3^{2-}$

根据式（3-9）得：

$$w_{Cu}=\frac{\dfrac{a}{b}c_{S_2O_3^{2-}}V_{S_2O_3^{2-}}M_{Cu}}{m_{试}}\times100\%$$

$$=\frac{0.1034\times27.16\times10^{-3}\times63.54}{0.5085}\times100\%$$

$$=0.3509=35.09\%$$

本章重点和有关计算公式

重点：

1. 滴定分析法的分类及各类滴定分析法的特点
2. 滴定分析对化学反应的要求
3. 滴定方式及应用
4. 标准溶液的配制和标定
5. 标准溶液的浓度表示方法
6. 滴定度的概念及与物质的量浓度的关系
7. 滴定分析结果的计算

有关计算公式：

1. 滴定度的定义 $\qquad T_{A/B}=m_A/V_B$

2. 滴定度与物质的量浓度的关系 $\qquad T_{A/B}=\dfrac{a}{b}\cdot\dfrac{c_BM_A}{1000}$

3. 直接滴定的滴定剂与待测物的关系 $\qquad \dfrac{n_A}{a}=\dfrac{n_B}{b}$

4. 已知滴定度求组分 A 的质量分数 $\qquad w_A=\dfrac{T_{A/B}V_B}{m_{试}}\times100\%$

5. 已知组分 A 的质量求其质量分数 $w_A = \dfrac{m_A}{m_{试}} \times 100\%$

思考题

1. 什么叫滴定分析，它的主要分析方法有哪些？
2. 能用于滴定分析的化学反应必须符合哪些条件？
3. 什么是化学计量点？什么是滴定终点？
4. 什么叫滴定度，滴定度与物质的量浓度如何换算？试举例说明。
5. 判断下列情况对测定结果产生何种影响？（"偏高"、"偏低"或"无影响"）
   (1) $K_2Cr_2O_7$ 为基准物，标定 $Na_2S_2O_3$ 溶液浓度时，有部分 I_2 挥发了；
   (2) 标定 NaOH 溶液的邻苯二甲酸氢钾中含有邻苯二甲酸；
   (3) 用于标定 HCl 的硼砂失去了结晶水；
   (4) 若将 $H_2C_2O_4 \cdot 2H_2O$ 基准物长期存放在有硅胶的干燥器中，用它标定 NaOH 溶液的浓度。
6. 下列物质中哪些可以用直接法配制标准溶液？哪些只能用间接法配制？
   (1) KOH；(2) $KMnO_4$；(3) $K_2Cr_2O_7$；(4) EDTA；(5) $Na_2S_2O_3 \cdot 5H_2O$
7. 基准物条件之一是要具有较大的相对摩尔质量，其目的是什么？
8. 用邻苯二甲酸氢钾标定 NaOH 溶液时，下列情况将使 NaOH 的浓度偏高还是偏低？或者没有影响？
   (1) 滴定速度较快，而滴定管读数过早；
   (2) NaOH 起始读数实际为 0.10，而误读为 0.000；
   (3) 邻苯二甲酸氢钾质量实际为 0.6324g，但错记为 0.6234g；
   (4) 操作中写明要加 50mL 水溶解，但实际上用了 100mL 水溶解；
   (5) 滴定前滴定管中有气泡，但滴定过程中气泡消失。

习 题

1. 已知浓硫酸的相对密度为 1.84，其中 H_2SO_4 含量（质量分数）为 98%，现欲配制 1L 0.1mol·L^{-1} 的 H_2SO_4 溶液，应取这种浓硫酸多少毫升？
2. 已知海水的平均密度为 1.02g·mL^{-1}，若其中 Mg^{2+} 的含量为 0.12%，求每升海水中所含 Mg^{2+} 的物质的量及其浓度。取海水 2.50mL，以蒸馏水稀释至 250.00mL，计算该溶液中 Mg^{2+} 的质量浓度（mg·L^{-1}）。
3. 中和下列酸溶液，需要多少毫升 0.2150mol·L^{-1} NaOH 溶液？
   (1) 22.53mL 0.1250mol·L^{-1} H_2SO_4 溶液；
   (2) 20.52mL 0.2040mol·L^{-1} HCl 溶液。
4. 在酸性溶液中，用 $KMnO_4$ 溶液滴定 50.00mL 浓度为 0.2400mol·L^{-1} Fe^{2+} 至粉红色 30s 不褪，用去 $KMnO_4$ 溶液 24.00mL。计算此 $KMnO_4$ 溶液的浓度。
5. 准确移取过氧化氢试样溶液 25.00mL，置于 250.00mL 容量瓶中，加水至刻度，混匀。再准确吸取 25.00mL，加 H_2SO_4 酸化，用 0.02732mol·L^{-1} $KMnO_4$ 标准溶液滴定至终点，共消耗 35.86mL。计算试样中过氧化氢的准确含量（g·L^{-1}）。
6. 用同一 $KMnO_4$ 标准溶液分别滴定体积相等的 $FeSO_4$ 和 $H_2C_2O_4$ 溶液，耗用的 $KMnO_4$ 标准溶液体积相等，试问 $FeSO_4$ 和 $H_2C_2O_4$ 两种溶液浓度的比例关系 $c_{FeSO_4} : c_{H_2C_2O_4}$ 为多少？

7. 某同学用基准物质 $H_2C_2O_4 \cdot 2H_2O$ 标定 $0.1\,mol \cdot L^{-1}$ NaOH，为减小称量误差，称取基准物 $0.4 \times \times \times\,g$，加适量水溶解后，以甲基橙为指示剂，用 NaOH 滴定至黄色出现即为滴定终点。指出该同学操作中的错误或不当之处，并加以改正。

8. 假如有一邻苯二甲酸氢钾试样，其中邻苯二甲酸氢钾含量约为 90%，其余为不与碱作用的杂质，今用酸碱滴定法测定其含量。若用 $1.000\,mol \cdot L^{-1}$ 的 NaOH 标准溶液滴定之，欲控制滴定时碱溶液体积在 25mL 左右，则：

(1) 需称取上述试样多少克？

(2) 以浓度为 $0.01000\,mol \cdot L^{-1}$ 的碱溶液代替 $1.000\,mol \cdot L^{-1}$ 的碱溶液滴定，重复上述计算。

(3) 通过上述（1）、（2）计算结果，说明为什么在滴定分析中通常采用的滴定剂浓度为 $0.1 \sim 0.2\,mol \cdot L^{-1}$。

9. 计算 $0.1015\,mol \cdot L^{-1}$ HCl 标准溶液对 $CaCO_3$ 的滴定度。

10. 计算下列溶液的滴定度，以 $g \cdot mL^{-1}$ 表示。

(1) 以 $0.2015\,mol \cdot L^{-1}$ HCl 溶液，用来测定 Na_2CO_3，NH_3；

(2) 以 $0.1896\,mol \cdot L^{-1}$ NaOH 溶液，用来测定 HNO_3，CH_3COOH。

11. 已知高锰酸钾溶液浓度为 $T_{CaC_2O_4/KMnO_4} = 0.006405\,g \cdot mL^{-1}$，求此高锰酸钾溶液的浓度及它对铁的滴定度。

12. 在 1L $0.2000\,mol \cdot L^{-1}$ HCl 溶液中，需加入多少毫升水，才能使稀释后的 HCl 溶液对 CaO 的滴定度 $T_{CaO/HCl} = 0.005000\,g \cdot mL^{-1}$？

13. 滴定 $0.1560\,g$ 的草酸试样，用去 $0.1011\,mol \cdot L^{-1}$ NaOH 溶液 22.60mL。求草酸试样中 $H_2C_2O_4 \cdot 2H_2O$ 的质量分数。

第4章 酸碱滴定法

酸碱滴定法是重要的滴定分析方法之一，所涉及的反应是酸碱反应，酸碱平衡的处理方法既是分析化学的基本内容，同时在环境科学、医药学、生命科学、材料科学等相关学科有着重要的作用。本章的基本内容是在酸碱质子理论的基础上，讨论溶液酸碱平衡体系中各种组分浓度的计算和基于酸碱平衡的滴定分析法原理和应用。

4.1 不同 pH 溶液中酸碱存在形式的分布——分布曲线

4.1.1 酸碱平衡理论基础

众所周知，根据酸碱电离理论，电解质溶液解离时所生成的阳离子全部是 H^+ 的是酸，解离时所生成的阴离子全部是 OH^- 的是碱，酸碱发生中和反应后生成盐和水。但是电离理论只适用于水溶液，不适用于非水溶液，而且也不能解释有的物质（如 NH_3 等）不含 OH^- 但却具有碱性的事实。为了进一步理解酸碱反应的本质和对于水溶液和非水溶液中的酸碱平衡问题统一认识，现引入酸碱质子理论。

（1）酸碱质子理论

酸碱质子理论是在 1923 年由布朗斯特（Brønsted）提出的。根据质子理论，凡是能给出质子（H^+）的物质是酸；凡是能接受质子的物质是碱，它们之间的关系可用下式表示之：

$$酸 \Longrightarrow 质子 + 碱$$

例如：

$$HAc \Longrightarrow H^+ + Ac^-$$

上式中的乙酸 HAc 是酸，它给出质子后，转化成的 Ac^- 对于质子具有一定的亲和力，能接受质子，因而 Ac^- 就是 HAc 的共轭碱。这种因一个质子的得失而互相转变的一对酸碱，称为共轭酸碱对，例如：

$$HClO_4 \Longrightarrow H^+ + ClO_4^-$$
$$NH_4^+ \Longrightarrow H^+ + NH_3$$
$$HCO_3^- \Longrightarrow H^+ + CO_3^{2-}$$
$$H_2PO_4^- \Longrightarrow H^+ + HPO_4^{2-}$$
$$HPO_4^{2-} \Longrightarrow H^+ + PO_4^{3-}$$

可见酸和碱可以是阳离子、阴离子，也可以是中性分子。

上面各个共轭酸碱对的质子得失反应，称为酸碱半反应。由于质子的半径极小，电荷密度极高，它不可能在水溶液中独立存在（或者说只能瞬间存在），因此上述的各种酸碱半反应在溶液中也不能单独进行，实际上，当一种酸给出质子时，溶液中必定有一种碱来接受质子。例如乙酸 HAc 在水溶液中解离时，作为溶剂的水就是可以接受质子的碱，它们之间的反应可以表示如下：

$$HAc \rightleftharpoons H^+ + Ac^-$$
$$H_2O + H^+ \rightleftharpoons H_3O^+$$
$$HAc + H_2O \rightleftharpoons H_3O^+ + Ac^-$$

酸1　　碱2　　　　酸2　　碱1

两个共轭酸碱对通过质子交换，相互作用而达到平衡。

同样，碱在水溶液中接受质子的过程，也必须有溶剂（水）的分子参加。例如：

$$NH_3 + H^+ \rightleftharpoons NH_4^+$$
$$H_2O \rightleftharpoons H^+ + OH^-$$
$$H_2O + NH_3 \rightleftharpoons NH_4^+ + OH^-$$

酸1　　碱2　　　　酸2　　碱1

在这个平衡中作为溶剂的水起了酸的作用。与 HAc 在水中解离的情况相比较可知，水是一种两性溶剂。

由于水分子的两性作用，一个水分子可以从另一个水分子中夺取质子而形成 H_3O^+ 和 OH^-，即

$$H_2O + H_2O \rightleftharpoons H_3O^+ + OH^-$$

在水分子之间存在着的质子传递作用，称为水的质子自递作用，其平衡常数称为水的质子自递常数，用 K_w 表示。水合质子 H_3O^+ 也常常简写作 H^+，因此水的质子自递常数常简写作：

$$K_w = [H^+][OH^-]$$

这个常数也就是水的离子积，在 25℃ 时等于 10^{-14}。

根据质子理论，酸和碱的中和反应也是质子的转移过程，例如 HCl 与 NH_3 反应：

$$HCl + H_2O \rightleftharpoons H_3O^+ + Cl^-$$
$$H_3O^+ + NH_3 \rightleftharpoons H_2O + NH_4^+$$

反应的结果是各反应物转化为它们各自的共轭酸或共轭碱。

盐的水解过程，实质上也是质子的转移过程。它们和酸碱解离过程在本质上是相同的，例如：

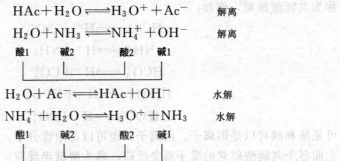

$$HAc + H_2O \rightleftharpoons H_3O^+ + Ac^-　解离$$
$$H_2O + NH_3 \rightleftharpoons NH_4^+ + OH^-　解离$$

酸1　　碱2　　　　酸2　　碱1

$$H_2O + Ac^- \rightleftharpoons HAc + OH^-　水解$$
$$NH_4^+ + H_2O \rightleftharpoons H_3O^+ + NH_3　水解$$

酸1　　碱2　　　　酸2　　碱1

上述的最后两个反应式也可分别看作 HAc 的共轭碱 Ac^- 的水解反应和 NH_3 的共轭酸

NH_4^+ 的水解反应。总之，各种酸碱反应过程都是质子转移过程，因此运用质子理论就可以找出各种酸碱反应的共同基本特征。

（2）酸碱解离平衡

酸碱的强弱取决于物质给出质子或接受质子能力的强弱。给出质子的能力越强，酸性就越强；反之就越弱。同样，接受质子的能力越强，碱性就越强；反之就越弱。

在共轭酸碱对中，如果酸越容易给出质子，酸性越强，则其共轭碱对质子的亲和力就越弱，就越不容易接受质子，碱性就越弱。例如 $HClO_4$、HCl 是强酸，它们的共轭碱 ClO_4^-、Cl^- 都是弱碱。反之，NH_4^+、HS^- 等是弱酸，而其共轭碱中 NH_3 是较强的碱，S^{2-} 则是强碱。

可以通过酸碱的解离常数 K_a 和 K_b（见附录4）的大小，定量地说明它们的强弱程度。

例如：HAc 在水溶液中的解离常数 K_a 为：

$$HAc + H_2O \rightleftharpoons H_3O^+ + Ac^-$$

$$K_a = \frac{[Ac^-][H_3O^+]}{[HAc]} \quad K_a = 1.8 \times 10^{-5}$$

HAc 的共轭碱 Ac^- 的解离常数 K_b 为：

$$H_2O + Ac^- \rightleftharpoons HAc + OH^-$$

$$K_b = \frac{[HAc][OH^-]}{[Ac^-]}$$

显然，共轭酸碱对的 K_a 和 K_b 有下列关系：

$$K_a K_b = [H^+][OH^-] = K_w = 10^{-14} \quad (25℃)$$

对于多元酸，要注意 K_a 和 K_b 的对应关系，如三元酸 H_3A 在水溶液中，

$$H_3A + H_2O \overset{K_{a_1}}{\rightleftharpoons} H_2A^- + H_3O^+$$

$$H_2A^- + H_2O \overset{K_{b_3}}{\rightleftharpoons} H_3A + OH^-$$

$$H_2A^- + H_2O \overset{K_{a_2}}{\rightleftharpoons} HA^{2-} + H_3O^+$$

$$HA^{2-} + H_2O \overset{K_{b_2}}{\rightleftharpoons} H_2A^- + OH^-$$

$$HA^{2-} + H_2O \overset{K_{a_3}}{\rightleftharpoons} A^{3-} + H_3O^+$$

$$A^{3-} + H_2O \overset{K_{b_1}}{\rightleftharpoons} HA^{2-} + OH^-$$

$$H_3A \underset{+H^+,K_{b_3}}{\overset{-H^+,K_{a_1}}{\rightleftharpoons}} H_2A^- \underset{+H^+,K_{b_2}}{\overset{-H^+,K_{a_2}}{\rightleftharpoons}} HA^{2-} \underset{+H^+,K_{b_1}}{\overset{-H^+,K_{a_3}}{\rightleftharpoons}} A^{3-}$$

即

$$K_{a_1} \cdot K_{b_3} = K_{a_2} \cdot K_{b_2} = K_{a_3} \cdot K_{b_1} = K_w$$

例 4-1 已知 NH_3 的解离反应为：

$$H_2O + NH_3 \rightleftharpoons NH_4^+ + OH^- \quad K_b = 1.8 \times 10^{-5}$$

求 NH_3 的共轭酸的解离常数 K_a。

解：NH_3 的共轭酸为 NH_4^+，它的解离反应为：

$$NH_4^+ + H_2O \rightleftharpoons H_3O^+ + NH_3$$

$$K_a = \frac{K_w}{K_b} = \frac{10^{-14}}{1.8 \times 10^{-5}} = 5.6 \times 10^{-10}$$

例 4-2　S^{2-} 与 H_2O 的反应为：

$$S^{2-} + H_2O \Longrightarrow HS^- + OH^- \qquad K_{b_1} = 1.4$$

求 S^{2-} 的共轭酸的解离常数 K_{a_2}。

解：S^{2-} 的共轭酸为 HS^-，其解离反应为：

$$HS^- + H_2O \Longrightarrow H_3O^+ + S^{2-}$$

$$K_{a_2} = \frac{K_w}{K_{b_1}} = \frac{10^{-14}}{1.4} = 7.1 \times 10^{-15}$$

为了比较 HAc-Ac^-、NH_4^+-NH_3、HS^--S^{2-} 和 $H_2PO_4^-$-HPO_4^{2-} 四对共轭酸碱对的强弱情况，现将有关数据列表 4-1 如下：

表 4-1　共轭酸碱对的解离平衡常数

共轭酸碱对	K_a	K_b
HAc-Ac^-	1.8×10^{-5}	5.6×10^{-10}
$H_2PO_4^-$-HPO_4^{2-}	6.3×10^{-8}	1.6×10^{-7}
NH_4^+-NH_3	5.6×10^{-10}	1.8×10^{-5}
HS^--S^{2-}	7.1×10^{-15}	1.4

可以看出，这四种酸的强度顺序为：

$$HAc > H_2PO_4^- > NH_4^+ > HS^-$$

而它们共轭碱的强度恰好相反，碱的强度顺序为：

$$Ac^- < HPO_4^{2-} < NH_3 < S^{2-}$$

这就定量说明了酸越强，其共轭碱越弱；反之，酸越弱，它的共轭碱越强的规律。

4.1.2　酸碱平衡的相关概念

（1）平衡浓度

从酸（或碱）解离反应式可知，当共轭酸碱对处于平衡状态时，溶液中存在着 H_3O^+ 和不同的酸碱形式。此时 H_3O^+ 和这些酸碱形式的浓度称为平衡浓度，用 $[\ ]$ 表示。

（2）总浓度

酸（或碱）各种存在形式的平衡浓度之和称为总浓度或分析浓度，用 c 表示。

（3）分布系数

某一存在形式的平衡浓度占总浓度的分数，即为该存在形式的分布系数，以 δ 表示。

$$\delta = \frac{[\ ]}{c}$$

（4）分布曲线

当溶液的 pH 发生变化时，平衡随之移动，自然酸碱存在形式的分布情况也跟着变化。分布系数 δ 与溶液 pH 间的关系曲线称为分布曲线。

讨论分布曲线可帮助我们深入理解酸碱滴定的过程、终点误差以及分步滴定的可能性，而且也有利于了解配位滴定与沉淀反应条件的选择原则。下面分别对一元酸、二元酸和三元酸的分布系数的计算和分布曲线进行讨论。

4.1.3　一元酸的分布曲线

例如乙酸 HAc，设它的总浓度为 c。它在溶液中共有两种存在形式，即 HAc 和 Ac^-，它们的平衡浓度分别为[HAc]和[Ac⁻]，则 $c=[\text{HAc}]+[\text{Ac}^-]$。HAc 的分布分数为 δ_1（$\delta_1=\delta_{\text{HAc}}$），Ac⁻ 的分布分数为 δ_0（$\delta_0=\delta_{\text{Ac}^-}$），则

$$\delta_1=\frac{[\text{HAc}]}{c}=\frac{[\text{HAc}]}{[\text{HAc}]+[\text{Ac}^-]}=\frac{1}{1+\frac{[\text{Ac}^-]}{[\text{HAc}]}}=\frac{1}{1+\frac{K_a}{[\text{H}^+]}}=\frac{[\text{H}^+]}{[\text{H}^+]+K_a} \tag{4-1a}$$

同理可得：

$$\delta_0=\frac{[\text{Ac}^-]}{c}==\frac{K_a}{[\text{H}^+]+K_a} \tag{4-1b}$$

显然，两种组分分布系数之和应该等于 1，即

$$\delta_1+\delta_0=1$$

如果以 pH 为横坐标，各存在形式的分布系数为纵坐标，HAc 和 Ac⁻ 的分布曲线如图 4-1 所示。由图 4-1 可以得到如下结论：

① 当 pH=pK_a 时，$\delta_1=\delta_0=0.5$，即溶液中 HAc 和 Ac⁻ 两种形式各占 50%；

② 当 pH≪pK_a 时，$\delta_1\gg\delta_0$，即溶液中 HAc 为主要的存在形式；

③ 当 pH≫pK_a 时，$\delta_1\ll\delta_0$，即溶液中 Ac⁻ 为主要的存在形式。

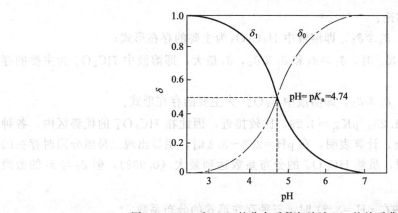

图 4-1 HAc 和 Ac⁻ 的分布系数与溶液 pH 的关系曲线

4.1.4 二元酸的分布曲线

例如草酸 $H_2C_2O_4$，在溶液中的存在形式是 $H_2C_2O_4$、$HC_2O_4^-$ 和 $C_2O_4^{2-}$，根据物料平衡，草酸的总浓度应为上述三种存在形式的平衡浓度之和，即

$$c=[\text{H}_2\text{C}_2\text{O}_4]+[\text{HC}_2\text{O}_4^-]+[\text{C}_2\text{O}_4^{2-}]$$

如果分别以 δ_2、δ_1、δ_0 代表 $H_2C_2O_4$、$HC_2O_4^-$、$C_2O_4^{2-}$ 的分布系数，则

$$\delta_2=\frac{[\text{H}_2\text{C}_2\text{O}_4]}{c}=\frac{[\text{H}_2\text{C}_2\text{O}_4]}{[\text{H}_2\text{C}_2\text{O}_4]+[\text{HC}_2\text{O}_4^-]+[\text{C}_2\text{O}_4^{2-}]}$$

$$=\frac{1}{1+\frac{[\text{HC}_2\text{O}_4^-]}{[\text{H}_2\text{C}_2\text{O}_4]}+\frac{[\text{C}_2\text{O}_4^{2-}]}{[\text{H}_2\text{C}_2\text{O}_4]}}=\frac{1}{1+\frac{K_{a_1}}{[\text{H}^+]}+\frac{K_{a_1}K_{a_2}}{[\text{H}^+]^2}}$$

$$=\frac{[\text{H}^+]^2}{[\text{H}^+]^2+[\text{H}^+]K_{a_1}+K_{a_1}K_{a_2}} \tag{4-2a}$$

同理

$$\delta_1=\frac{[\text{H}^+]K_{a_1}}{[\text{H}^+]^2+[\text{H}^+]K_{a_1}+K_{a_1}K_{a_2}} \tag{4-2b}$$

$$\delta_0 = \frac{K_{a_1}K_{a_2}}{[H^+]^2 + [H^+]K_{a_1} + K_{a_1}K_{a_2}} \tag{4-2c}$$

三种存在形式的分布曲线如图 4-2 所示。

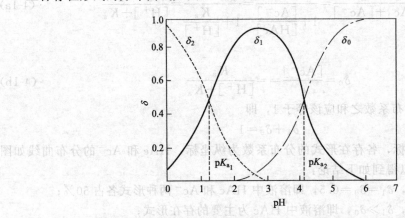

图 4-2 草酸溶液中各种存在形式的分布系数与溶液 pH 的关系曲线

由图 4-2 得到如下结论：

① 当 $pH \ll pK_{a_1}$ 时，$\delta_2 \gg \delta_1$，即溶液中 $H_2C_2O_4$ 为主要的存在形式；

② 当 $pK_{a_1} \ll pH \ll pK_{a_2}$ 时，$\delta_1 \gg \delta_2$ 和 $\delta_1 \gg \delta_0$，δ_1 最大，即溶液中 $HC_2O_4^-$ 为主要的存在形式；

③ 当 $pH \gg pK_{a_2}$ 时，$\delta_0 \gg \delta_1$，即溶液中 $C_2O_4^{2-}$ 为主要的存在形式。

由于草酸的 $pK_{a_1} = 1.23$，$pK_{a_2} = 4.29$，比较接近，因此在 $HC_2O_4^-$ 的优势区内，各种形式的存在情况比较复杂。计算表明，在 $pH = 2.2 \sim 3.2$ 时，明显出现三种组分同时存在的状况，而在 $pH = 2.71$ 时，虽然 $HC_2O_4^-$ 的分布系数达到最大（0.938），但 δ_2 与 δ_0 的数值也各占 0.031。

例 4-3 计算酒石酸在 $pH = 3.71$ 时，三种存在形式的分布系数。

解：酒石酸为二元酸，查表得 $pK_{a_1} = 3.04$，$pK_{a_2} = 4.37$

$$\delta_2 = \frac{(10^{-3.71})^2}{(10^{-3.71})^2 + 10^{-3.04} \times 10^{-3.71} + 10^{-3.04} \times 10^{-4.37}} = 0.149$$

同理可求得：$\delta_1 = 0.698$，$\delta_0 = 0.153$。

4.1.5 三元酸的分布曲线

例如磷酸 H_3PO_4，情况更为复杂，分别以 δ_3、δ_2、δ_1 和 δ_0 表示 H_3PO_4、$H_2PO_4^-$、HPO_4^{2-} 和 PO_4^{3-} 的分布系数，归纳总结一元酸、二元酸分布系数的推导和表示方法，得出四种存在形式的分布系数的计算公式：

$$\delta_3 = \frac{[H^+]^3}{[H^+]^3 + [H^+]^2 K_{a_1} + [H^+]K_{a_1}K_{a_2} + K_{a_1}K_{a_2}K_{a_3}} \tag{4-3a}$$

$$\delta_2 = \frac{[H^+]^2 K_{a_1}}{[H^+]^3 + [H^+]^2 K_{a_1} + [H^+]K_{a_1}K_{a_2} + K_{a_1}K_{a_2}K_{a_3}} \tag{4-3b}$$

$$\delta_1 = \frac{[H^+]K_{a_1}K_{a_2}}{[H^+]^3 + [H^+]^2 K_{a_1} + [H^+]K_{a_1}K_{a_2} + K_{a_1}K_{a_2}K_{a_3}} \tag{4-3c}$$

$$\delta_0 = \frac{K_{a_1} K_{a_2} K_{a_3}}{[H^+]^3 + [H^+]^2 K_{a_1} + [H^+] K_{a_1} K_{a_2} + K_{a_1} K_{a_2} K_{a_3}} \tag{4-3d}$$

由于 H_3PO_4 的 $pK_{a_1} = 2.12$，$pK_{a_2} = 7.20$，$pK_{a_3} = 12.36$ 三者相差较大，各存在形式同时共存的情况不如草酸明显，图 4-3 为磷酸溶液中各种存在形式的分布曲线。

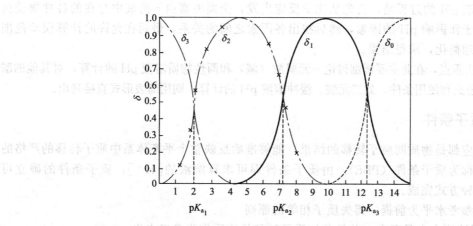

图 4-3 磷酸溶液中各种存在形式的分布系数与溶液 pH 的关系曲线

由图 4-3 得到如下结论：

① 当 $pH \ll pK_{a_1}$ 时，$\delta_3 \gg \delta_2$，溶液中 H_3PO_4 为主要的存在形式；

② 当 $pK_{a_1} \ll pH \ll pK_{a_2}$ 时，$\delta_2 \gg \delta_3$ 和 $\delta_2 \gg \delta_1$，δ_2 最大，即溶液中 $H_2PO_4^-$ 为主要的存在形式；

③ 当 $pK_{a_2} \ll pH \ll pK_{a_3}$ 时，$\delta_1 \gg \delta_2$ 和 $\delta_1 \gg \delta_0$，δ_1 最大，即溶液中 HPO_4^{2-} 为主要的存在形式；

④ 当 $pH \gg pK_{a_3}$ 时，$\delta_0 \gg \delta_1$，溶液中 PO_4^{3-} 为主要的存在形式。

应该指出，在 $pH = 4.7$ 时，$H_2PO_4^-$ 占 99.4%，另外两种形式（H_3PO_4 和 HPO_4^{2-}）各占 0.3%。同样，当 $pH = 9.8$ 时，HPO_4^{2-} 占绝对优势（99.4%），而 $H_2PO_4^-$ 和 PO_4^{3-} 各占 0.3%。这两种 pH 情况下，由于各次要的存在形式所占比例甚微，因而无法在分布曲线图中明显表达出来。

4.1.6 多元酸的分布系数推广结论

① 从上述讨论中可以看出，无论是一元酸还是多元酸，其各组分的分布系数 δ 的计算式，都是用 $[H^+]$ 及 K_{a_1}、K_{a_2}……来表示，而不出现酸的总浓度 c。可见分布系数 δ 仅与溶液中的 $[H^+]$ 及酸本身的特性常数 K_a 有关，而与酸的总浓度无关。

② 有几种存在形式，分布系数表达式的分母中就有几项。

③ 氢离子浓度的最高次幂由多元酸的元数决定，即是几元酸最高次幂就是几。

④ 分母项用 $[H^+]^n + [H^+]^{n-1} K_{a_1} + [H^+]^{n-2} K_{a_1} K_{a_2} + \cdots + K_{a_1} K_{a_2} \cdots K_{a_n}$ 形式表示。

⑤ 因为是 n 元酸，所以共有 $n+1$ 种存在形式，分布系数分别用 $\delta_n, \delta_{n-1}, \cdots, \delta_1, \delta_0$ 表示。每种存在形式的分子项的依次对应是：δ_n 为 $[H^+]^n$、δ_{n-1} 为 $[H^+]^{n-1} K_{a_1}$、$\cdots$、δ_0 为 $K_{a_1} K_{a_2} \cdots K_{a_n}$。

4.2 酸碱溶液 pH 的计算

许多化学反应都与介质的 pH 有密切关系,酸碱滴定过程中更加需要了解溶液的 pH 变化情况,如何计算各种酸碱溶液的 pH,是酸碱滴定法的重点学习内容。

计算溶液 pH 的过程是,首先从化学反应出发,全面考察由于溶液中存在的各种物质提供或消耗质子而影响 pH 的因素,然后找出各因素之间的关系,最后在允许的计算误差范围内,进行合理简化,求得结果。

为了突出重点,在此主要详细讨论一元弱酸(碱)和两性物质溶液 pH 的计算,对其他的酸碱溶液计算公式和使用条件,如二元酸、缓冲溶液 pH 的计算,则用简表形式直接列出。

4.2.1 质子条件

酸碱反应都是物质间质子转移的结果,能够准确反映整个平衡体系中质子转移的严格的数量关系式称为质子条件(PBE)。由质子条件即可求算溶液的 $[H^+]$,质子条件的确立可通过下面两种方式完成。

(1) 以参考水平为前提,得失质子相等的原则

① 选择溶液中大量存在、并且参加质子转移的物质作为参考水平。

② 从参考水平出发,写出所有的质子转移平衡式。判断哪些是得到质子的产物,哪些是失去质子的产物,绘出质子转移示意图。

③ 根据得失质子的物质的量相等的原则,列出等式,即为质子条件。

例如,在一元弱酸(设为 HA)的水溶液中,大量存在并参加质子转移的物质是 HA 和 H_2O,选择两者作为参考水平。存在下列两个质子转移反应:

HA 的解离反应 $\qquad HA + H_2O \rightleftharpoons H_3O^+ + A^-$

水的质子自递反应 $\qquad H_2O + H_2O \rightleftharpoons H_3O^+ + OH^-$

从参考水平出发判断得失质子情况,可知 H_3O^+ 是得到质子的产物,而 A^- 和 OH^- 是失去质子的产物。

$$HA \xrightarrow{\ -H^+\ } A^-$$
$$H_3O^+ \xleftarrow{\ +H^+\ } H_2O \xrightarrow{\ -H^+\ } OH^-$$

根据总的得失质子的物质的量相等的原则,写出质子条件如下:

$$[H_3O^+] = [A^-] + [OH^-] \tag{4-4}$$

又如对于 Na_2CO_3 的水溶液,选择 CO_3^{2-} 和 H_2O 作为参考水平,存在下列三个质子转移反应:

$$CO_3^{2-} + H_2O \rightleftharpoons HCO_3^- + OH^-$$
$$CO_3^{2-} + 2H_2O \rightleftharpoons H_2CO_3 + 2OH^-$$
$$H_2O + H_2O \rightleftharpoons H_3O^+ + OH^-$$

从参考水平出发判断得失质子情况,OH^- 为失去质子的产物,HCO_3^-、H_2CO_3 和 H_3O^+ 都是得到质子的产物,但必须注意 H_2CO_3 是得到 2 个质子的产物,在列出质子条件时,应在 $[H_2CO_3]$ 前乘以系数 2。

$$HCO_3^- \xleftarrow{\ +H^+\ } CO_3^{2-}$$
$$H_2CO_3 \xleftarrow{\ +2H^+\ } CO_3^{2-}$$

$$H_3O^+ \xleftarrow{+H^+} H_2O \xrightarrow{-H^+} OH^-$$

根据得失质子的物质的量相等的原则，因此 Na_2CO_3 溶液的质子条件为：

$$[HCO_3^-] + 2[H_2CO_3] + [H_3O^+] = [OH^-] \qquad (4\text{-}5)$$

（2）物料平衡、电荷平衡的原则

质子条件也可以通过溶液中各有关存在形式的物料平衡（某组分的总浓度等于其各有关存在形式平衡浓度之和）与电荷平衡（溶液中正离子的总电荷数等于负离子的总电荷数，以维持溶液的电中性）求得。现仍以 Na_2CO_3 的水溶液为例，设 Na_2CO_3 的总浓度为 c。

物料平衡：$[HCO_3^-] + [H_2CO_3] + [CO_3^{2-}] = c$

$\qquad\qquad [Na^+] = 2c$

电荷平衡：$[H_3O^+] + [Na^+] = [HCO_3^-] + [OH^-] + 2[CO_3^{2-}]$

将上列三式进行整理，也可得到式（4-5）所示的质子条件。

例 4-4　写出 NaH_2PO_4 水溶液的质子条件。

解： 根据参考水平的选择标准，确定 H_2O 和 $H_2PO_4^-$ 为参考水平，溶液中的质子转移反应如下：

$$H_2PO_4^- + H_2O \Longleftrightarrow H_3PO_4 + OH^-$$
$$H_2PO_4^- + H_2O \Longleftrightarrow HPO_4^{2-} + H_3O^+$$
$$H_2PO_4^- + 2H_2O \Longleftrightarrow PO_4^{3-} + 2H_3O^+$$
$$H_2O + H_2O \Longleftrightarrow H_3O^+ + OH^-$$

质子转移关系简图如下：

$$H_3PO_4 \xleftarrow{+H^+} H_2PO_4^- \xrightarrow{-H^+} HPO_4^{2-}$$

$$H_2PO_4^- \xrightarrow{-2H^+} PO_4^{3-}$$

$$H_3O^+ \xleftarrow{+H^+} H_2O \xrightarrow{-H^+} OH^-$$

根据得失质子的物质的量相等的原则，NaH_2PO_4 溶液的质子条件为：

$$[H_3PO_4] + [H_3O^+] = [HPO_4^{2-}] + [OH^-] + 2[PO_4^{3-}]$$

例 4-5　写出 NH_4HCO_3 水溶液的质子条件。

解： 选择 NH_4^+、HCO_3^- 和 H_2O 为参考水平，溶液中的质子转移反应如下：

$$HCO_3^- + H_2O \Longleftrightarrow H_2CO_3 + OH^-$$
$$HCO_3^- + H_2O \Longleftrightarrow H_3O^+ + CO_3^{2-}$$
$$NH_4^+ + H_2O \Longleftrightarrow H_3O^+ + NH_3$$
$$H_2O + H_2O \Longleftrightarrow H_3O^+ + OH^-$$

质子转移关系简图如下：

$$NH_4^+ \xrightarrow{-H^+} NH_3$$

$$H_2CO_3 \xleftarrow{+H^+} HCO_3^- \xrightarrow{-H^+} CO_3^{2-}$$

$$H_3O^+ \xleftarrow{+H^+} H_2O \xrightarrow{-H^+} OH^-$$

根据得失质子的物质的量相等的原则，NH_4HCO_3 溶液的质子条件为：

$$[H_3O^+] + [H_2CO_3] = [CO_3^{2-}] + [NH_3] + [OH^-]$$

4.2.2 一元弱酸、弱碱溶液 pH 的计算

(1) 一元弱酸

对于一元弱酸 HA 溶液，存在如下质子转移反应：

$$HA + H_2O \Longrightarrow H_3O^+ + A^-$$

$$H_2O + H_2O \Longrightarrow H_3O^+ + OH^-$$

质子条件为：

$$[H_3O^+] = [A^-] + [OH^-]$$

上面两个质子转移反应式说明，一元弱酸溶液中的 $[H_3O^+]$（以下简写 H^+）来自两部分，即来自弱酸的解离（相当于式中的 $[A^-]$ 项）和水的质子自递反应（相当于式中的 $[OH^-]$ 项）。

以 $[A^-] = K_a[HA]/[H^+]$ 和 $[OH^-] = K_w/[H^+]$ 代入质子条件式，并整理可得：

$$[H^+] = \sqrt{K_a[HA] + K_w} \tag{4-6}$$

上式为计算一元弱酸溶液中 $[H^+]$ 的精确公式。由于式中的 $[HA]$ 为 HA 的平衡浓度，也是未知项，还需利用分布系数的公式求出 $[HA] = c\delta_{HA}$（c 为 HA 的总浓度），再代入上式，则可推导出一元三次方程：

$$[H^+]^3 + K_a[H^+]^2 - (cK_a + K_w)[H^+] - K_aK_w = 0$$

显然，上述方程的求解计算相当麻烦。考虑到计算中所用的常数，一般来说，其本身即有百分之几的误差，而且又未使用活度，仅以浓度代入计算，因此这类分析化学的计算通常允许 $[H^+]$ 有 5% 的误差，所以对于具体情况，可以进行合理简化，作近似处理。

① 满足 $c/K_a \geqslant 105$ 条件　若考虑到弱酸的浓度不是太低，HA 虽有部分解离，但 HA 的平衡浓度 $[HA]$ 可以认为近似等于总浓度，即略去弱酸本身的解离以 c 代替 $[HA]$。若允许有 5% 误差，需满足 $c/K_a \geqslant 105$ 条件，式（4-6）可简化为近似公式：

$$[H^+] = \sqrt{cK_a + K_w} \tag{4-7}$$

② 满足 $cK_a \geqslant 10K_w$ 条件　如果弱酸的 K_a 不是非常小，可以推断，由酸解离产生的 $[H^+]$ 将高于水解离所产生的 $[H^+]$，对于 5% 的允许误差，当 $cK_a \geqslant 10K_w$ 时，可将式（4-6）中的 K_w 项略去，则得：

$$[H^+] = \sqrt{K_a[HA]} = \sqrt{K_a(c - [H^+])}$$

$$[H^+]^2 + K_a[H^+] - cK_a = 0$$

解得：

$$[H^+] = \frac{1}{2}(-K_a + \sqrt{K_a^2 + 4cK_a}) \tag{4-8}$$

③ 满足 $c/K_a \geqslant 105$ 和 $cK_a \geqslant 10K_w$ 两个条件　则式（4-6）可进一步简化为最简式：

$$[H^+] = \sqrt{cK_a} \tag{4-9}$$

例 4-6 计算 $10^{-4} \text{mol} \cdot \text{L}^{-1} \text{H}_3\text{BO}_3$ 溶液的 pH。已知 $pK_a = 9.24$。

解: 由于 $cK_a = 10^{-4} \times 10^{-9.24} = 5.8 \times 10^{-14} < 10K_w$

$$c/K_a = 10^{-4}/10^{-9.24} = 10^{5.24} \gg 105$$

可用总浓度 c 近似代替平衡浓度 $[\text{H}_3\text{BO}_3]$，选用式 (4-7)

$$[\text{H}^+] = \sqrt{cK_a + K_w} = \sqrt{10^{-4} \times 10^{-9.24} + 10^{-14}} \text{ mol} \cdot \text{L}^{-1} = 2.6 \times 10^{-7} \text{mol} \cdot \text{L}^{-1}$$
$$pH = 6.59$$

如按最简式 (4-9) 计算，则

$$[\text{H}^+] = \sqrt{cK_a} = \sqrt{10^{-4} \times 10^{-9.24}} \text{ mol} \cdot \text{L}^{-1} = 2.4 \times 10^{-7} \text{mol} \cdot \text{L}^{-1}$$
$$pH = 6.62$$

用最简式求得的 $[\text{H}^+]$ 与用近似公式求得的 $[\text{H}^+]$ 相比较，二者相差约为 -8%，可见在计算之前根据条件，正确选择算式至关重要。

例 4-7 试求 $0.12 \text{mol} \cdot \text{L}^{-1}$ 一氯乙酸溶液的 pH。已知 $pK_a = 2.86$。

解: 根据 $cK_a = 0.12 \times 10^{-2.86} \gg 10K_w$

$$c/K_a = 0.12/10^{-2.86} = 87 < 105$$

说明酸解离较多，不能用总浓度近似代替平衡浓度，采用式 (4-8) 计算

$$[\text{H}^+] = \frac{1}{2}(-10^{-2.86} + \sqrt{(10^{-2.86})^2 + 4 \times 0.12 \times 10^{-2.86}}) \text{ mol} \cdot \text{L}^{-1} = 0.012 \text{mol} \cdot \text{L}^{-1}$$
$$pH = 1.92$$

若以最简式 (4-9) 求算 $[\text{H}^+]$，将引入多大的相对误差呢？请自行计算一下。

例 4-8 已知 HAc 的 $pK_a = 4.74$，求 $0.30 \text{mol} \cdot \text{L}^{-1}$ HAc 溶液的 pH。

解: 根据 $cK_a = 0.30 \times 10^{-4.74} \gg 10K_w$

$$c/K_a = 0.30/10^{-4.74} \gg 105$$

符合两个简化的条件，可采用最简式 (4-9) 计算:

$$[\text{H}^+] = \sqrt{cK_a} = \sqrt{0.30 \times 10^{-4.74}} \text{ mol} \cdot \text{L}^{-1} = 2.3 \times 10^{-3} \text{mol} \cdot \text{L}^{-1}$$
$$pH = 2.64$$

(2) 一元弱碱

当需要计算一元弱碱等碱性物质溶液的 pH 时，将计算式及使用条件中的 $[\text{H}^+]$ 和 K_a 换成相应的 $[\text{OH}^-]$ 和 K_b 即可，如下所示:

① 满足 $c/K_b \geq 105$ 条件

$$[\text{OH}^-] = \sqrt{cK_b + K_w} \tag{4-10}$$

② 满足 $cK_b \geq 10K_w$ 条件

$$[\text{OH}^-] = \frac{1}{2}(-K_b + \sqrt{K_b^2 + 4cK_b}) \tag{4-11}$$

③ 满足 $c/K_b \geq 105$ 和 $cK_b \geq 10K_w$ 条件

$$[\text{OH}^-] = \sqrt{cK_b} \tag{4-12}$$

4.2.3 两性溶液 pH 的计算

两性物质如 NaHCO_3、NaH_2PO_4、K_2HPO_4、NH_4Ac、$(\text{NH}_4)_2\text{CO}_3$ 及邻苯二甲酸氢钾等在水溶液中，既可给出质子，显酸性，又可接受质子，显出碱性，因此其酸碱平衡较为复杂。但在计算 $[\text{H}^+]$ 时仍可以从具体情况出发，作合理简化的处理，以便运算。

以 NaHA 为例。选择 HA⁻ 和 H₂O 为参考水平，溶液中的质子转移反应有：

$$HA^- + H_2O \Longrightarrow H_3O^+ + A^{2-}$$
$$HA^- + H_2O \Longrightarrow H_2A + OH^-$$
$$H_2O + H_2O \Longrightarrow H_3O^+ + OH^-$$

质子转移关系简图如下：

$$H_2A \xleftarrow{+H^+} HA^- \xrightarrow{-H^+} A^{2-}$$
$$H_3O^+ \xleftarrow{+H^+} H_2O \xrightarrow{-H^+} OH^-$$

质子条件为：

$$[H_2A] + [H_3O^+] = [A^{2-}] + [OH^-]$$

H_3O^+ 以下简写 H^+，并以平衡常数 K_{a_1}、K_{a_2} 及 K_w 代入上式，得

$$\frac{[H^+][HA^-]}{K_{a_1}} + [H^+] = \frac{K_{a_2}[HA^-]}{[H^+]} + \frac{K_w}{[H^+]}$$

$$[H^+] = \sqrt{\frac{K_{a_1}(K_{a_2}[HA^-] + K_w)}{K_{a_1} + [HA^-]}} \tag{4-13}$$

式（4-13）为精确计算式。

如果 HA^- 给出质子与接受质子的能力都比较弱，则可以认为$[HA^-] \approx c$ 可得：

$$[H^+] = \sqrt{\frac{K_{a_1}(K_{a_2}c + K_w)}{K_{a_1} + c}} \tag{4-14}$$

① 满足 $cK_{a_2} \geqslant 10K_w$ 条件　根据计算可知，若允许有 5% 误差，在 $cK_{a_2} \geqslant 10K_w$ 时，HA^- 提供的$[H^+]$比水提供的$[H^+]$大得多，所以可略去 K_w 项，则式（4-14）可简化得近似计算式：

$$[H^+] = \sqrt{\frac{cK_{a_1}K_{a_2}}{K_{a_1} + c}} \tag{4-15}$$

② 满足 $c/K_{a_1} \geqslant 10$ 条件　若 $c/K_{a_1} \geqslant 10$，则分母中的 K_{a_1} 可略去，式（4-14）可简化得近似计算式：

$$[H^+] = \sqrt{\frac{K_{a_1}(K_{a_2}c + K_w)}{c}} \tag{4-16}$$

③ 满足 $cK_{a_2} \geqslant 10K_w$，$c/K_{a_1} \geqslant 10$ 两个条件　则式（4-14）可进一步简化为

$$[H^+] = \sqrt{K_{a_1}K_{a_2}} \tag{4-17}$$

式（4-17）为常用的最简式。用最简式计算出的$[H^+]$与用精确式求得的$[H^+]$相比，其允许误差 $\leqslant 5\%$。

例 4-9　计算 0.1mol·L⁻¹ 的邻苯二甲酸氢钾溶液的 pH。

解：查表知邻苯二甲酸的 $pK_{a_1} = 2.89$，$pK_{a_2} = 5.54$

则 $pK_{b_2} = 14 - 2.89 = 11.11$

对于多元酸，其各级 K_a、K_b 之间的相互对应关系不能混淆。从 pK_{a_2} 和 pK_{b_2} 可知，邻苯二甲酸氢根离子的酸性和碱性都比较弱，可近似认为$[HA^-] \approx c$。

$$cK_{a_2} = 0.10 \times 10^{-5.54} \gg 10K_w$$

$$c/K_{a_1} = 0.10/10^{-2.89} = 77.6 > 10$$

根据式（4-17）得：$[H^+] = \sqrt{10^{-2.89} \times 10^{-5.54}}\ \text{mol·L}^{-1} = 10^{-4.22}\ \text{mol·L}^{-1}$

$$pH = 4.22$$

例 4-10   分别计算浓度为 $0.05\,mol\cdot L^{-1}$ NaH_2PO_4 和 $3.33\times10^{-2}\,mol\cdot L^{-1}$ Na_2HPO_4 溶液的 pH。

解：查表得 H_3PO_4 的 $pK_{a_1}=2.12$，$pK_{a_2}=7.20$，$pK_{a_3}=12.36$

NaH_2PO_4 和 Na_2HPO_4 都属于两性物质，但是它们的酸性和碱性都比较弱，可以认为平衡浓度近似等于总浓度，因此可根据满足的条件，采用适当的计算式进行计算。

（1）对于 $0.05\,mol\cdot L^{-1}$ NaH_2PO_4 溶液

$$cK_{a_2}=0.05\times10^{-7.20}\gg10K_w$$

$$c/K_{a_1}=0.05/10^{-2.12}=6.59<10$$

根据式（4-15）得：

$$[H^+]=\sqrt{\frac{0.05\times10^{-2.12}\times10^{-7.20}}{10^{-2.12}+0.05}}\,mol\cdot L^{-1}=2.0\times10^{-5}\,mol\cdot L^{-1}$$

$$pH=4.70$$

（2）对于 $3.33\times10^{-2}\,mol\cdot L^{-1}$ Na_2HPO_4 溶液

本题涉及的是 K_{a_2} 和 K_{a_3} 二个常数，所以在运用公式及判别式时，应将有关公式中的 K_{a_1} 和 K_{a_2} 分别换成 K_{a_2} 和 K_{a_3}。

$$cK_{a_3}=3.33\times10^{-2}\times10^{-12.36}=1.45\times10^{-14}\approx K_w$$

$$c/K_{a_2}=3.33\times10^{-2}/10^{-7.20}\gg10$$

根据式（4-16）可得：

$$[H^+]=\sqrt{\frac{10^{-7.20}(3.33\times10^{-2}\times10^{-12.36}+10^{-14})}{3.33\times10^{-2}}}\,mol\cdot L^{-1}=2.2\times10^{-10}\,mol\cdot L^{-1}$$

$$pH=9.66$$

例 4-10 中，如果不是根据具体情况，选用适当的简化式，而草率地使用最简式（4-17）计算，则求得的 $[H^+]$ 与用近似公式求得的 $[H^+]$ 相比较，对于 NaH_2PO_4 溶液二者相差约为 $+10\%$，而对于 Na_2HPO_4 溶液，二者相差则为 -23.1%。显然不可随意计算。

4.2.4 其他酸碱溶液 pH 的计算

一元弱酸（弱碱）、两性物质溶液的 pH 计算在酸碱滴定法中是非常常见的，本节作了较为详细的讨论。其所用的计算途径和方法对于二元弱酸溶液和由弱酸及其共轭碱（HA＋ A^-）组成的缓冲溶液的 pH 计算也同样适用，本书不再一一推导。现将几种酸溶液、两性物质溶液和缓冲溶液 $[H^+]$ 的计算公式列于表 4-2，其中包括（a）精确式、（b）近似式和（c）最简式以及在允许误差为 5％范围内的使用条件。

表 4-2   几种酸溶液、两性物质溶液和缓冲溶液 $[H^+]$ 的计算公式及其使用条件

项目	计算公式	使用条件(允许 5％误差)
一元弱酸	(a) $[H^+]=\sqrt{K_a[HA]+K_w}$	
	(b) $[H^+]=\sqrt{cK_a+K_w}$	$c/K_a\geqslant10^5$
	$[H^+]=\dfrac{1}{2}(-K_a+\sqrt{K_a^2+4cK_a})$	$cK_a\geqslant10K_w$
	(c) $[H^+]=\sqrt{cK_a}$	$c/K_a\geqslant10^5$，且 $cK_a\geqslant10K_w$

续表

项目	计算公式	使用条件(允许5%误差)
两性物质	(a) $[H^+]=\sqrt{\dfrac{K_{a_1}(K_{a_2}[HA^-]+K_w)}{K_{a_1}+[HA^-]}}$	
	(b) $[H^+]=\sqrt{\dfrac{cK_{a_1}K_{a_2}}{K_{a_1}+c}}$	$cK_{a_2}\geqslant 10K_w$
	$[H^+]=\sqrt{\dfrac{K_{a_1}(K_{a_2}c+K_w)}{c}}$	$c/K_{a_1}\geqslant 10$
	(c) $[H^+]=\sqrt{K_{a_1}K_{a_2}}$	$cK_{a_2}\geqslant 10K_w,c/K_{a_1}\geqslant 10$
二元弱酸	(b) $[H^+]=\sqrt{cK_{a_1}+K_w}$	$c/K_{a_1}\geqslant 105,2K_{a_2}/[H^+]\ll 1$
	$[H^+]=\dfrac{1}{2}(-K_{a_1}+\sqrt{K_{a_1}^2+4cK_{a_1}})$	$cK_{a_1}\geqslant 10K_w,2K_{a_2}/[H^+]\ll 1$
	(c) $[H^+]=\sqrt{cK_{a_1}}$	$cK_{a_1}\geqslant 10K_w,c/K_{a_1}\geqslant 105,且 2K_{a_2}/[H^+]\ll 1$
缓冲溶液	(a) $[H^+]=\dfrac{c_a-[H^+]+[OH^-]}{c_b+[H^+]-[OH^-]}K_a^*$	
	(b) $[H^+]=\dfrac{c_a-[H^+]}{c_b+[H^+]}K_a$	$[H^+]\gg[OH^-]$
	(c) $[H^+]=K_a\dfrac{c_a}{c_b}$	$c_a\gg[OH^-]-[H^+],c_b\gg[H^+]-[OH^-]$

注：缓冲溶液中 c_a 和 c_b 分别为 HA 及其共轭碱 A^- 的总浓度。

例 4-11 已知室温下 H_2CO_3 的饱和水溶液浓度约为 $0.040mol\cdot L^{-1}$，试求该溶液的 pH。

解： 查表知 $pK_{a_1}=6.38$，$pK_{a_2}=10.25$。由于 $K_{a_1}\gg K_{a_2}$，可按一元酸计算。

根据

$$c/K_{a_1}=0.040/10^{-6.38}=9.6\times 10^4\gg 105$$

$$cK_{a_1}=0.040\times 10^{-6.38}\gg 10K_w$$

所以

$$[H^+]=\sqrt{0.040\times 10^{-6.38}}\,mol\cdot L^{-1}=1.3\times 10^{-4}\,mol\cdot L^{-1}$$

$$pH=3.89$$

检验：

$$\dfrac{2K_{a_2}}{[H^+]}=\dfrac{2\times 10^{-10.25}}{1.3\times 10^{-4}}\ll 1$$

符合表 4-2 所列使用二元弱酸最简式的条件。

例 4-12 计算 $0.20mol\cdot L^{-1}$ Na_2CO_3 溶液的 pH。

解： 查表 H_2CO_3 的 $pK_{a_1}=6.38$，$pK_{a_2}=10.25$

则 $pK_{b_1}=14-pK_{a_2}=14-10.25=3.75$，同理 $pK_{b_2}=7.26$

由于 $K_{b_1}\gg K_{b_2}$，可按一元碱计算。

又由于

$$c/K_{b_1}=0.20/10^{-3.75}=1125>105$$

$$cK_{b_1}=0.20\times 10^{-3.75}\gg 10K_w$$

符合两个简化的条件，可采用最简式计算：

即

$$[OH^-]=\sqrt{cK_{b_1}}=\sqrt{0.20\times 10^{-3.75}}=5.96\times 10^{-3}\,mol\cdot L^{-1}$$

$$[H^+]=1.68\times 10^{-12}\,mol\cdot L^{-1}$$

$$pH=11.77$$

例 4-13 10.0mL 浓度 0.20mol·L^{-1} 的 HAc 溶液与 5.5mL 0.2mol·L^{-1} 的 NaOH 溶液混合，求该混合液的 pH。HAc 的 pK_a＝4.74。

解： 加入 HAc 的物质的量为

$$0.20×10.0×10^{-3}mol＝2.0×10^{-3}mol$$

加入 NaOH 的物质的量为

$$0.20×5.5×10^{-3}mol＝1.1×10^{-3}mol$$

反应后生成的 NaAc 的物质的量为 $1.1×10^{-3}mol$

$$c_b＝1.1×10^{-3}/(10.0+5.5)×10^{-3}mol·L^{-1}＝0.071mol·L^{-1}$$

剩余的 HAc 的物质的量为

$$2.0×10^{-3}mol-1.1×10^{-3}mol＝0.9×10^{-3}mol$$

$$c_a＝0.9×10^{-3}/(10.0+5.5)×10^{-3}mol·L^{-1}＝0.058mol·L^{-1}$$

$$[H^+]＝K_a\frac{c_a}{c_b}＝10^{-4.74}×\frac{0.058}{0.071}mol·L^{-1}＝1.5×10^{-3}mol·L^{-1}$$

$$pH＝4.83$$

由于 $c_a≫[OH^-]-[H^+]$，且 $c_b≫[H^+]-[OH^-]$，所以采用最简式计算是允许的。

例 4-14 NH$_3$-NH$_4$Cl 混合溶液中，NH$_3$ 的浓度 0.8mol·L^{-1}，NH$_4$Cl 的浓度为 0.9mol·L^{-1}，求该混合液的 pH。

解： 查表知 NH$_3$ 的 pK_b＝4.74

$$[OH^-]＝K_b\frac{c_b}{c_a}＝10^{-4.74}×\frac{0.8}{0.9}mol·L^{-1}＝1.62×10^{-5}mol·L^{-1}$$

$$[H^+]＝6.2×10^{-10}mol·L^{-1}$$

$$pH＝9.21$$

本题如果从 NH$_4^+$ 出发，可由 NH$_4^+$-NH$_3$ 的平衡中，求得 NH$_4^+$ 的 pK_a＝9.26，再代入 $[H^+]＝K_a\dfrac{c_a}{c_b}$ 亦可得到相同的答案。

4.3 酸碱指示剂

酸碱滴定法是以酸碱中和反应为基础的滴定分析法，通常是用强酸或强碱作标准溶液来测定待测物质。一般的酸、碱以及能与酸、碱直接或间接起反应的物质，几乎都可以用酸碱滴定法来测定。所以，酸碱滴定法在实际工作中的应用非常广泛，是一种最基本的滴定分析方法。由于酸碱反应一般没有外观变化，所以在滴定分析中，通常采用指示剂法和电位滴定法来判断滴定终点。

指示剂法是利用指示剂在一定条件（即某 pH 范围）下变色来指示终点。而电位滴定法是根据两个电极的电位差的突然变化来确定终点。由于指示剂法简单、易行，所以常用的方法是在被测溶液中加入适当的酸碱指示剂，根据指示剂的颜色变化来指示滴定终点。本节重点讨论的是指示剂法。

4.3.1 指示剂的作用原理

酸碱指示剂是一些有机弱酸或弱碱，其共轭酸碱具有不同的结构及颜色，溶液的酸度必然影响其解离平衡及存在形式的分布。所以，当溶液的 pH 改变时，指示剂共轭酸碱对之间必然发生存在形式的相互转化，从而引起颜色的改变。例如酚酞为无色的二元弱酸，在水中有下列解离平衡和颜色变化：

无色   红色（醌式）   无色（羧酸盐式）

酸性溶液   碱性溶液

由平衡关系看出，酸性溶液中，酚酞以无色形式存在，在碱性溶液中转化为红色醌式结构。在足够浓的碱溶液中，又转化为无色的羧酸盐式。

又如甲基橙是有机弱碱，是一种双色指示剂，其在水溶液中的解离平衡及颜色变化如下：

红色（醌式）   黄色（偶氮式）

由平衡关系可看出，当溶液酸度增大时，平衡向左移动，甲基橙主要以红色的酸式结构（醌式）存在；当溶液酸度减小时，甲基橙主要以黄色的碱式结构（偶氮式）存在。

酸碱指示剂之所以具有上述性质是由于它们是有机弱酸或有机弱碱，其酸式形式（HIn）和碱式形式（In$^-$）颜色显著不同。当溶液的 pH 改变时，引起指示剂结构变化，因而呈现不同的颜色。例如，以弱酸型指示剂为例，它在溶液中存在下式平衡：

$$HIn + H_2O \rightleftharpoons H_3O^+ + In^-$$

平衡常数

$$K_{HIn} = \frac{[H_3O^+][In^-]}{[HIn]}$$

据此可得

$$\frac{[In^-]}{[HIn]} = \frac{K_{HIn}}{[H_3O^+]} \tag{4-18}$$

显然，指示剂颜色的转变取决于[In$^-$]和[HIn]的比值。由式（4-18）可知[In$^-$]和[HIn]的比值由两个因素决定：一个是 K_{HIn} 值，另一个是溶液的酸度[H$_3$O$^+$]。K_{HIn} 称为指示剂常数，由指示剂本质决定，对于某种指示剂，一定温度下，是一个常数。因此，某种指示剂颜色的转变就完全是由溶液的酸度[H$_3$O$^+$]决定。所以，当溶液[H$_3$O$^+$]改变时，引起[In$^-$]/[HIn]值的改变，因而引起颜色变化，所以酸碱指示剂能指示溶液的酸度。

4.3.2 指示剂的变色范围

实际测定表明，酚酞在 pH 值小于 8 的溶液中呈无色，在 pH 值大于 10 的溶液中呈红色，pH 值从 8~10 是酚酞逐渐由无色变为红色的过程，称为酚酞的"变色范围"。同理 pH 3.1~4.4 称为甲基橙的变色范围。指示剂所具有的变色范围，可由指示剂在溶液中的平衡移动过程加以解释。

（1）理论变色范围

当[In$^-$]/[HIn]=1/10 时，人眼勉强辨认出碱（In$^-$）色，若[In$^-$]/[HIn]<1/10，则目视就看不出碱色了，即变色范围的一边（酸色一侧）pH 为：

$$pH_1 = pK_{HIn} - 1$$

同理，当$[In^-]/[HIn]=10/1$时，人眼勉强辨认出酸（HIn）色，若$[In^-]/[HIn]$比值大于10，则目视就看不出酸色了，即变色范围的另一边（碱色一侧）pH为：

$$pH_2 = pK_{HIn} + 1$$

指示剂的组成和其颜色变化如下所示：

$$\frac{[In^-]}{[HIn]} < \frac{1}{10} \qquad \frac{[In^-]}{[HIn]} = \frac{1}{10} \qquad \frac{[In^-]}{[HIn]} = 1 \qquad \frac{[In^-]}{[HIn]} = \frac{10}{1} \qquad \frac{[In^-]}{[HIn]} > \frac{10}{1}$$

| 酸色 | 略带碱色 | 中间色 | 略带酸色 | 碱色 |

酸色 ←—— 变色范围 ——→ 碱色

$$pH_1 = pK_{HIn} - 1$$
$$pH_2 = pK_{HIn} + 1$$

由上面的分析可知，当溶液的 pH 由 pH_1 逐渐上升到 pH_2 时，指示剂由酸色逐渐变成碱色，即 $pH = pK_{HIn} \pm 1$ 称为指示剂的理论变色范围。如酚酞的 $pK_{HIn} = 9.1$，所以其理论变色范围为 $8.1 \sim 10.1$，甲基橙的 $pK_{HIn} = 3.4$，所以其理论变色范围为 $2.4 \sim 4.4$。

（2）理论变色点

据式（4-18）可知，当 $[In^-] = [HIn]$ 时，溶液中的 $[H_3O^+] = K_{HIn}$，此时溶液的颜色应该是酸色和碱色的混合（中间）颜色，即 $pH = pK_{HIn}$ 称为指示剂的理论变色点。如酚酞的理论变色点为：$pH = 9.1$，甲基橙的理论变色点为：$pH = 3.4$。

（3）指示剂的实际变色范围

顾名思义，实际测得的指示剂由酸色转变成碱色时的 pH 范围称为指示剂的实际变色范围，也常称指示剂的变色范围。根据实际测定，酚酞的变色范围为 $8.0 \sim 10.0$，甲基橙的变色范围 $3.1 \sim 4.4$。

表 4-3 列出了一些常用酸碱指示剂的组成、变色范围及其用量。

表 4-3 一些常用酸碱指示剂的组成、变色范围及其用量

指示剂	变色范围 pH	pK_{HIn}	酸色	碱色	配制方法	用量 /（滴/10mL）
百里酚蓝（第一次变色）	$1.2 \sim 2.8$	1.6	红	黄	0.1%的20%乙醇溶液	$1 \sim 2$
甲基黄	$2.9 \sim 4.0$	3.25	红	黄	0.1%的90%乙醇溶液	1
甲基橙	$3.1 \sim 4.4$	3.4	红	黄	0.1%或0.05%水溶液	1
溴酚蓝	$3.0 \sim 4.6$	4.1	黄	紫	0.1%的20%乙醇溶液或其钠盐水溶液	1
溴甲酚绿	$3.8 \sim 5.4$	4.9	黄	蓝	0.1%水溶液	$1 \sim 2$
甲基红	$4.4 \sim 6.2$	5.0	红	黄	0.1%的60%乙醇溶液或其钠盐水溶液	$1 \sim 2$
溴百里酚蓝	$6.2 \sim 7.6$	7.3	黄	蓝	0.1%的20%乙醇溶液或其钠盐水溶液	$1 \sim 2$
中性红	$6.8 \sim 8.0$	7.4	红	黄橙	0.1%的60%乙醇溶液	$1 \sim 2$
苯酚红	$6.8 \sim 8.4$	8.0	黄	红	0.1%的60%乙醇溶液或其钠盐水溶液	1
百里酚蓝（第二次变色）	$8.0 \sim 9.6$	8.9	黄	蓝	0.1%的60%乙醇溶液	$1 \sim 2$
酚酞	$8.0 \sim 10.0$	9.1	无	红	0.1%的90%乙醇溶液	1
百里酚酞	$9.4 \sim 10.6$	10	无	蓝	0.1%的90%乙醇溶液	$1 \sim 2$

注：表中列出的是室温下水溶液中各种指示剂的变色范围。实际上，当温度改变或溶剂不同时，指示剂的变色范围是要移动的。此外，溶液中盐类的存在也会使指示剂的变色范围发生移动。

（4）指示剂变色范围的相关结论

① 指示剂的变色范围不是恰好位于 pH＝7 的左右，而是因各种指示剂常数 K_{HIn} 的不同而不同。

② 各种指示剂在变色范围内显示出逐渐变化的过渡颜色。

③ 各种指示剂的变色范围的幅度各不相同，但一般说来，不大于两个 pH 单位，也不小于一个 pH 单位。

④ 指示剂的理论变色范围与实际变色范围有些不完全一致，这是由于人眼观察实际变色范围时，对于各种颜色的敏感程度不同所致。例如，甲基橙的理论变色范围为 $2.4\sim4.4$，由于浅黄色在红色中不明显，加之人眼对红色特别敏感，当红色所占比重 2 倍于黄色时就能观察出来，因此甲基橙变色范围在 pH 小的一边就短一些，因而实际测得的变色范围为 $3.1\sim4.4$。

4.3.3 混合指示剂

通过前面的讨论可知，只有当溶液的 pH 改变超过一定数值，也就是说只有在酸碱滴定的化学计量点附近 pH 发生突跃时，指示剂才能从一种颜色突变为另一种颜色。但是在某些酸碱滴定中，使用表 4-3 中的单一指示剂确定终点有些困难，因此有必要设法使指示剂的变色范围变窄，提高指示剂在化学计量点附近颜色变化的灵敏度。

混合指示剂就是利用颜色之间的互补作用，使指示剂变色范围变窄，达到颜色变化敏锐的效果。混合指示剂有两种配制方法。

① 一种方法是由两种或两种以上的指示剂混合而成。例如溴甲酚绿（$pK_{HIn}＝4.9$）和甲基红（$pK_{HIn}＝5.0$），前者当 pH＜4.0 时呈黄色（酸色），pH＞5.6 时呈蓝色（碱色），后者当 pH＜4.4 时呈红色（酸色），pH＞6.2 时呈浅黄色（碱色）。它们按一定配比混合后，两种颜色叠加在一起，酸色为酒红色（红稍带黄），碱色为绿色。当 pH＝5.1 时，甲基红呈橙色而溴甲酚绿呈绿色，两者互为补色而呈现浅灰色，这时颜色发生突变，变色十分敏锐。它们的颜色叠加情况如下：

② 另一种方法是在某种指示剂中加入一种惰性染料。例如中性红与染料亚甲基蓝混合配成的混合指示剂，在 pH＝7.0 时呈紫蓝色，变色范围只有 0.2 个 pH 单位左右，比单独的中性红的变色范围要窄得多。

常用的混合指示剂见表 4-4。

表 4-4　几种常用的混合指示剂

指示剂溶液的组成	变色时 pH	颜色		备注
		酸色	碱色	
一份 $1g \cdot L^{-1}$ 甲基黄乙醇溶液 一份 $1g \cdot L^{-1}$ 亚甲基蓝乙醇溶液	3.25	蓝紫	绿	pH＝3.2,蓝紫色 pH＝3.4,绿色
一份 $1g \cdot L^{-1}$ 甲基橙水溶液 一份 $2.5g \cdot L^{-1}$ 靛蓝二磺酸钠水溶液	4.1	紫	黄绿	pH＝4.1,灰色

指示剂溶液的组成	变色时 pH	颜色		备注
		酸色	碱色	
一份 1g·L⁻¹溴甲酚绿钠盐水溶液 一份 2g·L⁻¹甲基橙水溶液	4.3	橙	蓝绿	pH=3.5,黄色 pH=4.05,绿色 pH=4.3,浅绿色
三份 1g·L⁻¹溴甲酚绿乙醇溶液 一份 2g·L⁻¹甲基红乙醇溶液	5.1	酒红	绿	pH=5.1,灰色
一份 1g·L⁻¹溴甲酚绿钠盐水溶液 一份 1g·L⁻¹氯酚红钠盐水溶液	6.1	黄绿	蓝绿	pH=5.4,蓝绿色 pH=5.8,蓝色 pH=6.0,蓝带紫 pH=6.2,蓝紫色
一份 1g·L⁻¹中性红乙醇溶液 一份 1g·L⁻¹亚甲基蓝乙醇溶液	7.0	紫蓝	绿	pH=7.0,紫蓝色
一份 1g·L⁻¹甲酚红钠盐水溶液 三份 1g·L⁻¹百里酚蓝钠盐水溶液	8.3	黄	紫	pH=8.2,玫瑰红 pH=8.4,清晰的紫色
一份 1g·L⁻¹百里酚蓝钠 50%乙醇溶液 三份 1g·L⁻¹酚酞 50%乙醇溶液	9.0	黄	紫	从黄到绿,再到紫
一份 1g·L⁻¹酚酞乙醇溶液 一份 1g·L⁻¹百里酚酞乙醇溶液	9.9	无色	紫	pH=9.6,玫瑰红 pH=10,紫色
二份 1g·L⁻¹百里酚酞乙醇溶液 一份 1g·L⁻¹茜素黄 R 乙醇溶液	10.2	黄	紫	

4.3.4 酸碱指示剂使用时的注意事项

（1）指示剂用量

指示剂用量既不能太多，也不能太少。用量太少，颜色太浅，不易观察溶液的变色情况；用量太多，由于指示剂本身就是弱酸或弱碱，则指示剂会或多或少消耗标准溶液，并且对混合指示剂，颜色过深会使终点颜色变化不明显。另外对单色指示剂，指示剂用量的改变还会改变指示剂的变色范围。例如，酚酞是单色指示剂，在 50~100mL 溶液中加 2~3 滴 0.1%酚酞，则 pH≈9 时出现红色。而在同样条件下，若加入 10~15 滴 0.1%酚酞，则 pH≈8时出现红色。

（2）温度

温度会影响酸碱指示剂的 K_{HIn}，因此温度会影响指示剂的变色范围。例如甲基橙在室温下变色范围为 pH=3.1~4.4，而在 100℃时为 pH=2.5~3.7。因此，在滴定中应注意控制合适的滴定温度条件。

（3）指示剂的颜色变化方向

在具体选择指示剂时，还应注意滴定过程中指示剂的颜色变化方向。例如，酚酞由酸式色变为碱式色，即由无色变为红色，颜色变化明显，容易观察。反之，则由红色到无色，颜色变化不明显，往往滴定过量。因此酚酞指示剂最好用在碱滴定酸的体系，而不用在酸滴定碱的体系。

4.4 酸碱滴定曲线和指示剂的选择

每种酸碱指示剂都有各自的变色点和变色范围，因此在进行酸碱滴定时，必须根据实验误差的要求，选择在化学计点前后（±0.1%）适当 pH 范围内变色的指示剂来指示终点，否则滴定终点误差较大。所以，为了选择合适的指示剂，必须了解滴定过程中溶液 pH 的变化情况，尤其是在计量点前后溶液 pH 的变化情况。而酸碱滴定曲线恰好描述了滴定过程中溶液 pH 的变化情况。

所谓酸碱滴定曲线，就是以滴定过程中滴定剂用量或酸碱反应百分数为横坐标，以溶液 pH 为纵坐标，绘出的一条溶液 pH 随滴定剂的加入量而变化的曲线。下面介绍几种类型的酸碱滴定曲线及其指示剂的选择。

4.4.1 强碱滴定强酸

（1）滴定曲线的绘制

现以 NaOH 溶液滴定 HCl 溶液为例进行讨论。在滴定过程中，发生下列解离及质子转移反应：

$$NaOH \rightleftharpoons Na^+ + OH^-$$
$$HCl + H_2O \rightleftharpoons H_3O^+ + Cl^-$$
$$H_3O^+ + OH^- \rightleftharpoons H_2O + H_2O$$

在滴定开始前，HCl 溶液呈强酸性，pH 很低。随着 NaOH 溶液的滴入，不断地发生中和反应，溶液中的 $[H^+]$ 不断降低，pH 逐渐升高。当加入的 NaOH 与 HCl 的量符合化学计量关系时，滴定到达化学计量点，中和反应恰好进行完全。原来的溶液变成了 NaCl 溶液，化学计量点以后如再继续加入 NaOH 溶液，溶液中就存在过量的 NaOH，$[OH^-]$ 不断增加，pH 继续升高。因此，整个滴定过程中，溶液的 pH 是不断升高的。但是 pH 的具体变化规律怎样？尤其是化学计量点附近 pH 的变化规律涉及分析测定的准确程度，更值得关注。

可以用电位滴定法描绘出滴定过程中溶液 pH 的变化情况，所得的 V-pH 关系曲线称为滴定曲线。也可以根据滴定过程中溶液内各种酸碱形式的存在情况，按前面所述的计算方法，求出加入不同量 NaOH 溶液时溶液的 pH，从而绘出滴定曲线。

例如，以 $0.1000 \text{mol} \cdot \text{L}^{-1}$ NaOH 溶液滴定 20.00mL $0.1000 \text{mol} \cdot \text{L}^{-1}$ HCl 溶液，根据整个滴定过程中溶液有四种不同的组成情况，可分为四个阶段进行计算。

① 滴定开始前　溶液中仅有 HCl 存在，所以溶液的 pH 取决于 HCl 溶液的原始浓度，即

$$[H^+] = 0.1000 \text{mol} \cdot \text{L}^{-1} \quad pH = 1.00$$

② 滴定开始至化学计量点前　由于加入了 NaOH，部分 HCl 被中和，组成 HCl＋NaCl 溶液，其中的 Na^+，Cl^- 对 pH 无影响，所以可根据剩余的 HCl 量计算 pH。

例如加入 18.00mL NaOH 溶液时，还剩余 2.00mL HCl 溶液没有被中和，这时溶液中的 HCl 浓度应为：

$$[H^+] = \frac{2.00 \text{mL} \times 0.1000 \text{mol} \cdot \text{L}^{-1}}{38.00 \text{mL}} = 5.3 \times 10^{-3} \text{mol} \cdot \text{L}^{-1}$$

$$pH=2.28$$

当加入 19.98mL NaOH 溶液时

$$[H^+]=\frac{0.02mL\times0.1000mol\cdot L^{-1}}{39.98mL}=5.0\times10^{-5}mol\cdot L^{-1}$$

$$pH=4.30$$

从滴定开始到化学计量点前各点 pH 的计算都是这种方式。

③ 化学计量点时　加入 20.00mL NaOH 溶液时，HCl 被 NaOH 完全中和，生成 NaCl 溶液，这时 pH=7.00。

④ 化学计量点后　化学计量点后，再加入 NaOH，构成 NaOH 和 NaCl 溶液，其 pH 取决于过量的 NaOH。当加入 20.02mL NaOH 溶液时，NaOH 溶液过量 0.02mL，可以算出

$$[OH^-]=\frac{0.02mL\times0.1000mol\cdot L^{-1}}{40.02mL}=5.0\times10^{-5}mol\cdot L^{-1}$$

$$pOH=4.30$$

$$pH=9.70$$

化学计量点后溶液 pH 的计算都是这种方式。

将上面四个阶段逐一计算，并把结果列于表 4-5 中。如果以 NaOH 溶液的加入量作为横坐标，对应的溶液 pH 为纵坐标，绘制关系曲线，则得如图 4-4 所示的滴定曲线。

表 4-5　$0.1000mol\cdot L^{-1}$ NaOH 溶液滴定 $0.1000mol\cdot L^{-1}$ HCl 溶液

加入 NaOH 溶液体积 /mL	滴定分数 /%	剩余 HCl 溶液的体积 /mL	过量 NaOH 溶液的体积/mL	pH
		20.00		1.00
18.00	90.0	2.00		2.28
19.80	99.0	0.20		3.30
19.98	99.9	0.02		4.30(A)
20.00	100.0	0.00		7.00
20.02	100.1		0.02	9.70(B)
20.20	101.0		0.20	10.70
22.00	110.0		2.00	11.70
40.00	200.0		20.00	12.50

从图 4-4 和表 4-5 可以看出，在滴定开始时，溶液中存在着较多的 HCl，因此 pH 升高十分缓慢。随着滴定的不断进行，溶液中 HCl 含量的减少，pH 的升高逐渐增快，尤其是当滴定接近化学计量点时，溶液中剩余的 HCl 已极少，pH 升高极快。图 4-4 中，曲线上的 A 点为加入 NaOH 溶液 19.98mL，比化学计量点时应加入的 NaOH 溶液体积少 0.02mL（相当于-0.1%），曲线上的 B 点是超过化学计量点 0.02mL（相当于+0.1%），A 与 B 之间 NaOH 溶液体积仅差 0.04mL，1 滴左右，但溶液的 pH 却从 4.30 突然升高到 9.70，因此把化学计量点前后±0.1%范围内 pH 的急剧变化称为"滴定突跃"。

（2）指示剂的选择

由上面的讨论可得结论，即根据化学计量点附近的滴定突跃作为选择指示剂的基本原则，应使指示剂的变色范围处于或部分处于滴定突跃范围内。

在上例 NaOH 溶液滴定 HCl 溶液时，滴定突跃为 4.30～9.70。显然，对于在化学计量点附近变色的指示剂如溴百里酚蓝、苯酚红等，由于化学计量点正处于这些指示剂的变色范围内，故它们可以正确指示终点的到达。实际上，凡是在滴定突跃范围内变色的指示剂都可

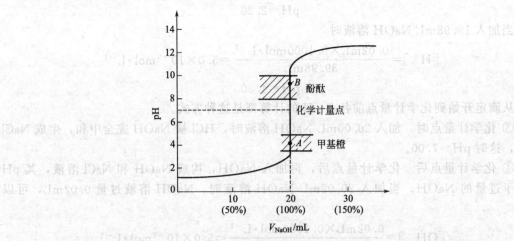

图 4-4 0.1000mol·L^{-1} NaOH 溶液滴定 0.1000mol·L^{-1} HCl 溶液的滴定曲线

以相当正确地指示终点，例如甲基橙、甲基红、酚酞等都可以作为这类滴定的指示剂。例如，当酚酞变微红色时 pH 略大于 8.0，此时超过化学计量点不到半滴，终点误差不大于 0.1%，符合滴定分析要求。

需要说明的是，所选择的指示剂在滴定分析中的变色应该易于观察。上例中虽然甲基橙的变色范围部分处于化学计量点附近的滴定突跃范围之内，但一般不用甲基橙作指示剂，因为此时甲基橙的颜色由红色到黄色，人眼不易观察红色中略带的黄色。所以甲基橙一般不用于碱滴定酸，而常用于酸滴定碱。

（3）影响滴定突跃的因素

滴定突跃的大小除了与酸、碱本身的强弱有关外，还与酸、碱的浓度有关，如图 4-5 所示。

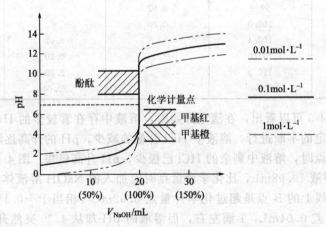

图 4-5 不同浓度 NaOH 溶液滴定不同浓度 HCl 溶液的滴定曲线

由图 4-5 可以清楚地看出：酸碱溶液浓度越大，滴定曲线上化学计量点附近的滴定突跃越大，指示剂的选择也就越方便，反之亦然。

4.4.2 强碱滴定弱酸

（1）滴定曲线的绘制

与强碱滴定强酸相似，整个滴定过程按照不同的溶液组成，也分为 4 个阶段。现以 0.1000mol·L^{-1} NaOH 溶液滴定 20.00mL 同浓度的 HAc 溶液为例进行讨论。在滴定过程中，发生下列解离及质子转移反应：

$$NaOH \Longrightarrow Na^+ + OH^-$$
$$HAc + H_2O \Longrightarrow H_3O^+ + Ac^-$$
$$H_3O^+ + OH^- \Longrightarrow H_2O + H_2O$$
$$HAc + OH^- \Longrightarrow H_2O + Ac^-$$

① 滴定开始前　溶液是 0.1000mol·L^{-1}的 HAc 溶液，则

$$[H^+] = \sqrt{cK_a} = \sqrt{0.1000 \times 10^{-4.74}} \, mol·L^{-1} = 10^{-2.87} \, mol·L^{-1}$$
$$pH = 2.87$$

② 滴定开始至化学计量点前　溶液是 HAc～NaAc 组成的缓冲溶液。当加入 NaOH 溶液 19.98mL 时，剩余 HAc 为 0.02mL，则

$$c_a = \frac{0.02mL \times 0.1000 \, mol·L^{-1}}{39.98mL} = 5.0 \times 10^{-5} \, mol·L^{-1}$$

同理可得

$$c_b = \frac{19.98mL \times 0.1000 \, mol·L^{-1}}{39.98mL} = 5.0 \times 10^{-2} \, mol·L^{-1}$$

$$[H^+] = K_a \frac{c_a}{c_b} = 10^{-4.74} \times \frac{5.0 \times 10^{-5}}{5.0 \times 10^{-2}} \, mol·L^{-1} = 10^{-7.74} \, mol·L^{-1}$$

$$pH = 7.74$$

③ 化学计量点时　NaOH 与 HAc 此时完全定量作用生成一元弱碱 NaAc，其浓度为：

$$c = \frac{20.00mL \times 0.1000 \, mol·L^{-1}}{40.00mL} = 5 \times 10^{-2} \, mol·L^{-1}$$

$$[OH^-] = \sqrt{cK_b} = \sqrt{0.1000 \times 10^{-9.26}} \, mol·L^{-1} = 5.0 \times 10^{-2} \, mol·L^{-1}$$

$$pOH = 5.28$$
$$pH = 8.72$$

即化学计量点时溶液呈碱性。

④ 化学计量点后　与强碱滴定强酸的情况相似，此时溶液的 pH 由过量的 NaOH 决定，即根据 NaOH 的过量程度进行计算。

按照上面的分析将各阶段的 pH 逐一计算，结果列于表 4-6 中，并根据计算结果绘制滴定曲线，如图 4-6 中（Ⅰ）所示。

（2）滴定曲线的讨论

由图 4-6 和表 4-6 可知，强碱滴定弱酸与强碱滴定强酸（图 4-6 虚线）比较有以下几点不同。

① 滴定曲线的起点高。主要是因为 HAc 是弱酸，滴定开始前溶液的 pH 较高。

② 滴定刚开始和接近化学计量点时，溶液的 pH 升高较快，而在中间区域曲线变得较为平坦。这是由于开始和接近化学计量点时所形成的（HAc～NaAc）缓冲体系的缓冲能力较弱，而在中间区域缓冲能力较强的缘故。

③ 滴定突跃较小。NaOH 滴定 HCl 的滴定突跃为 pH＝4.30～9.70，即 5.4 个 pH 单位，而 NaOH 滴定 HAc 的滴定突跃为 pH＝7.74～9.70，不足两个 pH 单位。这是由于滴定突跃的大小不仅与浓度有关，而且与酸的强度有关。由图 4-6 可知，K_a越大，滴定突跃越大，反之越小。

④ 化学计量点时溶液不是中性，而是弱碱性，即终点产物 Ac$^-$ 是弱碱。

⑤ 指示剂的选择。由于终点产物是弱碱，根据指示剂的选择原则，必须选择那些在碱

表 4-6　0.1000mol·L⁻¹ NaOH 溶液滴定 0.1000mol·L⁻¹ HAc 溶液

加入 NaOH 溶液体积 /mL	滴定分数/%	剩余 HAc 溶液的体积/mL	过量 NaOH 溶液的体积/mL	pH
0.00	0	20.00		2.87
10.00	50.0	1.00		4.74
18.00	90.0	2.00		5.70
19.80	99.0	0.20		6.74
19.98	99.9	0.02		7.74(A)
20.00	100.0	0.00		8.72
20.02	100.1		0.02	9.70(B)
20.20	101.0		0.20	10.70
22.00	110.0		2.00	11.70
40.00	200.0		20.00	12.50

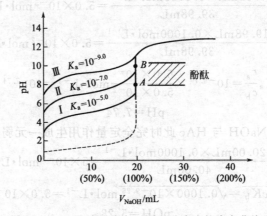

图 4-6　NaOH 溶液滴定不同弱酸溶液的滴定曲线

性区域内变色的指示剂，如酚酞或百里酚蓝等。

　　（3）弱酸或弱碱准确滴定的条件（目视直接滴定的条件）

　　醋酸是一种稍强的弱酸，它的解离常数 $K_a = 10^{-4.74}$。如果滴定解离常数为 10^{-7} 为左右的弱酸，则滴定到达化学计量点时溶液的 pH 升高，化学计量点附近的滴定突跃范围更小，见图 4-6 中的曲线 Ⅱ。在这种滴定中用酚酞指示终点已不合适，应选用变色范围 pH 更高些的指示剂，例如百里酚酞（变色范围 pH＝9.4～10.6）就较合适。

　　如果被滴定的酸更弱（例如 H_3BO_3，其解离常数为 10^{-9} 左右），则滴定到达化学计量点时 pH 更高，见图 4-6 的曲线 Ⅲ，已看不出滴定突跃，对于这类极弱的酸，在水溶液中就无法用一般的酸碱指示剂来指示滴定终点。但是可以设法使弱酸的酸性增强后测定之，也可以用非水滴定等方法测定，这些将在以后分别讨论。

　　滴定突跃越大，终点越易判定。滴定突跃的大小不仅和被测酸的 K_a 值有关，也与浓度有关。虽然用较高浓度的标准溶液滴定浓度较高的试液，可使滴定突跃适当增大，滴定终点较易判断，但这也存在着一定的限度，对于 $K_a = 10^{-9}$ 的酸，即使用 1mol·L⁻¹ 的标准碱溶液也难以直接滴定。一般来讲，当弱酸溶液的浓度 c 和弱酸的解离常数 K_a 的乘积满足下面条件

$$cK_a \geqslant 10^{-8} \tag{4-19}$$

可出现≥0.3pH 单位的滴定突跃，这时人眼能够辨别指示剂颜色的改变，滴定就可以

直接进行，而终点误差也在允许的±0.1%以内。即 $cK_a \geq 10^{-8}$ 是目视直接测定弱酸的条件。

同理，在水溶液中目视直接测定弱碱的条件为：

$$cK_b \geq 10^{-8} \qquad (4\text{-}20)$$

应该指出：上述判别能否目视直接滴定的条件，还与滴定反应的完全程度、终点检测的灵敏度以及对滴定分析准确度的要求等诸因素有关。当其他因素不变时，如把允许的误差放宽至大于±0.1%时，目视直接滴定对 cK 乘积的要求也可相应降低。

极弱碱的共轭酸是较强的弱酸，例如苯胺（$C_6H_5NH_2$），其 $pK_b=9.34$，属极弱的碱，但是它的共轭酸 $C_6H_5NH_2H^+$（$pK_a=4.66$）是较强的弱酸，显然能满足 $cK_a \geq 10^{-8}$ 的要求，因此可以用标准碱溶液直接滴定盐酸苯胺。

对于稍强碱的共轭酸，如 NH_4Cl，由于 NH_4^+ 的 $pK_a=9.26$，很难满足 $cK_a \geq 10^{-8}$ 的要求，所以不能用碱标准溶液直接滴定，但是可以间接测定 NH_4^+ 的含量，这将在4.5节中予以讨论。

4.4.3 强酸滴定弱碱

HCl 溶液滴定 NH_3 水溶液即属于强酸滴定弱碱，滴定过程中的解离和质子转移反应如下：

$$HCl+H_2O \Longrightarrow H_3O^++Cl^-$$
$$NH_3+H_3O^+ \Longrightarrow H_2O+NH_4^+$$

HCl 滴定 NH_3 水溶液和 NaOH 滴定 HAc 十分类似，因此读者可根据溶液组分的不同情况，求出滴定突跃和化学计量点时的 pH。

用 $0.1000 \text{mol} \cdot L^{-1}$ HCl 溶液滴定 $0.1000 \text{mol} \cdot L^{-1}$ NH_3 水溶液，化学计量点时的 pH 为5.28，可选用甲基红、溴甲酚绿指示滴定终点，也可用溴酚蓝作指示剂。

与滴定弱酸的情况相似，对于弱碱，只有当 $cK_b \geq 10^{-8}$ 时，才能用标准酸进行目视直接滴定。

硼砂（$Na_2B_4O_7 \cdot 10H_2O$）或 Na_2CO_3 是标定 HCl 溶液浓度的基准物，实际中发生的反应就属于强酸与弱碱的反应。

硼砂是由 NaH_2BO_3 和 H_3BO_3 按 1:1 结合，并脱去水分而组成的，可以看作是 H_3BO_3 被 NaOH 中和了一半的产物。硼砂溶于水，发生下列反应：

$$B_4O_7^{2-}+5H_2O \Longrightarrow 2H_3BO_3+2H_2BO_3^-$$

根据质子理论，所得的产物之一 $H_2BO_3^-$ 是弱酸 H_3BO_3 的共轭碱。

$$H_3BO_3 \Longrightarrow H_2BO_3^-+H^+$$

已知 H_3BO_3 的 $pK_a=9.24$，它的共轭碱 $H_2BO_3^-$ 的 $pK_b=4.76$，因此 $H_2BO_3^-$ 的碱性已不太弱。显然，如果硼砂溶液的浓度不是很稀，可以满足 $cK_b \geq 10^{-8}$ 的要求，就能用强酸（如 HCl）目视直接滴定 $H_2BO_3^-$，所以实践中常以硼砂为基准物标定 HCl 溶液。

4.4.4 多元酸、混合酸以及多元碱的滴定

这些滴定类型与前面讨论的滴定类型相比具有不同的特点。其一，由于是多元系统，滴定过程的情况较为复杂，涉及到能否分步滴定或分别滴定；其二，滴定曲线的计算也较复

杂，一般均通过实验测得；其三，滴定突跃相对来说也较小，因而一般允许误差也较大。

（1）多元酸、混合酸的滴定

对于多元酸及混合酸的滴定，由于它们含有多个质子，而且在水中又是逐级解离的，滴定突跃较小，有些甚至不出现滴定突跃，因而对多元酸测定的准确度要求降低。一般允许±1%的终点误差，在滴定突跃≥0.4pH的情况下，进行分步滴定的可行性条件是：

$$cK_{a_n} \geqslant 10^{-8} \quad （判断各个质子能否被准确滴定）$$

$$K_{a_n}/K_{a_{n+1}} \geqslant 10^4 \quad （判断能否实现分步滴定）$$

现以 $0.1000 mol \cdot L^{-1}$ NaOH 溶液滴定同浓度的 H_3PO_4 溶液为例，说明多元酸的滴定过程。

H_3PO_4 是三元酸，在水中分三级解离：

$$H_3PO_4 \Longrightarrow H^+ + H_2PO_4^- \quad pK_{a_1} = 2.12$$

$$H_2PO_4^- \Longrightarrow H^+ + HPO_4^{2-} \quad pK_{a_2} = 7.20$$

$$HPO_4^{2-} \Longrightarrow H^+ + PO_4^{3-} \quad pK_{a_3} = 12.36$$

显然，$cK_{a_3} \ll 10^{-8}$，所以直接滴定 H_3PO_4 只能进行到 HPO_4^{2-}，$K_{a_1}/K_{a_2} > 10^4$，$K_{a_2}/K_{a_3} > 10^4$，表明可以实现分步滴定。根据 H_3PO_4 的滴定曲线（图4-7），有两个较为明显的滴定突跃。虽然要准确地计算 H_3PO_4 的滴定曲线的各点 pH 是个比较复杂的问题，但是对分析工作者来说最关心的还是化学计量点时的 pH。而关于多元酸滴定的化学计量点计算，由于反应交叉进行，不可能要求较高的滴定准确度，因此，用最简式计算是允许的。

第一化学计量点时形成 NaH_2PO_4，所以

$$pH_1 = \frac{1}{2}(pK_{a_1} + pK_{a_2}) = \frac{1}{2}(2.12 + 7.20) = 4.66$$

根据分布系数的计算公式或 H_3PO_4 分布曲线图，可知这时 $\delta_{H_2PO_4^-} = 0.994$，$\delta_{HPO_4^{2-}} = \delta_{H_3PO_4} = 0.003$，这表明当0.3%左右的 H_3PO_4 还没有被中和时，已有0.3%左右的 $H_2PO_4^-$ 已经被进一步中和为 HPO_4^{2-}，显然两步反应有所交叉，这一化学计量点并不是真正的化学计量点。对于这一终点，一般可选择甲基橙为指示剂。

第二化学计量点产生 Na_2HPO_4，因此

$$pH_2 = \frac{1}{2}(pK_{a_2} + pK_{a_3}) = \frac{1}{2}(7.20 + 12.36) = 9.78$$

这一终点同样不是太理想 $\delta_{HPO_4^{2-}} = 0.994$，反应也有所交叉，也不是真正的化学计量点。如果要求不高，可以选择酚酞（变色点 pH≈9）为指示剂，但最好用百里酚酞指示剂（变色点 pH≈10）。

以上两个终点若采用混合指示剂可适当减小终点误差。但应注意，由于反应的交叉，所以指示的终点准确度也是不高的。

对于混合酸，主要有强酸与弱酸的混合及两种弱酸的混合两种情况，前者较为复杂，这里不做讨论。而两种弱酸（HA+HB）混合的情况与多元酸相似，同样需要满足两个条件：

$$c_{HA}K_{a(HA)} \geqslant 10^{-8} \quad （判断它们能否被准确滴定）$$

$$\frac{c_{HA}K_{a(HA)}}{c_{HB}K_{a(HB)}} \geqslant 10^4 \quad （判断能否实现分别滴定）$$

（2）多元碱的滴定

多元碱滴定的处理方法和多元酸相似，只需将相应计算公式、判别式中的 K_a 换成 K_b 即可。

以 Na_2CO_3 为基准物标定 HCl 溶液的实质就是用 HCl 溶液滴定 Na_2CO_3（多元碱）溶

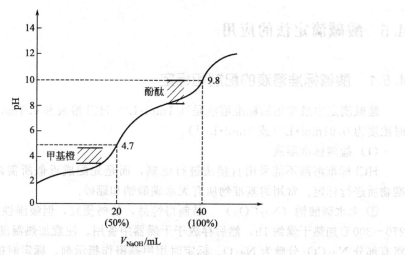

图 4-7 NaOH 溶液滴定磷酸溶液的滴定曲线

液，由 Na_2CO_3 的 $pK_{b_1}=3.75$，$pK_{b_2}=7.26$ 可知，cK_{b_1}，cK_{b_2} 均满足准确滴定的要求，$K_{b_1}/K_{b_2}>10^4$ 基本上能实现分步滴定。从 Na_2CO_3 的滴定曲线（图 4-8）看，第一个滴定突跃不太理想，原因与多元酸情况相同，而第二个滴定突跃较为明显。

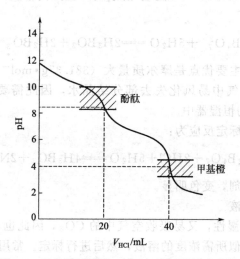

图 4-8 HCl 溶液滴定 Na_2CO_3 溶液的滴定曲线

第一化学计量点时形成 $NaHCO_3$，因此

$$pH=\frac{1}{2}(pK_{a_1}+pK_{a_2})=\frac{1}{2}(6.38+10.25)=8.32$$

如果要求不高，可以选用酚酞为指示剂。若希望终点变色明显可用甲酚红和百里酚蓝混合指示剂。

第二化学计量点时形成 H_2CO_3 的饱和溶液，浓度为 $0.040\,mol\cdot L^{-1}$，这时多元酸当作一元酸处理 $[H^+]=\sqrt{cK_{a_1}}$，求得 $pH=3.89$，可以选甲基橙为指示剂。但要注意，滴定过程中生成的 H_2CO_3 转化为 CO_2 较慢，易形成 CO_2 饱和溶液，使溶液酸度增大，终点过早出现。为避免此现象发生，滴定时应剧烈摇动溶液，使 CO_2 尽快逸出。

4.5 酸碱滴定法的应用

4.5.1 酸碱标准溶液的配制和标定

酸碱滴定中最常用的标准溶液是 $0.1mol \cdot L^{-1}$ HCl 溶液和 $0.1mol \cdot L^{-1}$ NaOH 溶液（有时浓度为 $0.01mol \cdot L^{-1}$ 或 $1mol \cdot L^{-1}$）。

（1）盐酸标准溶液

HCl 标准溶液不能采用直接法进行配制，而是先配成近似所需浓度的溶液，然后用基准物质进行标定。常用的基准物质有无水碳酸钠和硼砂。

① 无水碳酸钠（Na_2CO_3）　易制得纯品，价格便宜，但吸湿性强，因此使用前必须在 $270 \sim 300℃$ 加热干燥约 1h，然后存放于干燥器中备用。注意加热温度不要超过 $300℃$，否则将有部分 Na_2CO_3 分解为 Na_2O。标定时用甲基橙作指示剂，标定时的反应为：

$$Na_2CO_3 + 2HCl \Longrightarrow 2NaCl + CO_2 \uparrow + H_2O$$

碳酸钠标定盐酸的主要缺点是其摩尔质量（$105.99g \cdot mol^{-1}$）较小，称量误差较大。另外 Na_2CO_3 容易吸水，会产生由于称量过程中造成的误差。还有终点时变色也不太敏锐。

② 硼砂（$Na_2B_4O_7 \cdot 10H_2O$）　硼砂水溶液实际上是同浓度的 H_3BO_3 和 $H_2BO_3^-$ 的混合液：

$$B_4O_7^{2-} + 5H_2O \Longrightarrow 2H_3BO_3 + 2H_2BO_3^-$$

硼砂作为基准物质的主要优点是摩尔质量大（$381.37g \cdot mol^{-1}$），称量误差小，且稳定易制得纯品。缺点是在空气中易风化失去部分结晶水，因此需要保存在相对湿度为 60%（糖和食盐的饱和溶液）的恒湿器中。

硼砂基准物与盐酸的标定反应为：

$$Na_2B_4O_7 + 2HCl + 5H_2O \Longrightarrow 4H_3BO_3 + 2NaCl$$

可选用甲基红作指示剂，变色明显。

（2）氢氧化钠标准溶液

NaOH 具有很强的吸湿性，又易吸收空气中的 CO_2，因此也不能采用直接方法配制标准溶液，而是先配制成近似所需浓度的溶液，然后进行标定。常用来标定氢氧化钠溶液的基准物质有草酸、邻苯二甲酸氢钾等。

① 草酸（$H_2C_2O_4 \cdot 2H_2O$）　草酸是二元弱酸，其 $K_{a_1} = 5.9 \times 10^{-2}$，$K_{a_2} = 6.4 \times 10^{-5}$，因 $K_{a_1}/K_{a_2} < 10^4$，只能一次性滴定至终点，选用酚酞作指示剂，标定时的反应为：

$$H_2C_2O_4 + 2OH^- \Longrightarrow C_2O_4^{2-} + 2H_2O$$

草酸稳定性较高，在相对湿度为 $50\% \sim 90\%$ 时不风化，也不吸水，可保存于密闭容器中。但由于其摩尔质量（$126.07g \cdot mol^{-1}$）不太大，所以为减少称量误差，可以多称一些草酸配成较高浓度的溶液，标定时移取部分溶液进行实验。

② 邻苯二甲酸氢钾（$KHC_8H_4O_4$）　邻苯二甲酸氢钾易溶于水，不含结晶水，在空气中不吸水，易保存，且摩尔质量较大（$204.2g \cdot mol^{-1}$），所以它是标定碱液的良好基准物质。由于它的滴定产物为邻苯二甲酸钾钠，呈弱碱性，宜采用酚酞作指示剂。标定时的反应为：

$$KHC_8H_4O_4 + OH^- = KC_8H_4O_4^- + H_2O$$

③ 配制不含 CO_3^{2-} 的标准碱溶液　由于 NaOH 能强烈吸收空气中的 CO_2，因此在 NaOH 溶液中常含有少量的 Na_2CO_3。若用该 NaOH 溶液作标准溶液滴定强酸，用甲基橙或甲基红作指示剂，则其中的 Na_2CO_3 被中和至 CO_2 和 H_2O，不会因 Na_2CO_3 的存在而引入误差。但如果用来滴定弱酸，用酚酞作指示剂，则其中的 Na_2CO_3 仅被中和至 $NaHCO_3$，这样就使滴定引入误差。

此外，在蒸馏水中也含有 CO_2，形成的 H_2CO_3 能与 NaOH 反应，但反应速率不能太快。当用酚酞作指示剂时，滴定终点不稳定，稍放置粉红色即褪去，这是由于 CO_2 不断转化为 H_2CO_3 的结果，直至溶液中 CO_2 转化完毕为止。因此当选用酚酞作指示剂时，需煮沸蒸馏水以消除 CO_2 的影响。

配制不含 Na_2CO_3 的 NaOH 溶液的最好方法是：先配制 NaOH 的饱和溶液（约50%），在这种溶液中 Na_2CO_3 因溶解度小而作为不溶物下沉于溶液底部，取上层清液，用煮沸而除去 CO_2 的蒸馏水稀释至所需浓度。如果 NaOH 放置过久，溶液的浓度会发生改变，再次使用时应重新标定。

4.5.2　酸碱滴定法应用示例

水溶剂系统中，可以利用酸碱滴定法直接或间接地测定许多酸碱物质或通过一定的化学反应能释放出酸或碱的物质，因此酸碱滴定法的应用范围非常广泛。

在我国的国家标准（GB）和有关的部颁标准中，如化学试剂、化工产品、食品添加剂、水质标准、石油产品等凡涉及酸度、碱度项目的，多数都采用简便易行的酸碱滴定法。现举几个应用示例。

(1) 硼酸的测定

H_3BO_3 的 $K_a = 5.8 \times 10^{-10}$，不能用标准碱溶液直接滴定。但是 H_3BO_3 可与某些多羟基化合物（在碳链的一侧含有相邻的两个—OH 的多元醇），如乙二醇、丙三醇、甘露醇等反应，生成配合酸。如下式所示：

这种配合酸的解离常数在 10^{-6} 左右，因而使弱酸得到强化，用 NaOH 标准溶液滴定时化学计量点的 pH 在 9 左右，可用酚酞或百里酚酞指示终点。

钢铁及合金中硼的测定也是采用本法。在去除干扰元素、加甘露醇后，以 NaOH 滴定，测定硼的含量（参见 GB 223.6—1994）。

(2) 铵盐的测定

$(NH_4)_2SO_4$、NH_4Cl 都是常见的铵盐，由于 NH_4^+ 的 $pK_a = 9.26$，不能用标准碱溶液直接滴定，测定铵盐可采用下列两种方法。

① 蒸馏法　即将铵盐试样置于蒸馏瓶中，加入过量 NaOH 溶液后加热煮沸，蒸馏出的 NH_3，吸收在过量的 H_2SO_4 或 HCl 标准溶液中，剩余过量的酸用 NaOH 标准碱溶液回滴，用甲基红和亚甲基蓝混合指示剂指示终点，测定过程的反应式如下：

$$NH_4^+ + OH^- \overset{\triangle}{\rightleftharpoons} NH_3\uparrow + H_2O$$

$$NH_3 + HCl \rightleftharpoons NH_4^+ + Cl^-$$

$$NaOH + HCl(剩余) \rightleftharpoons H_2O + NaCl$$

GB 535—1995 规定硫酸铵即以此法测定铵盐含量。

也可用硼酸溶液吸收蒸馏出的 NH_3，而生成的 $H_2BO_3^-$ 是较强的碱，可用 H_2SO_4 或 HCl 标准溶液滴定，用甲基红和溴甲酚绿混合指示剂指示终点。使用 H_3BO_3 代替 H_2SO_4 吸收 NH_3 的改进方法时，所用的硼酸吸收液的浓度及用量都不要求精确，而且仅需配制一种标准酸溶液，测定过程的反应式如下：

$$H_3BO_3 + NH_3 \rightleftharpoons H_2BO_3^- + NH_4^+$$

$$H_2BO_3^- + HCl \rightleftharpoons H_3BO_3 + Cl^-$$

蒸馏法测定 NH_4^+ 比较准确，但较费时。

② 甲醛法   另一种较为简便的 NH_4^+ 测定方法是甲醛法。甲醛与 NH_4^+ 有如下反应：

$$4NH_4^+ + 6HCHO \rightleftharpoons (CH_2)_6N_4H^+ + 3H^+ + 6H_2O$$

按化学计量关系生成的酸（包括 3 个 H^+ 和质子化的六亚甲基四胺）用标准碱溶液滴定。计算结果时应注意反应中 4 个 NH_4^+ 反应生成 4 个可与碱作用的 H^+，因此当用 NaOH 滴定时，NH_4^+ 与 NaOH 的化学计量关系为 1 : 1。由于反应产物六亚甲基四胺是一种极弱的有机弱碱，可用酚酞指示终点。

为了提高测定的准确度，也可以加入过量的标准碱溶液，再用标准酸溶液回滴。

(3) 凯氏 (Kjeldahl) 定氮法

对于含氮的有机物质（如面粉、谷物、肥料、生物碱、肉类中的蛋白质、土壤、饲料以及合成药等）常通过凯氏法测定氮含量，以确定其氨基态氮（NH_2—N）或蛋白质的含量。

测定时将试样与浓 H_2SO_4 共煮，进行消化分解，并加入 K_2SO_4，提高沸点，以促进分解过程，使有机物转化成 CO_2 和 H_2O，所含的氮在 $CuSO_4$ 或汞盐催化下成为 NH_4^+：

$$C_mH_nN \xrightarrow[CuSO_4]{H_2SO_4, K_2SO_4} CO_2\uparrow + H_2O + NH_4^+$$

溶液以过量 NaOH 碱化后，再以蒸馏法测定 NH_4^+。

凯氏法定氮是酸碱滴定在有机物分析中的重要应用，尽管该法在定氮过程中，消化与蒸馏操作较为费时，而且已有更快的测定蛋白质的方法，也有氨基酸自动分析仪商品出售，但是在《中华人民共和国药典》和国际标准方法中，仍确认凯氏法为标准检验方法，在前者的 2000 年版附录 Ⅶ D 中有常量法和半微量法的详细操作说明，蒸馏出的 NH_3 以硼酸溶液吸收后，测定之。

(4) 氟硅酸钾法测定 SiO_2 含量

硅酸盐试样中 SiO_2 含量，常用重量法测定。重量法准确度较高，但太费时，因此生产实际中多采用氟硅酸钾容量法，这也是一种酸碱滴定法。如 GB 205—1981 规定高铝水泥中的 SiO_2 含量即用此法测定。

硅酸盐试样一般难溶于酸，可用 KOH 或 NaOH 熔融，使之转化为可溶性硅酸盐，例如 K_2SiO_3，在强酸溶液中，过量 KCl、KF 存在下，生成难溶的氟硅酸钾沉淀，反应式如下：

$$2K^+ + SiO_3^{2-} + 6F^- + 6H^+ \rightleftharpoons K_2SiF_6\downarrow + 3H_2O$$

将生成的 K_2SiF_6 沉淀过滤，为防止 K_2SiF_6 的溶解损失，用 KCl 乙醇溶液洗涤沉淀，并用 NaOH 溶液中和未洗净的游离酸，然后加入沸水使 K_2SiF_6 水解：

$$K_2SiF_6 + 3H_2O \Longrightarrow 2KF + 4HF + H_2SiO_3$$

水解生成的 HF（$pK_a = 3.46$）可用标准碱溶液滴定，从而可计算出试样中 SiO_2 的含量。

由于整个反应过程中有 HF 参加或生成，而 HF 对玻璃容器有腐蚀作用，因此操作必须在塑料容器中进行。

（5）酸酐和醇类的测定

酸酐与水缓慢反应生成酸：

$$(RCO)_2O + H_2O \longrightarrow 2RCOOH$$

碱存在时可以加速上述反应。因此在实际测定中，需先在试样中加入过量的 NaOH 标准溶液，加热回流，促使酸酐水解完全，再用标准酸溶液滴定多余的碱，用酚酞或百里酚蓝指示终点。

利用酸酐与醇的反应，又可将上述测定酸酐的方法扩展到测定醇类。如使用乙酸酐与醇反应：

$$(CH_3CO)_2O + ROH \longrightarrow CH_3COOR + CH_3COOH$$

$$(CH_3CO)_2O(剩余) + H_2O \longrightarrow 2CH_3COOH$$

以 NaOH 标准溶液滴定上述两反应所生成的乙酸，再另取一份相同量的乙酸酐，使之与水作用，同样用 NaOH 标准溶液滴定。从两份测定结果之差即可求得醇的含量。

（6）醛和酮的测定

醛和酮的测定常用如下两种方法。

① 盐酸羟胺法（肟化法）　盐酸羟胺与醛、酮反应生成肟和游离酸，其化学反应式如下：

$$\underset{H}{\overset{R}{R-C=O}} + NH_2OH \cdot HCl \Longrightarrow \underset{H}{\overset{R}{R-C=N-OH}} + H_2O + HCl$$

$$\underset{R}{\overset{R}{C=O}} + NH_2OH \cdot HCl \Longrightarrow \underset{R}{\overset{R}{C=NOH}} + H_2O + HCl$$

生成的游离酸可用标准碱溶液滴定。由于溶液中存在着过量的盐酸羟胺，呈酸性，因此采用溴酚蓝指示终点。

② 亚硫酸钠法　醛、酮与过量亚硫酸钠反应，生成加成化合物和游离碱，如下式所示：

$$\underset{H}{\overset{R}{R-C=O}} + Na_2SO_3 + H_2O \Longrightarrow \underset{H}{\overset{R}{\underset{SO_3Na}{\overset{OH}{C}}}} + NaOH$$

$$\underset{R}{\overset{R}{C=O}} + Na_2SO_3 + H_2O \Longrightarrow \underset{R}{\overset{R}{\underset{SO_3Na}{\overset{OH}{C}}}} + NaOH$$

生成的 NaOH 可用标准酸溶液滴定，采用百里酚酞指示终点。

由于测定操作简单，准确度较高，常用这种方法测定甲醛，也可用来测较多种醛和少数几种酮。

4.6 酸碱滴定分析结果的计算

例 4-15 称取纯 $CaCO_3$ 0.5000g，溶于 50.00mL HCl 溶液中，多余的酸用 NaOH 溶液回滴，计消耗 6.20mL。已知：1.00mL NaOH 溶液相当于 1.01mL HCl 溶液。求两种溶液的浓度。

解：6.20mL NaOH 溶液相当于 6.20mL×1.01＝6.26mL HCl 溶液，因此与 $CaCO_3$ 反应的 HCl 溶液的体积实际为：

$$50.00mL－6.26mL＝43.74mL$$

设 HCl 溶液和 NaOH 溶液的浓度分别为 c_1 和 c_2

已知 $M_{CaCO_3}＝100.1g \cdot mol^{-1}$，根据反应式

$$CaCO_3 + 2HCl \Longrightarrow CaCl_2 + CO_2 \uparrow + H_2O$$

$CaCO_3$ 与 HCl 的化学计量关系为：

$$\frac{n_{HCl}}{n_{CaCO_3}} = 2$$

$$c_1 \times 43.74 \times 10^{-3}L = 2 \times \frac{0.5000g}{100.1g \cdot mol^{-1}}$$

$$c_1 = 0.2284mol \cdot L^{-1}$$

$$c_2 \times 1.00 \times 10^{-3}L = 0.2284mol \cdot L^{-1} \times 1.01 \times 10^{-3}L$$

$$c_2 = 0.2307mol \cdot L^{-1}$$

因此，HCl 溶液浓度为 $0.2284mol \cdot L^{-1}$，NaOH 溶液浓度为 $0.2307mol \cdot L^{-1}$。

例 4-16 用酸碱滴定法测定某试样中的含磷量。称取试样 0.9567g，经处理后使 P 转化成 H_3PO_4，再在 HNO_3 介质中加入钼酸铵，即生成磷钼酸铵沉淀，其反应式如下：

$$H_3PO_4 + 12MoO_4^{2-} + 2NH_4^+ + 22H^+ \Longrightarrow (NH_4)_2HPO_4 \cdot 12MoO_3 \cdot H_2O \downarrow + 11H_2O$$

将黄色的磷钼酸铵沉淀过滤，洗至不含游离酸，溶于 30.48mL $0.2016mol \cdot L^{-1}$ NaOH 溶液中，其反应式为：

$$(NH_4)_2HPO_4 \cdot 12MoO_3 \cdot H_2O + 24OH^- \Longrightarrow HPO_4^{2-} + 12MoO_4^{2-} + 2NH_4^+ + 13H_2O$$

用 $0.1987mol \cdot L^{-1}$ HNO_3 标准溶液回滴过量的碱至酚酞变色，耗去 15.71mL。求试样中 P 的质量分数。

解：由于 $1P \sim 1H_3PO_4 \sim 1(NH_4)_2HPO_4 \cdot 12MoO_3 \cdot H_2O$

而 1mol $(NH_4)_2HPO_4 \cdot 12MoO_3 \cdot H_2O$ 需要 24mol NaOH，即

$$\frac{n_P}{n_{NaOH}} = \frac{1}{24}, \text{ 而 } n_P = \frac{m_P}{M_P}$$

所以

$$m_P = \frac{M_P}{24} n_{NaOH}$$

则 P 的质量分数为：

$$w_P = \frac{M_P}{24m_{试}} n_{NaOH} \times 100\%$$

$$= \frac{30.97g \cdot mol^{-1}}{24 \times 0.9567g}(0.2016mol \cdot L^{-1} \times 30.48 \times 10^{-3}L - 0.1987mol \cdot L^{-1} \times 15.71 \times 10^{-3}L)$$

$$\times 100\%$$

$$= 0.004070 \approx 0.41\%$$

例 4-17 称取混合碱（$Na_2CO_3 \sim NaOH$ 或 $Na_2CO_3 \sim NaHCO_3$ 的混合物）试样 1.200g，溶于水，用 $0.5000mol \cdot L^{-1}$ HCl 溶液滴定至酚酞褪色，用去 30.00mL。然后加入甲基橙，继续滴加 HCl 溶液至呈现橙色，又用去 5.00mL。试样中含有何种组分？其质量分数各为多少？

解： 当滴定到酚酞变色时，NaOH 已完全中和。Na_2CO_3 只作用到 $NaHCO_3$，即仅获得 1 个质子：

$$Na_2CO_3 + HCl == NaCl + NaHCO_3 \tag{1}$$

当继续滴定到甲基橙指示剂变橙色时，由 Na_2CO_3 转化而来的 $NaHCO_3$ 又获得一个质子，成为 H_2CO_3：

$$NaHCO_3 + HCl == NaCl + CO_2 \uparrow + H_2O \tag{2}$$

如果试样中仅含有 Na_2CO_3 一种组分，则滴定到酚酞褪色时所消耗的酸，与继续滴定到甲基橙变色时所消耗的酸应该相等。如今滴定到酚酞褪色时消耗的酸较多，可见试样中除 Na_2CO_3 以外还应含有 NaOH。

滴定 NaOH 所耗用的酸应为 $30.00mL - 5.00mL = 25.00mL$。

设 w_{NaOH} 为 NaOH 的质量分数，则

$$0.5000mol \cdot L^{-1} \times 25.00 \times 10^{-3}L = \frac{1.200g \times w_{NaOH}}{40.01g \cdot mol^{-1}}$$

$$w_{NaOH} = 0.4168 = 41.68\%$$

与 Na_2CO_3 作用所消耗的酸为 $5.00mL \times 2 = 10.00mL$。设 Na_2CO_3 的质量分数 $w_{Na_2CO_3}$。根据反应式（1）和（2），总反应式为：

$$Na_2CO_3 + 2HCl == 2NaCl + CO_2 \uparrow + H_2O$$

则

$$0.5000mol \cdot L^{-1} \times 5.00 \times 10^{-3}L = \frac{1.200g \times w_{Na_2CO_3}}{106.0g \cdot mol^{-1}}$$

$$w_{Na_2CO_3} = 0.2208 = 22.08\%$$

试样中含 NaOH 41.68%，含 Na_2CO_3 22.08%。

例 4-18 分别以 Na_2CO_3 和硼砂（$Na_2B_4O_7 \cdot 10H_2O$）作标准物质标定 HCl 溶液（大约浓度为 $0.2mol \cdot L^{-1}$）。希望用去的 HCl 溶液为 25mL 左右。已知天平的称量误差为 $\pm 0.1mg$（0.2mg），从减少称量误差所占的百分比考虑，选择哪种基准物较好？

解： 欲使 HCl 消耗量为 25mL，需称取二种基准物的质量分别为 m_1 和 m_2，可计算如下：

Na_2CO_3：
$$Na_2CO_3 + 2HCl == 2NaCl + CO_2 \uparrow + H_2O$$

$$0.2mol \cdot L^{-1} \times 25 \times 10^{-3}L = 2 \times \frac{m_1}{106.0g \cdot mol^{-1}}$$

$$m_1 = 0.2650g \approx 0.26g$$

硼砂：
$$Na_2B_4O_7 \cdot 10H_2O + 2HCl == 4H_3BO_3 + 2NaCl + 5H_2O$$

$$0.2mol \cdot L^{-1} \times 25 \times 10^{-3}L = 2 \times \frac{m_2}{381.4g \cdot mol^{-1}}$$

$$m_2 = 0.9535g \approx 1g$$

可知，当以 Na_2CO_3 标定 HCl 溶液时，需称取 0.26g 左右，由于天平的称量误差为 0.2mg，则 Na_2CO_3 标定时的称量误差为：

$$0.2 \times 10^{-3}g / 0.26g = 7.7 \times 10^{-4} \approx 0.08\%$$

67

同理可知，当以 $Na_2B_4O_7 \cdot 10H_2O$ 标定 HCl 溶液时，需称取 1g 左右，由于天平的称量误差为 0.2mg，则 $Na_2B_4O_7 \cdot 10H_2O$ 标定时的称量误差为：

$$0.2 \times 10^{-3} g/1g = 0.2 \times 10^{-4} \approx 0.02\%$$

比较二者的称量误差，Na_2CO_3 的称量误差约为硼砂的 4 倍，所以选用硼砂作为标定 HCl 溶液的基准物更为理想。

本章重点和有关计算公式

重点：

1. 酸碱质子理论
2. 酸碱平衡常数、共轭酸碱对的平衡常数之间的关系
3. 酸碱存在形式及分布系数
4. 质子条件的确立
5. 一元酸碱溶液、两性溶液、缓冲溶液 pH 的计算
6. 指示剂的变色范围及指示剂的选择原则
7. 滴定曲线及滴定突跃
8. 滴定分析结果的计算

有关计算公式：

1. 共轭酸碱对的平衡常数的关系　　$K_{a_1}K_{b_3} = K_{a_2}K_{b_2} = K_{a_3}K_{b_1} = K_w$

2. 一元酸各存在形式的分布系数

$$\delta_1 = \frac{[H^+]}{[H^+] + K_a}$$

$$\delta_0 = \frac{K_a}{[H^+] + K_a}$$

3. 二元酸各存在形式的分布系数

$$\delta_2 = \frac{[H^+]^2}{[H^+]^2 + [H^+]K_{a_1} + K_{a_1}K_{a_2}}$$

$$\delta_1 = \frac{[H^+]K_{a_1}}{[H^+]^2 + [H^+]K_{a_1} + K_{a_1}K_{a_2}}$$

$$\delta_0 = \frac{K_{a_1}K_{a_2}}{[H^+]^2 + [H^+]K_{a_1} + K_{a_1}K_{a_2}}$$

4. 三元酸各存在形式的分布系数

$$\delta_3 = \frac{[H^+]^3}{[H^+]^3 + [H^+]^2K_{a_1} + [H^+]K_{a_1}K_{a_2} + K_{a_1}K_{a_2}K_{a_3}}$$

$$\delta_2 = \frac{[H^+]^2K_{a_1}}{[H^+]^3 + [H^+]^2K_{a_1} + [H^+]K_{a_1}K_{a_2} + K_{a_1}K_{a_2}K_{a_3}}$$

$$\delta_1 = \frac{[H^+]K_{a_1}K_{a_2}}{[H^+]^3 + [H^+]^2K_{a_1} + [H^+]K_{a_1}K_{a_2} + K_{a_1}K_{a_2}K_{a_3}}$$

$$\delta_0 = \frac{K_{a_1}K_{a_2}K_{a_3}}{[H^+]^3 + [H^+]^2K_{a_1} + [H^+]K_{a_1}K_{a_2} + K_{a_1}K_{a_2}K_{a_3}}$$

5. 一元弱酸 pH 的计算

满足 $c/K_a \geqslant 105$　　$[H^+] = \sqrt{cK_a + K_w}$

满足 $cK_a \geqslant 10K_w$ $[H^+] = \dfrac{1}{2}(-K_a + \sqrt{K_a^2 + 4cK_a})$

满足 $c/K_a \geqslant 105$ 和 $cK_a \geqslant 10K_w$ $[H^+] = \sqrt{cK_a}$

6. 一元弱碱 pH 的计算

满足 $c/K_b \geqslant 105$ $[OH^-] = \sqrt{cK_b + K_w}$

满足 $cK_b \geqslant 10K_w$ $[OH^-] = \dfrac{1}{2}(-K_b + \sqrt{K_b^2 + 4cK_b})$

满足 $c/K_b \geqslant 105$ 和 $cK_b \geqslant 10K_w$ $[OH^-] = \sqrt{cK_b}$

7. 两性溶液 pH 的计算

$$[H^+] = \sqrt{\dfrac{K_{a_1}(K_{a_2}c + K_w)}{K_{a_1} + c}}$$

满足 $cK_{a_2} \geqslant 10K_w$ $[H^+] = \sqrt{\dfrac{cK_{a_1}K_{a_2}}{K_{a_1} + c}}$

满足 $c/K_{a_1} \geqslant 10$ $[H^+] = \sqrt{\dfrac{K_{a_1}(K_{a_2}c + K_w)}{c}}$

满足 $cK_{a_2} \geqslant 10K_w$ 和 $c/K_{a_1} \geqslant 10$ $[H^+] = \sqrt{K_{a_1}K_{a_2}}$

8. 缓冲溶液 pH 的计算 $[H^+] = K_a \dfrac{c_a}{c_b}$

$$[OH^-] = K_b \dfrac{c_b}{c_a}$$

9. 目视直接滴定弱酸的条件 $cK_a \geqslant 10^{-8}$

思考题

1. 判断下列各题说法是否正确。

(1) 酸性缓冲溶液（HAc-NaAc）可以抵抗少量外来酸对 pH 的影响，而不能抵抗少量外来碱对 pH 的影响。

(2) 弱酸浓度越稀，解离度越大，故 pH 越低。

(3) 酸碱指示剂在酸性溶液中呈现酸色，在碱性溶液中呈现碱色。

(4) 把 pH=3 和 pH=5 的两稀酸溶液等体积混合后，混合液的 pH 应等于 4。

(5) 将氨稀释 1 倍，溶液中的 OH^- 浓度就减少到原来的 $\dfrac{1}{2}$。

2. 从下列物质中，找出共轭酸碱对。
HAc，NH_4^+，F^-，$(CH_2)_6N_4H^+$，$H_2PO_4^-$，CN^-，Ac^-，HCO_3^-，H_3PO_4，$(CH_2)_6N_4$，NH_3，HCN，HF，CO_3^{2-}。

3. HCl 要比 HAc 强得多，在 $1 mol \cdot L^{-1}$ HCl 和 $1 mol \cdot L^{-1}$ HAc 溶液中，哪一个的 $[H^+]$ 较高？它们中和 NaOH 的能力哪一个较大？为什么？

4. 写出下列物质在水溶液中的质子条件。

(1) $NH_3 \cdot H_2O$ (2) $NaHCO_3$ (3) Na_2CO_3

5. 写出下列物质在水溶液中的质子条件。

(1) NH_4HCO_3 (2) $(NH_4)_2HPO_4$ (3) $NH_4H_2PO_4$

6. 欲配置 pH 为 3 左右的缓冲溶液，应选下列何种酸及其共轭碱（括号内为 pK_a）。

(1) HAc(4.74)   (2) 甲酸(3.74)   (3) 一氯乙酸(2.86)

(4) 二氯乙酸(1.30)   (5) 苯酚(9.95)

7. NaOH 标准溶液如果吸收了空气中的 CO_2，当以该 NaOH 标准溶液测定某一强酸的浓度，并分别用甲基橙或酚酞指示终点时，对强酸测定结果的浓度值各有何影响？

8. 标定 NaOH 溶液的浓度时，若采用：

(1) 部分风化的 $H_2C_2O_4 \cdot 2H_2O$；

(2) 含有少量中性杂质的 $H_2C_2O_4 \cdot 2H_2O$。

则标定所得的浓度偏高，偏低，还是没有影响？为什么？

9. 酸碱滴定中指示剂的选择原则是什么？

10. 可以采用哪些方法确定酸碱滴定的终点？试简要地进行比较。

11. 为什么 NaOH 标准溶液能直接滴定乙酸，而不能直接滴定硼酸？试加以说明。

12. 为什么 HCl 标准溶液能直接滴定硼酸，而不能直接滴定乙酸钠？试加以说明。

13. 有一碱液，可能是 NaOH、Na_2CO_3、$NaHCO_3$ 或它们的混合物，如何判断其组分，并测定各组分的含量？试分别从连续滴定和分别滴定的条件出发，说明理由。

14. 用 NaOH 溶液滴定某弱酸溶液 HA 时，若二者的浓度相同，当滴定分数达到 50% 时溶液的 pH=5.00；滴定分数达到 100% 时溶液的 pH=8.00；滴定分数达到 200% 时溶液的 pH=12.00。则该酸的 pK_a 值是多少？

习 题

1. 有一弱酸 HA，在 $c = 0.015 mol \cdot L^{-1}$ 时有 0.1% 解离，如果使解离度达到 1%，该弱酸浓度应该是多少？

2. 已知 H_3PO_4 的 $pK_{a_1} = 2.12$，$pK_{a_2} = 7.20$，$pK_{a_3} = 12.36$。求其共轭碱 PO_4^{3-} 的 pK_{b_1}，HPO_4^{2-} 的 pK_{b_2} 和 $H_2PO_4^-$ 的 pK_{b_3}。

3. 已知琥珀酸$(CH_2COOH)_2$（以 H_2A 表示）的 $pK_{a_1} = 4.19$，$pK_{a_2} = 5.57$。试计算在 pH 为 4.88 和 5.0 时 H_2A、HA^-、和 A^{2-} 的分布系数 δ_2、δ_1 和 δ_0。若该酸的总浓度为 $0.01 mol \cdot L^{-1}$，求 pH=4.88 时的三种形式的平衡浓度。

4. 称取不纯弱酸 HA 试样 1.600g，溶解后稀至 60.00mL，以浓度为 $0.2500 mol \cdot L^{-1}$ NaOH 滴定。已知当 HA 被中和一半时，溶液 pH=5.00；滴定至化学计量点时，溶液 pH=9.00。计算试样中 HA 的质量分数。(HA 摩尔质量是 $82g \cdot mol^{-1}$，试样中无其他酸性物质)

5. 在 0.2815g 含 $CaCO_3$ 和中性杂质的石灰石样品中，加入 $0.1175 mol \cdot L^{-1}$ HCl 溶液 20.00mL，然后用 5.60mL NaOH 滴定剩余的 HCl。计算石灰石中钙的质量分数。已知 1.00mL NaOH 相当于 0.9750mL HCl。

6. 已知 HAc 的 $pK_a = 4.74$，$NH_3 \cdot H_2O$ 的 $pK_b = 4.74$。计算下列各溶液的 pH。

(1) $0.10 mol \cdot L^{-1}$ HAc   (2) $0.10 mol \cdot L^{-1}$ $NH_3 \cdot H_2O$

(3) $0.15 mol \cdot L^{-1}$ NH_4Cl (4) $0.15 mol \cdot L^{-1}$ NaAc

7. 下列三种缓冲溶液的 pH 各为多少？如分别加入 1mL $6mol \cdot L^{-1}$ HCl 溶液，溶液的 pH 各变为多少？

(1) 100mL $1.0 mol \cdot L^{-1}$ HAc 和 $1.0 mol \cdot L^{-1}$ NaAc 溶液；

(2) 100mL $0.050 mol \cdot L^{-1}$ HAc 和 $1.0 mol \cdot L^{-1}$ NaAc 溶液；

(3) 100mL $0.070 mol \cdot L^{-1}$ HAc 和 $0.070 mol \cdot L^{-1}$ NaAc 溶液。

这些计算结果说明了什么问题？

8. 计算下列溶液的 pH。

(1) $0.1mol \cdot L^{-1}$ NaH_2PO_4

(2) $0.05mol \cdot L^{-1}$ K_2HPO_4

9. 欲配置 500mL pH=5.0 的缓冲溶液，用了 $6mol \cdot L^{-1}$ HAc 34mL，需加 $NaAc \cdot 3H_2O$ 多少克？

10. 用 $0.01000mol \cdot L^{-1}$ HNO_3 溶液滴定 20.00mL $0.01000mol \cdot L^{-1}$ NaOH 溶液时，化学计量点时 pH 为多少？化学计量点附近的滴定突跃为多少？应选用何种指示剂指示终点？

11. 准确称取某一元弱酸 HA 试样 1.250g，溶于 50.00mL 水中，需要用 41.20mL $0.09000mol \cdot L^{-1}$ NaOH 滴定至终点。已知加入 8.24mL NaOH 时，溶液的 pH=4.30，

(1) 求该一元弱酸的摩尔质量；

(2) 计算弱酸的解离常数 K_a；

(3) 求化学计量点时的 pH，并选择合适的指示剂指示终点。

12. 某一元弱酸的 pK_a=9.21，现有其共轭碱 NaA 溶液 20.00mL 浓度为 $0.1000mol \cdot L^{-1}$，当用 $0.1000mol \cdot L^{-1}$ HCl 溶液滴定 NaA 溶液时，分别计算滴定分数为 99.9%、100.0%、100.1% 时溶液的 pH？滴定突跃为多少？应选用何种指示剂指示终点？

13. 如以 $0.2000mol \cdot L^{-1}$ NaOH 标准溶液滴定 $0.2000mol \cdot L^{-1}$ 邻苯二甲酸氢钾溶液，化学计量点时的 pH 为多少？通过计算说明选用何种指示剂指示终点最为适宜？

14. 用 $0.1000mol \cdot L^{-1}$ NaOH 溶液滴定 $0.1000mol \cdot L^{-1}$ 酒石酸溶液时，有几个滴定突跃？在第二化学计量点时 pH 为多少？应选用何种指示剂指示终点？

15. 称取 0.5000g 牛奶样品，用浓硫酸硝化，将氮转化为 NH_4HSO_4，加浓碱蒸出 NH_3，蒸出的 NH_3 吸收在过量硼酸中，然后再用 HCl 标准溶液滴定，用去 10.50mL。另取 0.2000g 纯 NH_4Cl，经同样处理，耗去 HCl 标准溶液 20.10mL。计算此牛奶中蛋白质的质量分数。已知牛奶中的蛋白质的平均含氮量为 15.7%。

16. 未知混合碱试样若干份均为 1.000g。用 $0.2500mol \cdot L^{-1}$ HCl 溶液滴定，根据下列条件和数据计算每种样品的组成：

(1) 1份用酚酞作指示剂，终点时消耗 HCl 溶液 24.32mL；另取 1 份用甲基橙作指示剂，终点时消耗 HCl 溶液 48.64mL；

(2) 酚酞时颜色不变，加入甲基橙，终点时消耗 HCl 溶液 38.47mL；

(3) 首先加入酚酞作为指示剂，滴定至终点时消耗 HCl 溶液 15.29mL；然后在上述溶液中加入甲基橙作为指示剂，继续滴定至终点时又消耗 HCl 溶液 33.19mL。

17. 标定 HCl 溶液时，以甲基橙为指示剂，用 Na_2CO_3 为基准物。称取 Na_2CO_3 0.6135g，用去 HCl 溶液 24.96mL，求 HCl 溶液的浓度。

18. 标定新配制的 NaOH 溶液浓度时，一般采用邻苯二甲酸氢钾作为基准物，以酚酞为指示剂滴定至终点。已知邻苯二甲酸氢钾基准物的称取质量为 0.5026g，滴定时用去 NaOH 溶液 21.88mL，求 NaOH 溶液的浓度。

19. 确定面粉和小麦中粗蛋白质含量时，是将测定的样品中的氮含量乘以系数 5.7 而得到的（不同物质有不同系数）。称取 2.449g 面粉试样，经消化后，用 NaOH 处理，蒸出的 NH_3 以 100.0mL $0.01086mol \cdot L^{-1}$ HCl 标准溶液吸收时，需用

0.01228mol·L^{-1} NaOH 标准溶液 15.30mL 回滴过量的 HCl 标准溶液，计算面粉中粗蛋白质的质量分数。

20. 吸取 10mL 醋样，置于锥形瓶中，加 2 滴酚酞指示剂，用 0.1638mol·L^{-1} NaOH 标准溶液滴定醋中的 HAc 组分。如果需要 NaOH 标准溶液 28.15mL，则试样中 HAc 浓度为多少？若吸收的 HAc 溶液 $\rho = 1.004$g·mL^{-1}，计算试样中 HAc 的质量分数为多少？

21. 现有一含 CaCO$_3$ 及不与酸作用的杂质的石灰石试样，称取该试样 0.3582g 配成溶液，向其中加入 0.1471mol·L^{-1} HCl 标准溶液 25.00mL，过量的 HCl 标准溶液需用 10.15mL NaOH 标准溶液回滴。已知 1.00mL NaOH 溶液相当于 1.03mL HCl 溶液。求石灰石的纯度及 CO$_2$ 的质量分数。

22. 有一 Na$_2$CO$_3$ 与 NaHCO$_3$ 的混合物 0.3729g，以 0.1348 mol·L^{-1} HCl 标准溶液滴定，用酚酞指示终点时耗去 21.36mL，试求当以甲基橙指示终点时，将需要多少毫升上述浓度的 HCl 标准溶液？

23. 称取混合碱试样 0.9476g，首先以酚酞为指示剂，用 0.2785mol·L^{-1} HCl 标准溶液滴定至终点，消耗 HCl 标准溶液 34.12mL。然后在溶液中再加入甲基橙作为指示剂，继续用 HCl 标准溶液滴定至终点，消耗 HCl 23.66mL。求试样中各组分的质量分数。

24. 称取混合碱试样 0.6524g，以酚酞为指示剂，用 0.1992mol·L^{-1} HCl 标准溶液滴定至终点，用去 HCl 标准溶液 21.76mL。再加甲基橙作指示剂，滴定至终点，又消耗 HCl 标准溶液 27.15mL。求试样中各组分的质量分数。

25. 一试样仅含 NaOH 和 Na$_2$CO$_3$。一份质量为 0.3515g 的试样，在以酚酞为指示剂时，需要 35.00mL 0.1982mol·L^{-1} HCl 标准溶液可以达到滴定终点。如果在溶液中再加入甲基橙为指示剂，那么还需要再滴入多少毫升上述 HCl 溶液，可以达到滴定终点？并分别计算试样中 NaOH 和 Na$_2$CO$_3$ 的质量分数。

26. 称取硅酸盐试样 0.1000g，经熔融分解，沉淀为 K$_2$SiF$_6$，然后过滤、洗净。水解产生的 HF 用 0.1477mol·L^{-1} NaOH 标准溶液滴定，以酚酞作指示剂，耗去 NaOH 标准溶液 24.72mL。计算试样中 SiO$_2$ 的质量分数。

27. 阿司匹林即乙酰水杨酸，其含量可用酸碱滴定法滴定。称取阿司匹林试样 0.2500g，准确加入 50.00mL 0.1020mol·L^{-1} 的 NaOH 标准溶液，煮沸，冷却后，加入酚酞作为指示剂，再以 $c_{H_2SO_4} = 0.05264$mol·L^{-1} 的 H$_2$SO$_4$ 标准溶液回滴过量的 NaOH，滴定至终点时消耗 H$_2$SO$_4$ 标准溶液 23.75mL。求试样中乙酰水杨酸的质量分数。

已知：乙酰水杨酸的分子式为 HOOCC$_6$H$_4$OCOCH$_3$，其与 NaOH 的反应式可表示为：

$$HOOCC_6H_4OCOCH_3 \xrightarrow{\text{NaOH}} NaOOCC_6H_4ONa$$

HOOCC$_6$H$_4$OCOCH$_3$ 的摩尔质量为 180.16g·mol^{-1}。

28. 有机化学家欲求得新合成醇的摩尔质量，取试样 55.0mg，以醋酸酐法测定时，需用 0.09690mol·L^{-1} NaOH 标准溶液 10.23mL。用相同量醋酸酐作空白实验时，需用同一浓度的 NaOH 溶液 14.71mL 滴定所生成的酸，试计算醇的相对分子质量，设其分子中只有一个—OH。

29. 称取纯的 $NaHCO_3$ 1.008g 溶于适量水中，然后在此溶液中加入纯固体 NaOH 0.3200g，溶解后将混合溶液转移到 250mL 容量瓶中，移取上述溶液 50.00mL，以 $0.1000mol·L^{-1}$ HCl 标准溶液进行滴定。计算：

(1) 以酚酞为指示剂滴定至终点时，消耗 HCl 标准溶液多少毫升？

(2) 继续加入甲基橙指示剂滴定至终点时，又消耗 HCl 标准溶液多少毫升？

第5章 配位滴定法

在分析化学的定性检测和定量测定中，经常会用到配位化学的原理。许多显色剂、萃取剂、沉淀剂、掩蔽剂等都是配位剂，一些螯合剂与某些金属离子生成有色难溶的螯合物，因此可以作为检验离子的特效试剂。利用有色配离子的形成，使仪器分析中分光光度法的应用范围大大地扩展。此外，常利用金属离子与某些配位剂生成配合物的反应来测定某一成分的含量。

5.1 配位滴定法概述

5.1.1 配位滴定法

利用形成配合物的反应进行滴定分析的方法称为配位滴定法。配位滴定法常用来测定多种金属离子或间接测定其他离子。

5.1.2 配位滴定对配位反应的要求

用于配位滴定的反应必须符合完全、定量、快速和有适当指示剂来指示终点等要求。

各种配合物都有其稳定常数，从配合物稳定常数的大小可以判断配位反应进行的完全程度以及能否满足滴定分析的要求。因此配位滴定要求在一定的反应条件下，形成的配合物要相当稳定，即稳定常数要大。另外形成的配合物的配位数必须固定，即只形成一种配位数的配合物，以确保定量。

5.1.3 配位剂的种类及特点

配位滴定中常用的配位剂有两类：即无机配位剂和有机配位剂。

（1）无机配位剂

例如 CN^-、NH_3、SCN^-、X^- 等都是无机配位剂，能与中心离子形成配合物的反应虽很多，但能用于配位滴定的无机配位剂并不多，这是由于：

① 大多数的无机配合物的稳定性不够高，不符合滴定分析反应要完全的要求；

② 反应过程较复杂，往往有逐级配位现象，同时生成好几种配位数的配合物，使待测离子与配位剂间没有确定的化学计量关系；

③ 有些反应找不到合适的指示剂，难以判断终点。

所以无机配位剂在分析化学中的应用受到限制。

（2）有机配位剂

大多数有机配位剂由于常含有两个以上配位原子，能与被测金属离子形成稳定的而且组

成一定的螯合物，即有机配位剂与金属离子的配位反应不存在无机配位剂上述缺陷，因此在分析化学中得到广泛的应用。目前使用最多的是氨羧类配位剂，这是一类以氨基二乙酸基团 $[—N(CH_2COOH)_2]$ 为基体的有机配位剂，这类配位剂分子中含有氨氮和羧氧两种配位能力很强的配位原子，可以和许多金属离子形成稳定的、可溶性的环状螯合物。在配位滴定中应用的氨羧配位剂有很多种，其中最常用的是乙二胺四乙酸，简称 EDTA。

其他的氨羧配位剂还有很多，常见有以下几种：乙二胺四乙酸，简称 EDTA；环己烷二胺四乙酸，简称 CyDTA；乙二醇二乙醚二胺四乙酸，简称 EGTA；乙二胺四丙酸，简称 EDTP。

EDTA 在配位滴定中应用最广泛，可以直接或间接滴定几十种金属离子，在这一章中重点讨论以 EDTA 为配位剂滴定金属离子的配位滴定法。

5.2 EDTA 的性质及其配合物

5.2.1 EDTA 的性质

乙二胺四乙酸（简称 EDTA 或 EDTA 酸），它是一种多元酸，可用 H_4Y 表示。EDTA 在水中的溶解度较小（22℃时，每 100mL 水中仅能溶解 0.02g），也难溶于酸和一般的有机溶剂，但易溶于氨溶液和苛性碱溶液中，生成相应的盐，故实际使用时常用其二钠盐，即乙二胺四乙酸二钠（$Na_2H_2Y \cdot 2H_2O$，相对分子质量 372.24），一般也简称 EDTA。它在水中溶解度较大，22℃时每 100mL 水中能溶解 11.1g，浓度约为 $0.3mol \cdot L^{-1}$，pH 约为 4.5。

由 EDTA 的结构组成可知，两个羧基上的 H^+ 易转移到氨基氮上，形成双偶极离子：

当溶液的酸度较大时，两个羧酸根可以再接受两个 H^+ 形成 H_6Y^{2+}，这时 EDTA 就相当于一个六元酸，H_6Y^{2+} 在水溶液中的六级解离平衡为：

$$H_6Y^{2+} \rightleftharpoons H^+ + H_5Y^+ \qquad \frac{[H^+][H_5Y^+]}{[H_6Y^{2+}]} = K_{a_1}$$

$$H_5Y^+ \rightleftharpoons H^+ + H_4Y \qquad \frac{[H^+][H_4Y]}{[H_5Y^+]} = K_{a_2}$$

$$H_4Y \rightleftharpoons H^+ + H_3Y^- \qquad \frac{[H^+][H_3Y^-]}{[H_4Y]} = K_{a_3}$$

$$H_3Y^- \rightleftharpoons H^+ + H_2Y^{2-} \qquad \frac{[H^+][H_2Y^{2-}]}{[H_3Y^-]} = K_{a_4}$$

$$H_2Y^{2-} \rightleftharpoons H^+ + HY^{3-} \qquad \frac{[H^+][HY^{3-}]}{[H_2Y^{2-}]} = K_{a_5}$$

$$HY^{3-} \rightleftharpoons H^+ + Y^{4-} \qquad \frac{[H^+][Y^{4-}]}{[HY^{3-}]} = K_{a_6}$$

联系六级解离关系，存在下列平衡：

$$H_6Y^{2+} \underset{+H^+}{\overset{-H^+}{\rightleftharpoons}} H_5Y^+ \underset{+H^+}{\overset{-H^+}{\rightleftharpoons}} H_4Y \underset{+H^+}{\overset{-H^+}{\rightleftharpoons}} H_3Y^- \underset{+H^+}{\overset{-H^+}{\rightleftharpoons}} H_2Y^{2-} \underset{+H^+}{\overset{-H^+}{\rightleftharpoons}} HY^{3-} \underset{+H^+}{\overset{-H^+}{\rightleftharpoons}} Y^{4-}$$

$$(5\text{-}1)$$

由上面的分步解离可知，已质子化的 EDTA 在水溶液中共有七种存在形式，即 H_6Y^{2+}，H_5Y^+，H_4Y，H_3Y^-，H_2Y^{2-}，HY^{3-} 和 Y^{4-} 等。从式（5-1）可以看出，EDTA 中各种存在形式间的浓度比例取决于溶液的 pH。若溶液酸度增大，pH 减小，上述平衡向左移动；反之，若溶液酸度减小，pH 增大，则上述平衡右移。EDTA 各种存在形式的分配情况与 pH 之间的分布曲线如图 5-1 所示。

图 5-1 可以清楚地看出不同 pH 时 EDTA 各种存在形式的分配情况。在 pH<1 的强酸性溶液中，EDTA 主要以 H_6Y^{2+} 形式存在；在 pH=1~1.6 的溶液中，主要以 H_5Y^+ 形式存在；在 pH=1.6~2.0 的溶液中，主要以 H_4Y 形式存在；在 pH=2.0~2.67 的溶液中，主要存在形式是 H_3Y^-；在 pH=2.67~6.16 的溶液中，主要存在形式是 H_2Y^{2-}；在 pH=6.16~10.26 的溶液中，主要存在形式是 HY^{3-}，只有在 pH>12 时才几乎完全以 Y^{4-} 形式存在。

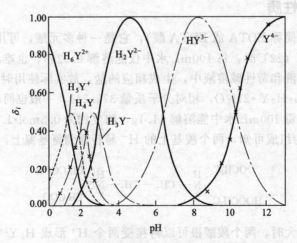

图 5-1 EDTA 各种存在形式在不同 pH 时的分布曲线

5.2.2 EDTA 与金属离子的配合物

在 EDTA 分子的结构组成中，具有六个可与金属离子形成配位键的配位原子（两个氨基氮和四个羧基氧，它们都有孤对电子，能与金属离子形成配位键），因而 EDTA 可以与金属离子形成配位数为 4 或 6 的稳定的配合物。

（1）EDTA 与金属离子的配位反应具有的特点

① EDTA 与许多金属离子可形成配位比为 1 : 1 的稳定配合物。例如：

$$Ca^{2+} + Y^{4-} \Longrightarrow CaY^{2-}$$

$$Fe^{3+} + Y^{4-} \Longrightarrow FeY^{-}$$

反应中无逐级配位的现象，反应的定量关系明确。只有极少数的金属离子 [如 Zr(IV) 和 Mo(VI)等] 例外。

② EDTA 与许多金属离子形成的配合物具有相当的稳定性。

从 EDTA 与 Ca^{2+}、Fe^{3+} 的配合物的结构图（如图 5-2 所示）可以看出，EDTA 与金属离子配位时形成五个五元环，具有这种环状结构的配合物称为螯合物。从配合物的研究可知，具有五元环或六元环的螯合物很稳定，而且所形成的环越多，螯合物越稳定。因而 EDTA 与大多数金属离子形成的螯合物具有较大的稳定性。

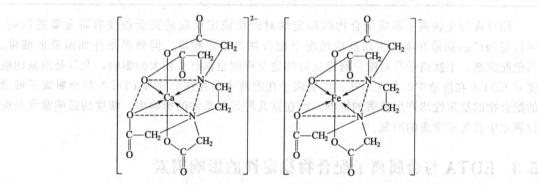

图 5-2 EDTA 与 Ca^{2+}、Fe^{3+} 的配合物的结构示意图

③ EDTA 与许多金属离子形成的配合物大多带有电荷，水溶性好，反应速率较快。

无色的金属离子与 EDTA 生成的配合物仍为无色，但有色的金属离子与 EDTA 形成的配合物颜色将加深。例如：

$$CaY^{2-} \quad NiY^{2-} \quad CuY^{2-} \quad CoY^{2-} \quad MnY^{2-} \quad CrY^{-} \quad FeY^{-}$$

　　　 无色　　　蓝色　　　深蓝　　　紫红　　　紫红　　　深紫　　　黄

必须指出，金属离子与 EDTA 形成的配合物（MY）若无色，有利于用指示剂确定终点；若 MY 为有色，则浓度高时不利于观察指示剂颜色的变化。因此，滴定的如果是有色的金属离子，则试液的浓度不宜过高，否则将影响指示剂滴定终点的显示。

上述特点说明 EDTA 和金属离子的配位反应能够满足滴定分析对反应的要求。

（2）EDTA 与金属离子的配合物的稳定常数

金属离子（简写为 M）与 EDTA（简写为 Y）的配位反应，略去电荷，可简写成：

$$M + Y \Longrightarrow MY$$

其稳定常数 K_{MY} 为：

$$K_{MY} = \frac{[MY]}{[M][Y]} \tag{5-2}$$

一些常见金属离子与 EDTA 形成配合物的稳定常数参见表 5-1。

分析表 5-1 的数据可知，金属离子与 EDTA 形成配合物的稳定性主要决定于金属离子的电荷、离子半径和电子层结构等因素。碱金属离子的配合物最不稳定；碱土金属离子的配合物的 $\lg K_{MY} = 8 \sim 11$；过渡元素、稀土元素、Al^{3+} 的配合物的 $\lg K_{MY} = 15 \sim 19$；其他三价、四价金属离子和 Hg^{2+} 的配合物的 $\lg K_{MY} > 20$。

表 5-1　EDTA 与一些常见金属离子的配合物的稳定常数

（溶液离子强度 $I = 0.1 \text{mol} \cdot \text{L}^{-1}$，温度 293K）

阳离子	$\lg K_{MY}$	阳离子	$\lg K_{MY}$	阳离子	$\lg K_{MY}$
Na^+	1.66	Ce^{4+}	15.98	Cu^{2+}	18.80
Li^+	2.79	Al^{3+}	16.3	Ga^{3+}	20.3
Ag^+	7.32	Co^{2+}	16.31	Ti^{3+}	21.3
Ba^{2+}	7.86	Pt^{2+}	16.31	Hg^{2+}	21.8
Mg^{2+}	8.69	Cd^{2+}	16.46	Sn^{2+}	22.1
Sr^{2+}	8.73	Zn^{2+}	16.50	Th^{4+}	23.2
Be^{2+}	9.20	Pb^{2+}	18.04	Cr^{3+}	23.4
Ca^{2+}	10.69	Y^{3+}	18.09	Fe^{3+}	25.1
Mn^{2+}	13.87	VO^{3+}	18.1	U^{4+}	25.8
Fe^{2+}	14.33	Ni^{2+}	18.60	Bi^{3+}	27.94
La^{3+}	15.50	VO^{2+}	18.8	Co^{3+}	36.0

EDTA 与金属离子形成配合物的稳定性对配位滴定反应的完全程度有着重要的影响，可以用 $\lg K_{MY}$ 衡量在不发生副反应情况下配合物的稳定程度。但外界条件如溶液的酸度、其他配位剂、干扰离子等对配位滴定反应的完全程度也都有着较大的影响，尤其是溶液的酸度对 EDTA 在溶液中的存在形式、金属离子在溶液中的存在形式和 EDTA 与金属离子形成的配合物的稳定性均产生显著的影响。而在这几种外界条件的影响中，酸度的影响常常是配位滴定中首先应考虑的问题。

5.3　EDTA 与金属离子配合物稳定性的影响因素

5.3.1　主反应与副反应

EDTA 与金属离子配合物的稳定性，除了与金属离子本身的电荷、半径和电子层结构等内因有关外，还与一些外界因素有关。待测金属离子 M 与 EDTA 配位生成配合物 MY，这一反应即为主反应。而 EDTA 与溶液中的 H^+ 及干扰离子 N 的反应，被测金属离子与溶液中的 OH^- 和辅助配位剂 L 的反应等称副反应。副反应的发生使 MY 配合物的稳定性受到影响。主反应与各种副反应的关系如下所示：

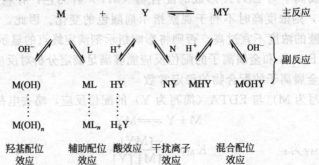

一般情况下，由于混合配位效应的产物大多数不稳定，其影响可以忽略不计。若系统中

无共存离子干扰，且没有其他辅助配位剂时，影响主反应的因素主要是 EDTA 的酸效应及金属离子的羟基配位效应。当金属离子不发生羟基配位效应时，则只有 EDTA 的酸效应。实际滴定中一般主要考虑 EDTA 的酸效应和金属离子的辅助配位效应。

5.3.2 EDTA 的酸效应及酸效应系数 $\alpha_{Y(H)}$

（1）酸效应

EDTA 与金属离子的反应本质上是 Y^{4-} 与金属离子的反应。由 EDTA 的解离平衡可知，Y^{4-} 只是 EDTA 各种存在形式中的一种，只有当 pH>12 时，EDTA 才全部以 Y^{4-} 形式存在。溶液 pH 减小，将使式（5-1）所示的平衡向左移动，产生 HY^{3-}、H_2Y^{2-}…，造成 Y^{4-} 浓度减小，因而使 EDTA 与金属离子的反应能力降低。

这种由于 H^+ 与 Y^{4-} 作用而使 Y^{4-} 参与主反应能力下降的现象称为 EDTA 的酸效应。酸效应大小用酸效应系数 $\alpha_{Y(H)}$ 来衡量。

（2）酸效应系数 $\alpha_{Y(H)}$

酸效应系数是指在一定 pH 条件下，未与 M 发生配位主反应的 EDTA 的各种存在形式的总浓度 $[Y']$ 与能参加配位主反应的 Y^{4-} 的平衡浓度（或溶液中游离 EDTA 的平衡浓度）之比。即

$$\alpha_{Y(H)} = \frac{[Y']}{[Y^{4-}]} \tag{5-3}$$

式中，

$$[Y'] = [Y^{4-}] + [HY^{3-}] + [H_2Y^{2-}] + [H_3Y^-] + [H_4Y] + [H_5Y^+] + [H_6Y^{2+}]$$

$$\alpha_{Y(H)} = \frac{[Y^{4-}] + [HY^{3-}] + [H_2Y^{2-}] + [H_3Y^-] + [H_4Y] + [H_5Y^+] + [H_6Y^{2+}]}{[Y^{4-}]}$$

$$= 1 + \frac{[H^+]}{K_{a_6}} + \frac{[H^+]^2}{K_{a_6}K_{a_5}} + \frac{[H^+]^3}{K_{a_6}K_{a_5}K_{a_4}} + \frac{[H^+]^4}{K_{a_6}K_{a_5}K_{a_4}K_{a_3}} + \frac{[H^+]^5}{K_{a_6}K_{a_5}K_{a_4}K_{a_3}K_{a_2}}$$

$$+ \frac{[H^+]^6}{K_{a_6}K_{a_5}K_{a_4}K_{a_3}K_{a_2}K_{a_1}}$$

$$= 1 + \beta_1[H^+] + \beta_2[H^+]^2 + \beta_3[H^+]^3 + \beta_4[H^+]^4 + \beta_5[H^+]^5 + \beta_6[H^+]^6 \tag{5-4}$$

式（5-4）中的 β 为累积稳定常数，其中：$\beta_1 = \dfrac{1}{K_{a_6}}$，$\beta_2 = \dfrac{1}{K_{a_6}K_{a_5}}$，$\beta_3 = \dfrac{1}{K_{a_6}K_{a_5}K_{a_4}}$，…。

由上述表达式关系可知，酸效应系数与 EDTA 的各级解离常数和溶液的酸度有关。在一定温度下，解离常数为定值，因而 $\alpha_{Y(H)}$ 仅随着溶液酸度而变。溶液酸度越大，$\alpha_{Y(H)}$ 值越大，表示酸效应引起的副反应越严重。如果 H^+ 与 Y^{4-} 之间没有发生酸效应这一副反应，即未参加配位反应的 EDTA 全部以 Y^{4-} 形式存在，则 $\alpha_{Y(H)} = 1$。不同 pH 时 EDTA 酸效应系数的对数值列于表 5-2。

表 5-2 不同 pH 时 EDTA 的 $\lg\alpha_{Y(H)}$ 值

pH	$\lg\alpha_{Y(H)}$	pH	$\lg\alpha_{Y(H)}$	pH	$\lg\alpha_{Y(H)}$
0.00	23.64	3.80	8.85	7.40	2.88
0.40	21.32	4.00	8.44	7.80	2.47
0.80	19.08	4.40	7.64	8.00	2.26
1.00	18.01	4.80	6.84	8.40	1.87

续表

pH	$\lg\alpha_{Y(H)}$	pH	$\lg\alpha_{Y(H)}$	pH	$\lg\alpha_{Y(H)}$
1.40	16.02	5.00	6.45	8.80	1.48
1.80	14.27	5.40	5.69	9.00	1.29
2.00	13.51	5.80	4.98	9.50	0.83
2.40	12.19	6.00	4.65	10.00	0.45
2.80	11.09	6.40	4.06	11.00	0.07
3.00	10.60	6.80	3.55	12.00	0.01
3.40	9.70	7.00	3.32	13.00	0.00

5.3.3　金属离子的配位效应及副反应系数 α_M

在配位滴定中，金属离子常发生两类副反应，一类是金属离子的羟基配位效应，另一类是金属离子的辅助配位效应。

(1) 副反应系数 α_M

金属离子的副反应程度用其金属离子的副反应系数 α_M 来表示，其定义如下：

$$\alpha_M = \frac{[M']}{[M]} \tag{5-5}$$

式中，α_M 表示的是未与 EDTA 发生配位主反应的金属离子的各种存在形式的总浓度 $[M']$ 与游离金属离子浓度 $[M]$ 之比。α_M 越大，金属离子的副反应越严重。

(2) 羟基配位效应

配位滴定中，金属离子与 OH^- 生成各种羟基配离子，例如 Fe^{3+}，在水溶液中能生成 $Fe(OH)^{2+}$，$Fe(OH)_2^+$ 等，使金属离子参与主反应的能力下降，这种现象称为金属离子的羟基配位效应，也称金属离子的水解效应。金属离子的羟基配位效应可用副反应系数 $\alpha_{M(OH)}$ 表示。即

$$\alpha_{M(OH)} = \frac{[M']}{[M]} = \frac{[M] + [MOH] + [M(OH)_2] + \cdots + [M(OH)_n]}{[M]}$$
$$= 1 + \beta_1[OH^-] + \beta_2[OH^-]^2 + \beta_3[OH^-]^3 + \cdots + \beta_n[OH^-]^n \tag{5-6}$$

式中，$\beta_1, \beta_2, \beta_3, \cdots, \beta_n$ 为各羟基配离子的累积稳定常数。

显然，$\alpha_{M(OH)}$ 与溶液的 pH 有关。pH 越高，$[OH^-]$ 越大，$\alpha_{M(OH)}$ 越大，水解效应越严重，对主反应越不利。$\alpha_{M(OH)}$ 随 pH 的变化见表 5-3。

表 5-3　不同 pH 时的金属离子 $\lg\alpha_{M(OH)}$ 值

金属离子	pH													
	1	2	3	4	5	6	7	8	9	10	11	12	13	14
Al^{3+}				0.4	1.3	5.3	9.3	13.3	17.3	21.3	25.3	29.3	33.3	
Bi^{3+}	0.1	0.5	1.4	2.4	3.4	4.4	5.4							
Ca^{2+}													0.3	0.1
Cd^{2+}								0.1	0.5	2.0	4.5	8.1	12.0	
Co^{2+}								0.1	0.4	1.1	2.2	4.2	7.2	10.2
Cu^{2+}								0.2	0.8	1.7	2.7	3.7	4.7	5.7
Fe^{2+}									0.1	0.6	1.5	2.5	3.5	4.5

金属离子	pH													
	1	2	3	4	5	6	7	8	9	10	11	12	13	14
Fe^{3+}			0.4	1.8	3.7	5.7	7.7	9.7	11.7	13.7	15.7	17.7	19.7	21.7
Hg^{2+}			0.5	1.9	3.9	5.9	7.9	9.9	11.9	13.9	15.9	17.9	19.9	21.9
La^{3+}										0.3	1.0	1.9	2.9	3.9
Mg^{2+}											0.1	0.5	1.3	2.3
Mn^{2+}										0.1	0.5	1.4	2.4	3.4
Ni^{2+}									0.1	0.7	1.6			
Pb^{2+}				0.1	0.5	1.4	2.7	4.7	7.4	10.4	13.4			
Th^{4+}			0.2	0.8	1.7	2.7	3.7	4.7	5.7	6.7	7.7	8.7	9.7	
Zn^{2+}									0.2	2.4	5.4	8.5	11.8	15.5

（3）辅助配位效应

由于金属离子同辅助配位剂 L 作用而使金属离子参与主反应的能力降低，这种现象称为金属离子的辅助配位效应。有时为了防止金属离子在滴定条件下生成沉淀或掩蔽干扰离子等原因，在试液中须加入某些辅助配位剂，使金属离子与辅助配位剂发生作用，产生金属离子的辅助配位效应。例如，在 pH＝10 时，滴定 Zn^{2+}，加入 NH_3-NH_4Cl 缓冲溶液，为了控制滴定所需要的 pH，同时使 Zn^{2+} 与 NH_3 配位形成 $[Zn(NH_3)_4]^{2+}$，防止 $Zn(OH)_2$ 沉淀析出。辅助配位效应的大小用辅助配位效应系数 $\alpha_{M(L)}$ 来表示，即

$$\alpha_{M(L)} = \frac{[M']}{[M]} = \frac{[M] + [ML] + [ML_2] + \cdots + [ML_n]}{[M]}$$
$$= 1 + \beta_1[L] + \beta_2[L]^2 + \beta_3[L]^3 + \cdots + \beta_n[L]^n \tag{5-7}$$

式中，$\beta_1, \beta_2, \beta_3, \cdots, \beta_n$ 为金属离子与辅助配体形成的配离子的累积稳定常数。

综合上述两种情况，金属离子的总的副反应系数可用 α_M 表示：

$$\alpha_M = \frac{[M']}{[M]}$$

$$[M'] = [M] + [MOH] + [M(OH)_2] + \cdots + [M(OH)_n] + [ML] + [ML_2] + \cdots + [ML_n]$$

综合金属离子以上两类副反应，可得到金属离子总的副反应系数（或称配位效应系数），经推导可得：

$$\alpha_M = \frac{[M']}{[M]}$$

$$= \frac{[M] + [MOH] + [M(OH)_2] + \cdots + [M(OH)_n] + [ML] + [ML_2] + \cdots + [ML_n]}{[M]}$$

$$= \alpha_{M(OH)} + \alpha_{M(L)} - 1 \tag{5-8}$$

总之，副反应系数越大，说明副反应越严重，对主反应的影响越大。此时如果还用稳定常数 K_{MY} 表示配位反应进行的程度已不准确。

5.3.4 条件稳定常数

稳定常数 K_{MY} 通常用来表征配合物的稳定程度，但由于实际反应中会存在各种副反应，K_{MY} 不能反映配合物在一定条件下的真实稳定程度，而配合物的条件稳定常数却可以说明

一定条件下副反应的影响和配位反应进行的程度。

在配位滴定中，常用条件稳定常数 K'_{MY} 来反映配合物 MY 的实际稳定程度。在不考虑 MY 副反应，仅考虑 M 与 Y 的副反应时，可定义条件稳定常数为：

$$K'_{MY}=\frac{[MY]}{[M'][Y']} \tag{5-9}$$

式中，$[M']$ 为平衡时没有与 EDTA 配位的金属离子的所有存在形式的总浓度，$[Y']$ 为平衡时没与金属离子配位的 EDTA 的所有存在形式的总浓度。

$$K'_{MY}=\frac{[MY]}{[M'][Y']}=\frac{[MY]}{[M][Y]\alpha_{Y(H)}}=\frac{K_{MY}}{\alpha_M\alpha_{Y(H)}}$$
$$\lg K'_{MY}=\lg K_{MY}-\lg\alpha_{Y(H)} \tag{5-10}$$

此时条件稳定常数 K'_{MY} 是以 EDTA 总浓度和金属离子总浓度表示的稳定常数，其大小说明溶液酸碱度和辅助配位效应对配合物实际稳定程度的影响。K'_{MY} 能更正确地判断金属离子和 EDTA 的配位反应进行的程度。

若仅考虑 EDTA 的酸效应，则得：

$$K'_{MY}=\frac{[MY]}{[M][Y']}=\frac{[MY]}{[M][Y]\alpha_{Y(H)}}=\frac{K_{MY}}{\alpha_{Y(H)}}$$
$$\lg K'_{MY}=\lg K_{MY}-\lg\alpha_{Y(H)} \tag{5-11}$$

上式中 K'_{MY} 是考虑了酸效应后 EDTA 与金属离子配合物的稳定常数。即在一定酸度条件下用 EDTA 溶液总浓度表示的稳定常数。它的大小说明溶液的酸度对配合物实际稳定性的影响。pH 越大，$\lg\alpha_{Y(H)}$ 值越小，条件稳定常数越大，配位反应越完全，对配位主反应的滴定越有利；反之 pH 降低，条件稳定常数 K'_{MY} 将减小，不利于滴定。

例 5-1 计算 pH=1.0，pH=5.0 的 K'_{PbY}，已知 $\lg K_{PbY}=18.04$。

解：查表 5-2 可知 pH=1.0 时，$\lg\alpha_{Y(H)}=18.01$；pH=5.0 时，$\lg\alpha_{Y(H)}=6.45$

pH=1.0 时，$\lg K'_{PbY}=18.04-18.01=0.03$

pH=5.0 时，$\lg K'_{PbY}=18.04-6.45=11.59$

由计算结果可以看出 pH=1.0 时 $\lg K'_{PbY}$ 很小，配位反应几乎不能进行；而 pH=5.0 时，$\lg K'_{PbY}$ 较大，配位反应进行得较完全，此时该反应能用于配位滴定。

例 5-2 计算 pH=11.0，$[NH_3]=0.10mol\cdot L^{-1}$ 的 K'_{ZnY}。若溶液中 Zn^{2+} 的总浓度为 $0.02mol\cdot L^{-1}$，计算游离的 Zn^{2+} 的浓度。

解：查表 5-3 可知 pH=11.0 时，$\lg\alpha_{Zn(OH)}=5.4$；$\lg K_{ZnY}=16.05$

$[Zn(NH_3)_4]^{2+}$ 的 $\lg\beta_1\sim\lg\beta_4$ 分别为 $2.27,4.61,7.01,9.46$

因为

$\alpha_{Zn(NH_3)}=1+\beta_1[NH_3]+\beta_2[NH_3]^2+\beta_3[NH_3]^3+\beta_4[NH_3]^4$

$=1+10^{-1.00}\times10^{2.27}+10^{-2.00}\times10^{4.61}+10^{-3.00}\times10^{7.01}+10^{-4.00}\times10^{9.46}$

$=10^{5.48}$

所以 $\alpha_{Zn}=\alpha_{Zn(NH_3)}+\alpha_{Zn(OH)}-1=10^{5.48}+10^{5.40}-1=10^{5.74}$

查表 5-2 可知：pH=11.0 时，$\lg\alpha_{Y(H)}=0.07$

$\lg K'_{MY}=\lg K_{MY}-\lg\alpha_M-\lg\alpha_{Y(H)}=16.50-5.74-0.07=10.69$

根据式（5-5）得：$[Zn]=\dfrac{[Zn']}{\alpha_{Zn}}=\dfrac{0.02}{10^{5.74}}=3.63\times10^{-8}mol\cdot L^{-1}$

影响配位滴定主反应完全程度的因素很多，但一般情况下若系统中无共存离子干扰、也不存在辅助配位剂时，影响主反应的是 EDTA 的酸效应和金属离子的羟基配位效应。当金属离子不会形成羟基配合物或即使形成影响也很小时，影响主反应的因素就是 EDTA 的酸效应。因此，欲使配位滴定反应完全，必须合理控制适宜的 pH 条件。

5.3.5 配位滴定法测定单一金属离子的条件及酸度范围

$\lg K'_{MY}$ 越大，配位反应进行得就越完全，此时该反应能用于配位滴定。那么 $\lg K'_{MY}$ 究竟多大才能满足配位滴定的要求呢？溶液的 pH 范围又是多少呢？

（1）准确滴定单一金属离子的条件

一般滴定分析允许的相对误差为 $\pm 0.1\%$，而终点判断的准确度即配位滴定的目测终点与化学计量点的 pM 的差值一般为 ± 0.2 以上（$0.2\sim0.5$）。在此条件下，设金属离子初始浓度为 c，化学计量点时 $[MY]=c$，此时未参加配位反应的金属离子和 EDTA 的总浓度均为 $0.1\%c$，代入式（5-9）

$$K'_{MY}=\frac{[MY]}{[M'][Y']}\geqslant\frac{c}{0.1\%c\times0.1\%c}\geqslant\frac{1}{10^{-6}c}$$

得准确滴定单一金属离子的条件：

$$\lg cK'_{MY}\geqslant6 \tag{5-12}$$

$$cK'_{MY}\geqslant10^6$$

将式（5-12）作为能否用配位滴定法测定单一金属离子的条件。若能满足该条件，则可得到相对误差小于或等于 0.1% 的分析结果。

当金属离子 $c=0.01\ \text{mol}\cdot\text{L}^{-1}$ 时，代入式（5-12），得 $\lg K'_{MY}\geqslant8$。

（2）配位滴定中酸度范围的确定

① 配位滴定反应最高酸度（最低 pH）的确定　　例如结合例 5-1，确定 $c_{Pb^{2+}}=0.01\ \text{mol}\cdot\text{L}^{-1}$ 时滴定 Pb^{2+} 的最低的 pH。根据式（5-12），若 pH=1.0 时，$\lg cK'_{PbY}=-1.97<6$，不能准确滴定 Pb^{2+}；pH=5.0 时，$\lg cK'_{PbY}=9.59>6$，能准确滴定 Pb^{2+}。准确滴定 Pb^{2+} 的最低的 pH 应如何确定？

若金属离子没有副反应，只考虑 EDTA 的酸效应，将 $K'_{MY}=K_{MY}/\alpha_{Y(H)}$ 代入（5-12）

得　　　　　　　　　　　$\lg c+\lg K_{MY}+\lg\alpha_{Y(H)}\geqslant6$

即　　　　　　　　　　　$\lg\alpha_{Y(H)}\leqslant\lg c+\lg K_{MY}-6 \tag{5-13}$

由式（5-13）可算出 $\lg\alpha_{Y(H)}$，再查表 5-2，用内插法可求得配位滴定允许的最低 pH。

准确滴定 Pb^{2+} 的最低的 pH 应满足下式：

$$\lg\alpha_{Y(H)}\leqslant\lg K_{PbY}+\lg c-6=18.04-2-6=10.04$$

查表 5-2 并采用内插法，以 pH=3.0 为基准，

$$\frac{3.40-3.00}{x}=\frac{10.60-9.70}{10.60-10.04}$$

求得 $x=0.25$，所以

$$pH\geqslant3.00+0.25=3.25$$

例 5-3 计算 EDTA 滴定 $0.01 mol \cdot L^{-1}$ Fe^{3+} 所允许的最低的 pH。（已知 $lgK_{FeY^-} = 25.1$）

解： 已知 $c = 0.01 mol \cdot L^{-1}$，$lgK_{FeY^-} = 25.1$

准确滴定 Fe^{3+} 的条件 $lgcK'_{FeY} \geqslant 6$

若 Fe^{3+} 没有副反应，则 $lgK'_{FeY} = lgK_{FeY} - lg\alpha_{Y(H)}$

将其带入上式，得 $lg\alpha_{Y(H)} \leqslant lgK_{FeY} + lgc - 6 = 25.10 - 2 - 6 = 17.10$

查表 5-2 并采用内插法，以 pH=1.00 为基准，则

$$\frac{1.40 - 1.00}{x} = \frac{18.01 - 16.02}{18.01 - 17.10}$$

求得 $x = 0.18$，所以

$$pH \geqslant 1.00 + 0.18 = 1.18$$

② EDTA 的酸效应曲线　由于不同金属离子的 lgK_{MY} 不同，所以滴定时允许的最低 pH 也不相同。将各种金属离子的 lgK_{MY} 值与其最低 pH（或对应的 $lg\alpha_{Y(H)}$ 与最低 pH）绘成曲线，称为 EDTA 的酸效应曲线或林邦曲线，如图 5-3 所示。图中金属离子位置所对应的 pH，就是滴定该金属离子（$c = 0.01 mol \cdot L^{-1}$）时所允许的最低 pH。

由酸效应曲线可以查出单独滴定某种金属离子时允许的最低 pH。例如 FeY^- 配合物很稳定（$lgK_{FeY^-} = 25.1$），查图 5-3 得 pH>1，即可在强酸性溶液中滴定；而 ZnY^{2-} 配合物的稳定性（$lgK_{ZnY^{2-}} = 16.5$）比 FeY^- 的稍差些，须在弱酸性溶液中（pH>4）滴定；CaY^{2-} 配合物的稳定性更差（$lgK_{CaY^{2-}} = 10.69$），须在 pH>7.6 的碱性溶液中滴定。

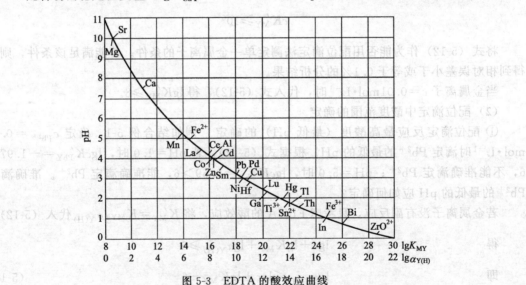

图 5-3　EDTA 的酸效应曲线

（金属离子浓度 $0.01 mol \cdot L^{-1}$，允许测定的相对误差为 $\pm 0.1\%$）

利用酸效应曲线还可以判断滴定时金属离子间是否存在干扰以及干扰程度的大小。例如在 pH<3.3 时滴定 Pb^{2+}，位于 pH 3.3 以下的离子，如 Bi^{3+}、Fe^{3+}、Cu^{2+}、Ni^{2+} 等均会干扰测定，pH 稍大于 3.3 的金属离子，如 Al^{3+}、Zn^{2+}、Cd^{2+} 等也会有一定干扰；位于 pH 7.7 以上的 Ca^{2+}、Mg^{2+} 等就没有干扰了。由此可见，酸效应曲线可以用来估计两种金属离子能否通过控制溶液酸度的方法进行分步滴定。

③ 最低酸度（最高 pH）的确定　在满足滴定允许的最低 pH 条件下，若溶液的 pH 升高，则 lgK'_{MY} 增大，配位反应的完全程度也增大。但若溶液的 pH 太高，则某些金属离子会

形成羟基配合物，致使羟基配位效应增大，最终反而影响滴定的主反应。因此，配位滴定还应考虑不使金属离子发生羟基化反应的 pH 条件，这个允许的最高 pH 通常由金属离子氢氧化物的溶度积常数估计求得。

以 Fe^{3+} 为例，若不生成氢氧化物沉淀，则由 $[Fe^{3+}][OH^-]^3 < K_{sp}$ 得 $[OH^-] < \sqrt[3]{K_{sp}/[Fe^{3+}]} = \sqrt[3]{2.64 \times 10^{-39}/0.01} = 6.42 \times 10^{-13} mol \cdot L^{-1}$，即 pH < 1.81。因此用 EDTA 滴定 $0.010 mol \cdot L^{-1} Fe^{3+}$，溶液的 pH 范围为 1.18～1.81。

除了上述从 EDTA 酸效应和羟基配位效应来考虑配位滴定的适宜 pH 范围以外，还需要考虑指示剂的颜色变化对 pH 的要求。滴定时实际应用的 pH 比理论上允许的最低 pH 要大一些，这样，其他非主要影响因素也考虑在内了。但也应该指出，不同的情况下，矛盾的主要方面不同。如果加入的辅助配位剂的浓度过大，辅助配位效应就可能变成主要影响；若加入的辅助配位剂与金属离子形成的配合物比 EDTA 形成的配合物更稳定，则将掩蔽欲测定的金属离子，而使滴定无法进行。

从前面的讨论可以看出，滴定时溶液的酸度影响着滴定反应的进行及终点检测，因此，配位滴定中适宜 pH 的选择是本章学习的重点之一。

5.4 配位滴定曲线

配位滴定中，随着配位剂的不断加入，被滴定的金属离子的 [M] 不断减少，与酸碱滴定情况类似，在化学计量点附近 pM 也将发生突跃。配位滴定过程中 $pM = -lg[M]$ 的变化规律可以用 pM 对配位剂 EDTA 的加入量所绘制的滴定曲线来描述。

5.4.1 滴定曲线的绘制

以 $0.01000 mol \cdot L^{-1}$ EDTA 溶液滴定 20.00mL $0.01000 mol \cdot L^{-1}$ Ca^{2+} 溶液为例，说明滴定曲线的绘制。

(1) pH=10.0 时滴定曲线

已知 $lgK_{CaY} = 10.69$，pH=10.0，$lg\alpha_{Y(H)} = 0.45$，通过计算得到 $K'_{CaY} = 1.74 \times 10^{10}$。

整个滴定过程，可分为四个阶段进行计算。

① 滴定开始前

$$[Ca^{2+}] = 0.01000 mol \cdot L^{-1} \quad pCa = -lg[Ca^{2+}] = 2.00$$

② 滴定开始至化学计量点前　当加入 19.98mL EDTA 溶液时，有

$$[Ca^{2+}] = \frac{0.02mL \times 0.01000 mol \cdot L^{-1}}{39.98mL} = 5.0 \times 10^{-6} mol \cdot L^{-1}$$

$$pCa = 5.30$$

从滴定开始到化学计量点前的各点都这样计算。

③ 化学计量点时　当加入 20.00mL EDTA 溶液时，Ca^{2+} 与 EDTA 恰好完全作用生成 CaY，浓度为 $5 \times 10^{-3} mol \cdot L^{-1}$，此时 $[Ca^{2+}] = [Y']$

所以　　$[Ca^{2+}] = \sqrt{\frac{[CaY]}{K'_{CaY}}} = \sqrt{\frac{5 \times 10^{-3}}{1.74 \times 10^{10}}} mol \cdot L^{-1} = 5.36 \times 10^{-7} mol \cdot L^{-1}$

$$pCa = 6.27$$

④ 化学计量点后　加入 20.02mL EDTA 溶液时，EDTA 溶液过量 0.02mL，此时

$$[Y'] = \frac{0.02mL \times 0.01000 mol \cdot L^{-1}}{40.02mL} = 5.0 \times 10^{-6} mol \cdot L^{-1}$$

$$[Ca^{2+}] = \frac{[CaY]}{[Y']K'_{CaY}} = \frac{5 \times 10^{-3}}{5.0 \times 10^{-6} \times 1.74 \times 10^{10}} mol \cdot L^{-1} = 5.75 \times 10^{-8} mol \cdot L^{-1}$$

$$pCa = 7.24$$

化学计量点后都这样计算。

将有关计算数据列于表 5-4 中。如果以 EDTA 溶液的加入量作为横坐标，对应的溶液 pCa 为纵坐标，绘制关系曲线，则得如图 5-4 所示的滴定曲线（pH=10）。

表 5-4 pH=10.0 时，0.01000mol·L^{-1} EDTA 溶液滴定 20.00mL 等浓度 Ca^{2+}

加入 EDTA		剩余 Ca^{2+} 溶液的体积/mL	过量 EDTA 溶液的体积/mL	pCa
体积/mL	滴定分数/%			
0.00	0.00	20.00		2.00
18.00	90.0	2.00		3.28
19.80	99.0	0.20		4.30
19.98	99.9	0.02		5.30
20.00	100.0	0.00		6.27
20.02	100.1		0.02	7.24
22.00	110.0		2.00	9.22
40.00	200.0		20.00	10.24

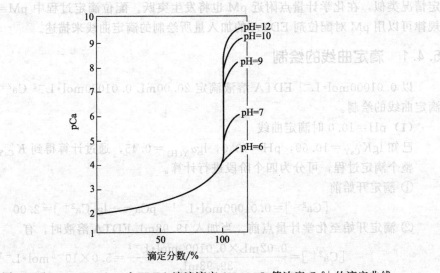

图 5-4 不同 pH 下 0.01000mol·L^{-1} EDTA 溶液滴定 20.00mL 等浓度 Ca^{2+} 的滴定曲线

（2）其他 pH 的滴定曲线

用同样的方法可以求出其他 pH 条件下滴定过程中的 pCa，并绘制不同的 pH 滴定曲线，如图 5-4 所示。由图可以看出，由于条件稳定常数的不同，各曲线的滴定突跃大小不同。

5.4.2 滴定曲线的讨论

（1）滴定突跃

滴定突跃是指化学计量点前后±0.1%滴定剂体积范围内被滴定的金属离子的浓度的负对数值（pM）的急剧变化。如上述 pH=10.0 时，0.01000mol·L^{-1} EDTA 溶液滴定 20.00mL 0.01000mol·L^{-1} Ca^{2+} 溶液，滴定的 pCa 突跃为 5.30～7.24。

（2）影响滴定突跃的因素

配位滴定中，影响滴定突跃的因素主要是 pH，金属离子浓度 c 和条件稳定常数 K'_{MY}。pH 越大，滴定突跃越大。c 越大，pM 突跃越大。c 增大 10 倍，化学计量点前 pM 减小 1 个单位。K'_{MY} 越大，pM 突跃越大，K'_{MY} 增大 10 倍，化学计量点后 pM 增加 1 个单位。

因为 $\lg K'_{MY} = \lg K_{MY} - \lg \alpha_{Y(H)} - \lg \alpha_M$，即 EDTA 的酸效应和金属离子的副反应都可导致 K'_{MY} 发生改变，从而对配位的滴定突跃产生影响。

① 只有酸效应的滴定曲线　由图 5-4 可见，化学计量点前的 pCa 只取决于溶液中剩余的 Ca^{2+} 浓度。滴定曲线的初始位置与金属离子的初始浓度有关，而与 pH 无关。化学计量点后，溶液中的 pCa 主要取决于过量的 EDTA，而 EDTA 的存在形式与 pH 有关，故滴定曲的变化与 pH 有关。pH 越小，酸度越大，K'_{MY} 越小，pCa 越小，曲线后一段位置越低，突跃范围越小。图 5-4 中 pH＝6 时，突跃几乎消失。

② 多种副反应存在下的滴定曲线　有些金属离子容易水解，滴定时常常需要加入辅助配位剂防止水解，此时滴定过程中将同时存在酸效应和辅助配位效应。化学计量点前一段曲线的位置，主要因 pH 对辅助配位剂的配位效应的影响而改变；化学计量点后一段曲线位置，主要因 pH 对 EDTA 的酸效应的影响而改变。

例如，在碱性条件测定 Ni^{2+}、Zn^{2+} 等离子时，常加入 NH_3-NH_4Cl 缓冲溶液以控制溶液酸度，并使金属离子生成氨配合物，氨配合物的稳定性与氨浓度及溶液酸度有关。溶液的 pH 越高，溶液中氨的浓度就大，生成的配合物越稳定，游离的金属离子的浓度就越小，pM 越高。图 5-5 是 EDTA 滴定 $0.001000 mol \cdot L^{-1}$ Ni^{2+} 氨性溶液的滴定曲线。pM 因溶液 pH 升高而升高，即滴定曲线在化学计量点前位置升高。滴定曲线在化学计量点后的情况同图 5-4。

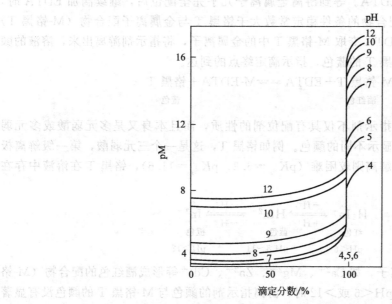

图 5-5　EDTA 滴定 $0.001000 mol \cdot L^{-1}$ Ni^{2+} 氨性溶液的滴定曲线

由图 5-5 可知，pH＝9 时化学计量点前后的 pM 突跃最大。滴定终点指示剂变色最明显，即必须综合考虑上述两种效应，选择 K'_{MY} 或 $\lg K'_{MY}$ 较大时的酸度（pH）进行滴定。

综上所述，在配位滴定中选择适宜的 pH 范围至关重要。必须根据被测样品的性质，综合多方面因素确定一个适宜的 pH 范围，以获得突跃尽可能大的滴定过程，提高分析结果的准确度。另外还需要根据所需的酸度范围选择合适的指示剂，并选择适当的缓冲体系控制溶液的 pH。

5.5　金属指示剂

配位滴定与其他滴定一样，判断滴定终点的方法有多种，除了使用金属指示剂之外，还可以运用电位滴定、光度测定等仪器分析技术确定滴定终点，但最常用的还是以金属指示剂判断滴定终点的方法。

5.5.1　金属指示剂的性质和作用原理

金属指示剂既是一种有机配位剂，又是一种多元弱酸或弱碱，可与金属离子形成有色配合物，其颜色与游离指示剂的颜色不同，因而能指示滴定终点。因为金属指示剂自身能随溶液 pH 的变化而显示不同的颜色，所以滴定中应该根据需要控制酸度使指示剂与配合物具有不同的颜色，以利于滴定终点的确定。其反应可表示为：

$$M+\quad In \quad\Longrightarrow\quad MIn$$
$$\text{指示剂颜色}\qquad\text{配合物颜色}$$
$$（乙色）\qquad\qquad（甲色）$$

现以铬黑 T 为例说明金属指示剂的作用原理。

铬黑 T 在 pH＝8～11 时呈蓝色，它与 Mg^{2+}，Ca^{2+}，Zn^{2+} 等金属离子形成的配合物呈酒红色。如果用 EDTA 滴定这些金属离子，加入铬黑 T 指示剂，滴定前它与少量金属离子配位成酒红色，绝大部分金属离子处于游离状态。随着 EDTA 的滴入，游离金属离子逐步被配位而形成配合物 M-EDTA。等到游离金属离子几乎完全配位后，继续滴加 EDTA 时，由于 EDTA 与金属离子配合物的条件稳定常数大于铬黑 T 与金属离子配合物（M-铬黑 T）的条件稳定常数，因此 EDTA 夺取 M-铬黑 T 中的金属离子，将指示剂游离出来，溶液的颜色由酒红色突变为游离铬黑 T 的蓝色，指示滴定终点的到达。

$$M\text{-铬黑 T}+EDTA\Longrightarrow M\text{-EDTA}+\text{铬黑 T}$$
$$\text{酒红色}\qquad\qquad\qquad\qquad\qquad\text{蓝色}$$

应该指出，许多金属指示剂不仅具有配位剂的性质，而且本身又是多元弱酸或多元弱碱，能随溶液 pH 变化而显示不同的颜色。例如铬黑 T，这是一个三元弱酸，第一级解离极容易，而第二级和第三级解离则较困难（$pK_{a_2}=6.3$，$pK_{a_3}=11.6$），铬黑 T 在溶液中存在下列平衡：

$$H_2In^- \underset{+H^+}{\overset{-H^+}{\Longleftrightarrow}} HIn^{2-} \underset{+H^+}{\overset{-H^+}{\Longleftrightarrow}} In^{3-}$$
$$\text{红色}\qquad\qquad\text{蓝色}\qquad\qquad\text{橙色}$$
$$pH<6\qquad\quad pH\ 8\sim11\qquad\quad pH>12$$

铬黑 T 与许多金属离子，如 Ca^{2+}、Mg^{2+}、Zn^{2+}、Cd^{2+} 等形成酒红色的配合物（M-铬黑 T）。显然，铬黑 T 在 pH＜6 或＞12 时，游离指示剂的颜色与 M-铬黑 T 的颜色没有显著的差别。只有在 pH＝8～11 时进行滴定，终点时溶液颜色由金属离子配合物的酒红色变成游离指示剂的蓝色，颜色变化才显著。因此使用金属指示剂，必须注意选用合适的 pH 范围。

5.5.2　金属指示剂应具备的条件及使用中的注意事项

（1）金属指示剂应具备的条件

① 在滴定的 pH 范围内，指示剂（In）和指示剂与金属离子配合物（MIn）的颜色应显著不同，这样才能使终点颜色变化明显。

② 指示剂显色反应必须灵敏、迅速，且有良好的变色可逆性。

③ 指示剂与金属离子形成的配合物（MIn）要有适当的稳定性。

MIn 的稳定性必须小于 MY 的稳定性，这样在滴定达到化学计量点时，指示剂才能被 EDTA 置换出来，而显示终点的颜色变化。

MIn 既要有足够的稳定性，稳定性又不能过高。若 MIn 稳定性太低，则指示剂会在化学计量点前提前被释放出来，造成终点变色不敏锐，或使终点提前达到而引入误差。若 MIn 的稳定性太高，则化学计量点时不能发生置换反应，即使加入过量的 EDTA，指示剂也不会立即被释放出来，使终点拖后，甚至有可能使 EDTA 不能夺取其中的金属离子，显色反应失去可逆性。

④ 金属指示剂与金属离子形成的配合物应易溶于水。

（2）金属指示剂使用中的注意事项

① 溶液的酸度　由于金属指示剂多为有机弱酸或有机弱碱，在不同酸度下其主要存在形式不同，颜色也不同，例如，铬黑 T 适宜的 pH 范围为 8～11。不同的指示剂有不同的适宜 pH 范围。

② 指示剂的封闭现象　指示剂在化学计量点附近应从 MIn 配合物中被释放出来，使溶液有明显的颜色变化。但在实际滴定中有时发生 MIn 配合物颜色不变的现象。这种现象称指示剂的封闭。例如铬黑 T 能被 Fe^{3+}、Al^{3+}、Cu^{2+}、Ni^{2+} 等离子封闭。

产生指示剂封闭的原因很多，主要是溶液中的金属离子与指示剂形成的配合物 MIn 比该金属离子与 EDTA 所形成的配合物 MY 更稳定，因而造成终点时 EDTA 夺取 MIn 配合物中的 M 而释放 In 的反应难以进行，从而导致终点颜色不变。

指示剂封闭现象通常采用加入掩蔽剂或分离干扰离子的方法来消除。例如 pH＝10 时以铬黑 T 为指示剂用 EDTA 滴定 Ca^{2+}、Mg^{2+} 总量，若水或试剂中存在 Fe^{3+}、Al^{3+}、Cu^{2+}、Ni^{2+} 等杂质离子，这些杂质离子将会封闭指示剂。这时可加入三乙醇胺掩蔽 Fe^{3+}、Al^{3+}，加 KCN 掩蔽 Co^{2+}、Cu^{2+}、Ni^{2+} 等离子以消除干扰。若干扰离子的量较大，必须分离除去干扰后再进行测定。

③ 指示剂的僵化现象　如果 MIn 是胶体溶液或沉淀，在滴定时指示剂与 EDTA 在化学计量点附近的置换作用将非常缓慢使终点拖长，这种现象称为指示剂的僵化。

产生指示剂僵化的原因，是金属离子与指示剂生成的配合物（MIn）难溶于水（胶体或沉淀），虽然它的稳定性比该金属离子与 EDTA 所形成的配合物（MY）稳定性差，但 EDTA 置换指示剂的过程变慢，使终点拖长。

指示剂的僵化现象，通常采用加入适当的有机溶剂或加热溶液以增大其溶解度，加快置换反应速率的方法来避免。例如，用 PAN 作指示剂时，经常在乙醇或甲醇中滴定。又如，用磺基水杨酸作指示剂，以 EDTA 标准溶液滴定 Fe^{3+} 时，可先将溶液加热至 50～70℃后，再进行滴定。另外，在可能发生指示剂的僵化时，接近终点时更要缓慢滴定，同时剧烈振摇。

④ 指示剂的氧化变质现象　金属指示剂一般是含双键结构的有机化合物，容易被日光、空气、氧化剂等作用而分解，有些在水溶液中不稳定，有些日久会变质。

为防止指示剂的变质，有些指示剂可以用中性盐（如 NaCl 固体）按一定比例配成固体指示剂保存和使用，例如钙指示剂（NN）常用 NaCl 或 KNO_3 等作为稀释剂以 1：100 配制成固体试剂。也可以在指示剂溶液中加入防止指示剂变质的试剂，例如铬黑 T 的水溶液不稳定，酸性条件下会聚合，碱性条件下易氧化，因而配成水溶液时需要加三乙醇胺防止聚合，加入盐酸羟胺防止氧化。但即使采取上述措施，金属指示剂也不宜久放，为保证质量最好现用现配。

5.5.3 常用金属指示剂

配位滴定法中，所用金属指示剂种类繁多，表5-5中列举了一些最常用金属指示剂。

表5-5 常用金属指示剂

指示剂	适用的 pH 范围	颜色变化		直接滴定的 离子	配制	备注
		In	MIn			
铬黑T (EBT)	8～11	蓝	红	Pb^{2+}、Mg^{2+}、Zn^{2+}、Cd^{2+}等	1:100 NaCl (固体)	Fe^{3+}、Al^{3+}、Cu^{2+}、Ni^{2+}、Co^{2+}、Ti^{4+}等封闭指示剂
二甲酚橙 (XO)	<6	黄	红	Bi^{3+}、Zn^{2+}、Pb^{2+}、Cd^{2+}、Hg^{2+}及稀土等	0.5% 水溶液	Fe^{3+}、Al^{3+}、Ni^{2+}、Ti^{2+}等离子封闭指示剂
磺基水杨酸 (ssal)	1.5～2.5	无色	紫红	Fe^{3+}	2% 水溶液	FeY^-为黄色
钙指示剂 (NN)	12～13	蓝	红	Ca^{2+}	1:100 NaCl (固体)	Fe^{3+}、Al^{3+}、Cu^{2+}、Co^{2+}、Ti^{4+}、Mn^{2+}等封闭指示剂
PAN	2～12	黄	紫红	Cu^{2+}、Bi^{3+}、Ni^{2+}、Th^{4+}等	0.1% 乙醇溶液	MIn在水中溶解度小，为防止PAN僵化，滴定时需要加热

除表5-5所列金属指示剂外，其他较常用的指示剂还有茜素红S、钙黄绿素、PAR、邻苯二酚紫和Cu-PAN等。其中，Cu-PAN可以用于滴定许多金属离子，包括一些与PAN配位不够稳定或不显色的离子。Cu-PAN是CuY与少量PAN的混合溶液，将此指示剂加入到待测金属离子M试液中时，发生如下置换反应：

$$CuY + PAN + M \Longleftrightarrow MY + Cu\text{-}PAN$$
（蓝色）（黄色）　　　　　　（紫红色）

此时溶液呈现紫红色，用EDTA滴定时，EDTA先与金属离子配位，当加入的EDTA定量配位金属离子后，过量的EDTA将夺取Cu-PAN中的Cu^{2+}，而使PAN游离出来。

$$Cu\text{-}PAN + Y \Longleftrightarrow CuY + PAN$$
紫红色　　　　　　蓝色　黄色

溶液由紫红色变为绿色（CuY与PAN的混合色），即为终点。由于滴定前、后CuY量相等，不影响滴定结果。

应该指出：由于有色金属离子及其与EDTA形成的配合物均有色，因此实际滴定终点的颜色变化各不相同，常是几种颜色的叠加色。

Cu-PAN可在很宽的pH（1.9～12.2）范围内使用，但该指示剂能被Ni^{2+}封闭，使用时需注意。另外使用Cu-PAN时不可同时加入能与Cu^{2+}生成更稳定配合物的其他掩蔽剂。

5.6 混合离子的选择性滴定

在配位滴定过程中，遇到的样品往往比较复杂，被测溶液中常含有两种或两种以上能与

EDTA 形成稳定配合物的金属离子，在这种情况下，EDTA 所具有的广泛配位性这一特点，就成了一个明显的缺点。它们在滴定时可能相互干扰。因此，如何提高配位滴定法的选择性，是配位滴定法中一个十分重要的问题。现常用控制溶液酸度、加掩蔽剂及利用解蔽作用等手段来提高配位滴定法的选择性。

5.6.1　混合离子分别滴定可能性的判断

当溶液中有两种或两种以上的金属离子共存时，滴定分析情况就比较复杂。若混合液中共存 M、N 两种金属离子，它们均可与 EDTA 形成稳定的配合物，此时欲测定 M 的含量，共存的 N 是否对 M 的测定产生干扰，则需考虑干扰离子 N 的副反应。

设共存离子的浓度分别为 c_M 和 c_N，与 EDTA 形成配合物的稳定常数的关系为 $K_{MY} > K_{NY}$。

EDTA 的副反应系数：

$$\alpha_Y = \alpha_{Y(H)} + \alpha_{Y(N)} - 1$$
$$\alpha_{Y(N)} = 1 + K_{NY}[N]$$

若想准确滴定 M，则 N 应该不与 EDTA 发生作用，由 $c_N = [N] + [NY]$ 可知 $c_N \approx [N]$。在 $\alpha_{Y(N)} \gg \alpha_{Y(H)}$ 情况下，

$$\alpha_Y \approx c_N K_{NY}$$

对于有干扰离子 N 存在时的配位滴定，若滴定时允许的误差为 $\pm 0.5\%$，指示剂终点判断的准确度 ΔpM 约为 0.3，则滴定金属离子 M 时，金属离子 N 不干扰的条件为：

$$\lg c_M K'_{MY} \geqslant 5 \tag{5-14}$$

因 $K'_{MY} = \dfrac{K_{MY}}{\alpha_Y}$，则 $\lg c_M \dfrac{K_{MY}}{c_N K_{NY}} \geqslant 5$

当 $c_M = c_N$ 时，则有

$$\Delta \lg K \geqslant 5 \tag{5-15}$$

一般以式（5-15）作为判断能否利用控制酸度进行分别滴定的条件。

例如，当滴定 Bi^{3+} 和 Pb^{2+} 混合溶液中的 Bi^{3+} 时，假设两种离子的浓度相等，查表 5-1 可知 $\lg K_{BiY} = 27.94$，$\lg K_{PbY} = 18.04$，则

$$\Delta \lg K = 27.94 - 18.04 = 9.9$$

符合式（5-15）的要求，即可在 Pb^{2+} 存在的条件下滴定 Bi^{3+} 而 Pb^{2+} 不干扰测定。由酸效应曲线可以查得滴定 Bi^{3+} 的最低 pH 约为 0.7，但滴定时 pH 不能太大，在 pH ≈ 2 时，Bi^{3+} 将开始水解析出沉淀。因此滴定 Bi^{3+} 的适宜 pH 范围为 0.7～2。一般在 pH ≈ 1 时进行滴定，以保证滴定时不会析出铋的水解产物，Pb^{2+} 也不会干扰 Bi^{3+} 与 EDTA 反应。

5.6.2　控制溶液酸度进行分别滴定

当溶液中有两种以上金属离子共存时，能否分别滴定应首先判断各组分在测定时有无相互干扰，若 $\Delta \lg K$ 足够大，则相互无干扰，若混合液中只有两种的金属离子 M、N，在满足式（5-15）的基础上，只要 M 离子满足 $\lg c_M K'_{MY} \geqslant 6$ 的条件，则可不经分离，只要控制适宜 pH 即可采用直接滴定法选择滴定金属离子 M。若同时还满足 $\lg c_N K'_{NY} \geqslant 6$，则表明在滴定金属离子 M 后，可以重新调整酸度直接滴定金属离子 N，即可通过控制酸度依次测出组分 M 和 N 的含量。

具体步骤：

① 比较混合物中各组分离子与 EDTA 形成配合物的稳定常数大小，并依次由大到小进行排列，得出首先被滴定的应是 K_{MY} 最大的那种离子；

② 用式（5-15）判断稳定常数最大的金属离子和与其相邻的另一金属离子之间有无干扰；

③ 若无干扰，则可通过计算（$\lg c_M K'_{MY} \geqslant 6$）确定稳定常数最大的金属离子测定的适宜pH 范围，选择指示剂，按照与单组分测定相同的方式进行测定。其他离子的测定依此类推；

④ 若有干扰（不满足 $\Delta \lg K \geqslant 5$），则不能采用控制酸度的方法直接测定，需采取下面将讨论的掩蔽、解蔽或分离等方式去除干扰后再测定。

例 5-4 溶液中含有 Fe^{3+}、Al^{3+}、Ca^{2+} 和 Mg^{2+}，假定它们的浓度皆为 10^{-2} mol·L^{-1}，能否借控制溶液酸度分别滴定 Fe^{3+} 和 Al^{3+}。

已知：$\lg K_{FeY}=25.1$，$\lg K_{AlY}=16.3$，$\lg K_{CaY}=10.69$，$\lg K_{MgY}=8.96$。

解：比较已知的稳定常数值可知，K_{FeY} 最大，K_{AlY} 次之，所以滴定 Fe^{3+} 时，最可能发生干扰的是 Al^{3+}，则

$$\Delta \lg K = \lg K_{FeY} - \lg K_{AlY} = 25.1 - 16.3 = 8.8 > 5$$

根据式（5-15）可知滴定 Fe^{3+} 时，共存的 Al^{3+} 没有干扰。

从图 5-3（EDTA 的酸效应曲线）查得测 Fe^{3+} 的最小 pH 约为 1，考虑到 Fe^{3+} 的水解效应，需 pH<2.2，因此测定 Fe^{3+} 的 pH 范围应在 1～2.2。查表 5-5（常用金属指示剂）可知，磺基水杨酸在 pH=1.5～2.5 范围内，与 Fe^{3+} 形成的配合物呈现紫红色，据此可选定 pH 在 1.5～2.5 范围，用 EDTA 直接滴定 Fe^{3+} 离子，终点时溶液颜色由紫红色变为黄色，Al^{3+}、Ca^{2+} 和 Mg^{2+} 不干扰。

滴定 Fe^{3+} 后的溶液，能否继续滴定 Al^{3+}，应考虑 Ca^{2+} 和 Mg^{2+} 是否会干扰 Al^{3+} 的测定，由于

$$\Delta \lg K = \lg K_{AlY} - \lg K_{CaY} = 16.3 - 10.69 = 5.61 > 5$$

故 Ca^{2+} 和 Mg^{2+} 的存在同样不会干扰 Al^{3+} 的测定。

与确定测 Fe^{3+} 的 pH 范围步骤相似，可得出应在 pH=4～6 测定 Al^{3+}，实验时，先调节 pH 为 3，加入过量的 EDTA 煮沸，使大部分 Al^{3+} 与 EDTA 配位，再加六亚甲基四胺缓冲溶液，控制溶液的 pH 为 4～6，使 Al^{3+} 与 EDTA 配位完全，然后用 PAN 作指示剂，用 Cu^{2+} 标准溶液回滴过量的 EDTA，即可测得 Al^{3+} 的含量。

控制溶液的 pH 范围是在混合离子溶液中进行选择性滴定的途径之一。滴定的 pH 范围是综合了滴定适宜的 pH、指示剂的变色，同时考虑共存离子的存在等情况后确定的，而且实际滴定时选取的 pH 范围一般比上述求得的适宜 pH 范围要更狭窄一些。通过控制溶液酸度对混合离子溶液分别滴定是首选途径，也是本章学习的重点。

5.6.3 掩蔽和解蔽的方法进行分别滴定

如果待测金属离子与 EDTA 配合物的稳定性与干扰离子的相差不大，或者说 $\Delta \lg K < 5$，甚至还比干扰离子的配合物的稳定性差，就不能用控制酸度的方法进行分别滴定，而要采取加入第三种物质（掩蔽剂）来降低干扰离子的浓度以消除干扰，这种方法叫掩蔽法。但须注意干扰离子存在的量不能太大，否则得不到满意的结果。

掩蔽方法按所发生反应类型不同，可分为配位掩蔽法、沉淀掩蔽法和氧化还原掩蔽法等，其中用得最多的是配位掩蔽法。

（1）配位掩蔽法

配位掩蔽法是利用 EDTA 以外的配位剂与干扰离子形成配合物以降低干扰离子浓度的

掩蔽方法。例如在测定水的硬度时，Fe^{3+}、Al^{3+} 干扰 Ca^{2+} 和 Mg^{2+} 的测定。此时若在滴加 EDTA 以前先加入一定量的三乙醇胺，使之与 Fe^{3+}、Al^{3+} 生成更稳定的配合物，而不干扰 Ca^{2+} 和 Mg^{2+} 的测定。表 5-6 为一些常用的掩蔽剂。

表 5-6 一些常用的掩蔽剂

名称	pH 范围	被掩蔽的离子	备注
KCN	>8	Co^{2+}、Ni^{2+}、Cu^{2+}、Zn^{2+}、Hg^{2+}、Cd^{2+}、Ag^+、Tl^+ 及铂系元素	
NH_4F	4～6	Al^{3+}、Ti^{IV}、Sn^{IV}、W^{VI} 等	NH_4F 比 NaF 好,加入后溶液 pH 变化不大
	10	Al^{3+}、Mg^{2+}、Ca^{2+}、Sr^{2+}、Ba^{2+} 及稀土元素	
邻二氮菲	5～6	Cu^{2+}、Co^{2+}、Ni^{2+}、Zn^{2+}、Hg^{2+}、Cd^{2+}、Mn^{2+}	
三乙醇胺（TEA）	10	Al^{3+}、Sn^{IV}、Ti^{IV}、Fe^{3+}	与 KCN 并用,可提高掩蔽效果
	12	Fe^{3+}、Al^{3+} 及少量 Mn^{2+}	
二巯基丙醇	10	Hg^{2+}、Cd^{2+}、Zn^{2+}、Bi^{3+}、Pb^{2+}、Ag^+、As^{3+}、Sn^{IV} 及少量的 Cu^{2+}、Co^{2+}、Ni^{2+}、Fe^{3+}	
硫脲	弱酸性	Cu^{2+}、Hg^{2+}、Tl^+	
酒石酸	1.5～2	Sb^{3+}、Sn^{IV}	在抗坏血酸存在下
	5.5	Fe^{3+}、Al^{3+}、Sn^{IV}、Ca^{2+}	
	6～7.5	Mg^{2+}、Cu^{2+}、Fe^{3+}、Al^{3+}、Mo^{4+}	
	10	Al^{3+}、Sn^{IV}、Fe^{3+}	

使用掩蔽剂时应注意下列几点。

① 干扰离子与掩蔽剂形成的配合物应远比与 EDTA 形成的配合物稳定。而且形成的配合物应为无色或浅色的，不影响滴定终点的判断。

② 掩蔽剂不与待测离子配位，即使形成配合物，其稳定性也应远小于待测离子与 EDTA 配合物的稳定性。

③ 使用掩蔽剂时必须注意适用的 pH 范围。如在 pH=8～10 时测定 Zn^{2+}，用铬黑 T 作指示剂，则用 NH_4F 可掩蔽 Al^{3+}。但是在测定含有 Ca^{2+}、Mg^{2+}、Al^{3+} 溶液中的 Ca^{2+}、Mg^{2+} 总量时，于 pH=10 滴定，因为 F^- 与被测物 Ca^{2+} 要生成 CaF_2 沉淀，所以就不能用氟化物来掩蔽 Al^{3+}。此外，选用掩蔽剂还要注意它的性质和加入时的 pH 条件。

例如 KCN 是剧毒物，只允许在碱性溶液中使用；若将它加入酸性溶液中，则产生剧毒的 HCN 呈气体逸出，对环境与人有严重危害；滴定后的溶液也应注意处理（用含 Na_2CO_3 的 $FeSO_4$ 溶液处理，使 CN^- 转化为稳定的 $[Fe(CN)_6]^{4-}$），以免造成污染。

掩蔽 Fe^{3+}、Al^{3+} 等的三乙醇胺，必须在酸性溶液中加入，然后再碱化，否则 Fe^{3+} 将生成氢氧化物沉淀而不能进行配位掩蔽。

（2）沉淀掩蔽法

加入一种选择性沉淀剂作掩蔽剂，使其与干扰离子形成沉淀，并在不分离沉淀的情况下进行配位滴定，这种掩蔽方法叫沉淀掩蔽法。

例如，在用 EDTA 滴定 Ca^{2+}、Mg^{2+} 混合液中的 Ca^{2+} 时，Mg^{2+} 干扰 Ca^{2+} 的测定，常采用加入 NaOH 溶液，使溶液 pH>12，则 Mg^{2+} 生成 $Mg(OH)_2$ 沉淀，然后在钙指示剂存在下再用 EDTA 滴定 Ca^{2+}。

用于沉淀掩蔽法的沉淀反应必须具备下列条件：

① 生成的沉淀溶解度要小，保证反应完全；

② 生成的沉淀应是无色或浅色致密的，最好是晶形沉淀，其吸附能力很弱。

实际应用时，沉淀掩蔽法往往存在很大的局限性，与以下因素有关：

① 大多数沉淀的溶解度较大，干扰离子沉淀不完全；

② 沉淀具有吸附作用，当吸附金属指示剂时，影响观察终点；

③ 常伴随共沉淀现象，影响滴定的准确性；

④ 有些干扰离子的沉淀颜色较深，影响观察终点。

常用的沉淀掩蔽剂见表 5-7。

表 5-7　沉淀掩蔽剂

名称	被掩蔽的离子	待测定的离子	pH 范围	指示剂
NH_4F	Mg^{2+}、Ca^{2+}、Sr^{2+}、Ba^{2+}、Ti^{IV}、Al^{3+} 及稀土	Zn^{2+}、Cd^{2+}、Mn^{2+}（有还原剂的存在下）	10	铬黑 T
		Cu^{2+}、Co^{2+}、Ni^{2+}	10	紫脲酸铵
K_2CrO_4	Ba^{2+}	Sr^{2+}	10	Mg-EDTA 铬黑 T
Na_2S 或铜试剂	Bi^{3+}、Cd^{2+}、Cu^{2+}、Hg^{2+}、Pb^{2+} 等	Mg^{2+}、Ca^{2+}	10	铬黑 T
H_2SO_4	Pb^{2+}	Bi^{3+}	1	二甲酚橙
$K_4[Fe(CN)_6]$	微量 Zn^{2+}	Pb^{2+}	5～6	二甲酚橙

（3）氧化还原掩蔽法

对于有可变价态的金属元素，其不同价态离子的 EDTA 配合物的稳定性有很大的差别，氧化还原掩蔽法就是基于这一特点而进行的。当某些离子是干扰因素时，加入适当的氧化剂或还原剂，变更干扰离子的价态以降低干扰离子配合物的影响，从而消除干扰。

例如，用 EDTA 滴定 Bi^{3+}、Zr^{4+}、Th^{4+} 时，Fe^{3+} 的存在将干扰测定。但是，若在滴加 EDTA 前先加入一定量盐酸羟胺或抗坏血酸等还原剂，将 Fe^{3+} 还原成 Fe^{2+}，可以消除 Fe^{3+} 的干扰。

$$4Fe^{3+} + 2NH_2OH（羟胺）\longrightarrow 4Fe^{2+} + N_2O + H_2O + 4H^+$$

由于 FeY^- 的稳定常数比 FeY^{2-} 的稳定常数大得多（$\lg K_{FeY^-} = 25.1$，$\lg K_{FeY^{2-}} = 14.33$），因此在高酸度下测定其他离子时，Fe^{3+} 的干扰就可避免了。

常用的还原剂除了抗坏血酸外，还有羟胺、联胺、硫脲、半胱氨酸等。有些还原型掩蔽剂本身还是配位剂，在改变干扰离子价态的同时，将变价后的离子转化为配合物，使干扰因素消除得更彻底。例如，$Na_2S_2O_3$ 既可以将 Cu^{2+} 还原成 Cu^+，又可与 Cu^+ 反应生成 $Cu(S_2O_3)_2^{3-}$。

还有一些元素其低价态（Cr^{3+}）干扰 EDTA 的滴定，而其高价态（$Cr_2O_7^{2-}$，CrO_4^{2-}）不能与 EDTA 作用，不干扰测定，所以借助这一特性可将低价态转化为高价态来消除干扰。

氧化还原掩蔽法只适用于那些容易发生氧化还原反应的金属离子，并且生成的物质不干扰测定的情况。目前只有少数几种离子可用这种掩蔽法。

（4）解蔽方法提高选择性

当要确定混合体系中两种或两种以上金属离子的含量时，可先将一些离子掩蔽，对某种离子进行滴定。其后，使用一种化学试剂破坏这些被掩蔽的离子（或者一种离子）与掩蔽剂所生成的配合物，使被掩蔽的离子从配合物中释放出来，这一作用称为解蔽。所用的试剂称为解蔽剂。解蔽后，再对此离子进行滴定。

例如，铜合金中 Cu^{2+}、Pb^{2+}、Zn^{2+} 三种离子共存，欲测定其中 Pb^{2+} 和 Zn^{2+}，用氨水中和试液，加 KCN 掩蔽 Cu^{2+} 和 Zn^{2+}，在 pH＝10 时，用铬黑 T 作指示剂，用 EDTA 滴定 Pb^{2+}。滴定后的溶液，加入甲醛或三氯乙醛作解蔽剂，破坏 $[Zn(CN)_4]^{2-}$ 配离子。

$$[Zn(CN)_4]^{2-}+4HCHO+4H_2O \Longrightarrow Zn^{2+}+4OH^-+4H_2C(OH)CN$$

释放出的 Zn^{2+}，可用 EDTA 继续滴定。$[Cu(CN)_4]^{2-}$ 配离子比较稳定，不宜被醛类解蔽，但要注意甲醛应分次滴加，用量也不宜过多。如甲醛过多，温度过高，可能使 $[Cu(CN)_4]^{2-}$ 配离子部分解蔽而影响 Zn^{2+} 的测定结果。

5.6.4 预先分离

用控制溶液酸度进行分别滴定或掩蔽干扰离子进行滴定的方法都有困难时，可采用预先分离的方法。

分离的方法有很多种，现仅简要介绍有关配位滴定中必须进行分离的一些情况。例如混合溶液中 Co^{2+}、Ni^{2+} 的测定，必须先进行离子交换分离。又如磷矿石中一般含 Fe^{3+}、Al^{3+}、Ca^{2+}、Mg^{2+}、PO_4^{3-}、F^- 等离子，其中 F^- 的干扰最严重，它能与 Al^{3+} 生成稳定的配合物，在酸度低时 F^- 又能与 Ca^{2+} 生成 CaF_2 沉淀，因此在配位滴定中，必须首先加酸、加热，使 F^- 生成 HF 挥发逸去。如果测定中必须进行沉淀分离时，为了避免待测离子的损失，绝不能先沉淀分离大量的干扰离子后，再测定少量离子。此外，还应尽可能选用能同时沉淀多种干扰离子的试剂来进行分离，以简化分离步骤。

5.7 配位滴定的方式和应用

在配位滴定中，采用不同的滴定方式不仅可以扩大配位滴定的应用范围，而且可以提高配位滴定的选择性。配位滴定方式分别为：直接滴定、返滴定、置换滴定、间接滴定。

5.7.1 直接滴定

这种方法是在满足滴定条件的基础上，用 EDTA 标准溶液直接滴定待测离子。操作简便，一般情况下引入的误差也较少，故在可能的范围内应尽可能采用直接滴定法。

［实例1］ 在适宜的酸度下，采用直接滴定法用 EDTA 可滴定某些金属离子。

在 pH＝1 时，滴定 Bi^{3+}；

在 pH＝1.5～2.5 时，滴定 Fe^{3+}；

在 pH＝2.5～3.5 时，滴定 Th^{4+}；

在 pH＝5～6 时，滴定 Zn^{2+}、Cd^{2+}、Pb^{2+}、Cu^{2+} 及稀土离子；

在 pH＝10 时，滴定 Mg^{2+}、Co^{2+}、Cd^{2+}、Zn^{2+}、Ni^{2+}；

在 pH＝12～13 时，滴定 Ca^{2+}。

采用直接滴定法时，必须满足下列条件：

① 金属离子与 EDTA 的反应必须满足准确滴定的要求，即 $\lg c_M K'_{MY} \geqslant 6$；

② 配位反应速率应该快，且完全定量；

③ 应有变色敏锐的指示剂，并且没有指示剂封闭现象；

④ 在滴定条件下，被测金属离子不水解、不生成沉淀。

直接滴定法的优点：迅速方便，适合测定大多数金属离子，引入的误差较小。但如果不能满足上述条件，就不能采用直接滴定法。

5.7.2 返滴定

返滴定法是在试液中先加入已知过量的 EDTA 标准溶液，使待测离子与 EDTA 完全配位，再用其他金属离子的标准溶液滴定过量的 EDTA，从而求得待测物质的含量。

[实例 2] Al^{3+} 的测定

EDTA 与 Al^{3+} 的反应，存在如下问题：

① Al^{3+} 与 EDTA 配位速率缓慢，在 EDTA 过量且加热的条件下才能反应完全；

② Al^{3+} 对二甲酚橙等指示剂有封闭现象；

③ 即使在滴定 Al^{3+} 所允许的最高酸度（pH<4.1）时，Al^{3+} 也能水解生成多羟基配合物，而这类多羟基配合物与 EDTA 配位速率很慢，配位比不恒定，对 Al^{3+} 的测定不利。

所以应采用返滴定法并控制溶液的 pH 来解决上述问题。

先加入一定量过量的 EDTA 标准溶液于酸性待测溶液中，调 pH≈3.5 煮沸溶液。此时溶液的酸度较高，既可防止 Al^{3+} 水解，又加速了 Al^{3+} 与 EDTA 的配位反应。然后加六亚甲基四胺调溶液 pH 为 5～6，以保证 Al^{3+} 与 EDTA 的配位反应定量进行。最后再加入二甲酚橙指示剂，此时 Al^{3+} 已形成 AlY^- 配合物，不再封闭指示剂。过量的 EDTA 标准溶液用 Cu^{2+} 或 Zn^{2+} 标准溶液返滴，即可测得 Al^{3+} 的含量。

所以返滴定法适合下列情况：

① 待测离子（如 Ba^{2+}，Sr^{2+} 等）虽能与 EDTA 形成稳定的配合物，但缺少变色敏锐的指示剂；

② 待测离子与 EDTA 配位的速度慢，或封闭指示剂（如 Al^{3+}，Cr^{3+} 等）；

③ 待测离子发生水解等副反应，影响测定；

④ 返滴定剂所生成的配合物既要有足够的稳定性，又不宜超过被测离子稳定性太多，否则，返滴定剂会置换出被测离子而引起误差。

5.7.3 置换滴定

置换滴定法是用置换反应，定量置换出金属离子或 EDTA，然后用 EDTA 或金属离子标准溶液滴定被置换出的金属离子或 EDTA。

（1）置换出金属离子

若被测离子 M 与 EDTA 反应不完全或所形成的配合物不够稳定，可用 M 置换出另一配合物 NL 中的 N，然后用 EDTA 滴定 N，可间接求得 M 的含量。

$$M+NL \rightleftharpoons ML+N$$

[实例 3] 银币中 Ag^+ 的测定

Ag^+ 与 EDTA 的配合物不稳定 ($\lg K_{AgY^{3-}} = 7.32$)，不能用 EDTA 直接滴定 Ag^+，若在含 Ag^+ 的试液中，加入过量的 $[Ni(CN)_4]^{2-}$，则发生如下反应：

$$2Ag^+ + [Ni(CN)_4]^{2-} \rightleftharpoons 2[Ag(CN)_2]^{2-} + Ni^{2+} \quad K = 10^{10.9}$$

反应进行比较完全。在 pH=10 的氨性溶液中，以紫脲酸胺作指示剂，用 EDTA 滴定被置换出的 Ni^{2+}，即可间接测定 Ag^+ 的含量。

（2）置换出 EDTA

先将 EDTA 与被测离子 M 全部配位，再加入对被测离子 M 选择性高的配位剂 L，使生成 ML，并释放出 EDTA。

$$MY+L \rightleftharpoons ML+Y$$

待反应完全后，用另一金属离子标准溶液滴定释放出来的 EDTA，即可求得 M 的含量。

［实例 4］ 测定锡青铜中（含 Sn、Cu、Zn、Pb）中的 Sn 含量

将试样溶解后，先加入一定量过量的 EDTA，使得所有金属离子与 EDTA 完全反应（SnY、CuY、ZnY、PbY），剩余的过量 EDTA 在 pH＝5～6 时，以二甲酚橙为指示剂，用 Zn^{2+} 标准溶液准确滴定（也可用 PAN 为指示剂，以 Cu^{2+} 标准溶液滴定）。然后向溶液中加入适量的 NH_4F，此时 F^- 将有选择地置换出 SnY 中的 EDTA，再用 Zn^{2+} 或 Cu^{2+} 标准溶液滴定被置换出来的 EDTA，即可求出溶液中 Sn^{4+} 的含量。反应式如下：

$$SnY+6F^- \Longrightarrow [SnF_6]^{2-}+Y^{4-}$$

该方法同样可以测定 Al^{3+}（还含有 Cu^{2+} 和 Zn^{2+}）。

［实例 5］ 以铬黑 T 为指示剂测定 Ca^{2+}

铬黑 T 与 Ca^{2+} 显色不灵敏，但对 Mg 非常灵敏。利用这一点，在 pH＝10 的溶液中，用 EDTA 滴定 Ca^{2+} 时，先在溶液中加入少量的 MgY，则发生如下反应：

$$Ca^{2+}+MgY \Longrightarrow CaY+Mg^{2+}$$

置换出的 Mg^{2+} 与铬黑 T 配位呈紫红色。EDTA 滴定 Ca^{2+} 后，到滴定终点时再夺取 Mg-铬黑 T 中的 Mg^{2+}，释放出游离铬黑 T 而使溶液变蓝色，指示终点。反应前后 MgY 的量相等，不影响测定结果。

可见，铬黑 T 通过 Mg^{2+} 指示终点，是利用置换滴定法改善指示剂滴定终点的敏锐性，前述的 Cu-PAN 间接指示剂也是这一原理。

5.7.4 间接滴定

对于不能形成配合物或者形成的配合物不稳定的情况均可采用间接滴定。间接滴定法是加入一定量过量的能与 EDTA 形成稳定配合物的金属离子作沉淀剂，沉淀待测离子，剩余的沉淀剂再用 EDTA 滴定。必要时也可将沉淀分离、溶解后再用 EDTA 滴定其中的金属离子。

［实例 6］ PO_4^{3-} 测定

由于 PO_4^{3-} 不与 EDTA 形成配合物，故采用间接滴定法。

在试液中先加入一定量过量的 $Bi(NO_3)_3$，使之产生 $BiPO_4$ 沉淀，而剩余的 Bi^{3+} 再用 EDTA 滴定。由 EDTA 耗用量计算出剩余的 Bi^{3+}，进而计算出与 Bi^{3+} 反应的 PO_4^{3-} 量。

［实例 7］ K^+ 测定

在试液中加入亚硝酸钴钠作为沉淀剂，生成 $K_2NaCo(NO_2)_6 \cdot 6H_2O$ 沉淀，将沉淀过滤溶解后，再用 EDTA 测定 Co^{2+}，间接计算出被测的 K^+ 含量。

该法可以测定血清、红细胞和尿中的 K^+ 的含量。

间接滴定法应用于不与 EDTA 配合的非金属（如 PO_4^{3-}，SO_4^{2-} 等），或形成的配合物不稳定（如 Na^+、K^+、Li^+ 等）的碱金属离子。

间接滴定法由于操作繁琐、引入误差机会多等不足，其应用受到限制。

本章重点和有关计算公式

重点：

1. 配合物的各级形成和离解常数间的关系
2. 配位滴定中常用的配位剂

3. 配位滴定中的主反应与副反应
4. EDTA 的酸效应和酸效应系数
5. 金属离子的副反应及副反应系数
6. 条件稳定常数
7. 配位滴定中化学计量点、化学计量点后金属离子浓度的确定
8. 配位滴定中 pH 的控制
9. 混合离子分别滴定的方法及条件
10. 配位滴定中直接滴定法、返滴定法的基本原理

有关计算公式：

1. MY 配合物的稳定常数 K_{MY} 　　$K_{MY} = \dfrac{[MY]}{[M][Y]}$

2. EDTA 的酸效应系数 $\alpha_{Y(H)} = \dfrac{[Y']}{[Y^{4-}]}$

$$\alpha_{Y(H)} = 1 + \beta_1[H^+] + \beta_2[H^+]^2 + \beta_3[H^+]^3 + \beta_4[H^+]^4 + \beta_5[H^+]^5 + \beta_6[H^+]^6$$

3. 金属离子的副反应系数 $\alpha_M = \dfrac{[M']}{[M]}$

$$= \alpha_{M(OH)} + \alpha_{M(L)} - 1$$

4. 条件稳定常数 　$K'_{MY} = \dfrac{[MY]}{[M'][Y']} = \dfrac{[MY]}{[M][Y]\alpha_M \alpha_{Y(H)}} = \dfrac{K_{MY}}{\alpha_M \alpha_{Y(H)}}$

$$\lg K'_{MY} = \lg K_{MY} - \lg\alpha_M - \lg\alpha_{Y(H)}$$

5. 仅考虑 EDTA 的酸效应时的条件稳定常数

$$K'_{MY} = \dfrac{[MY]}{[M][Y']} = \dfrac{[MY]}{[M][Y]\alpha_{Y(H)}} = \dfrac{K_{MY}}{\alpha_{Y(H)}}$$

$$\lg K'_{MY} = \lg K_{MY} - \lg\alpha_{Y(H)}$$

6. 准确滴定单一金属离子的条件　$\lg cK'_{MY} \geqslant 6$

7. 控制酸度进行分别滴定的条件　$\Delta \lg K \geqslant 5$

思考题

1. EDTA 与金属离子的配合物有哪些特点？
2. EDTA 与金属离子的配位反应有什么特点？为什么无机配位剂很少在配位滴定中应用？
3. 酸效应曲线是怎样绘制的？它在配位滴定中有什么用途？
4. 配合物的稳定常数与条件稳定常数有什么不同？为什么要引入条件稳定常数？
5. 条件稳定常数是如何通过计算得到的？任何情况下的条件稳定常数都一样吗？它对判断能否准确滴定有何意义？
6. 试比较酸碱滴定曲线与配位滴定曲线，说明它们的共性和特性，这两种反应的共同点是什么？
7. 金属指示剂的作用原理如何？金属指示剂应具备什么条件？选择金属指示剂的依据是什么？
8. 为什么使用金属指示剂时要限定适宜的 pH？为什么同一种指示剂用于不用金属离子滴定时，适宜的 pH 条件不一定相同？
9. 什么是金属指示剂的封闭和僵化现象？如何避免？
10. 在配合滴定中，影响滴定突跃范围大小的主要因素有哪些？

11. 在配位滴定中控制适当的酸度有什么重要意义？实际应用时应如何全面考虑，选择滴定时的 pH？

12. 直接滴定单一金属离子的条件是什么？

13. 两种金属离子 M 和 N 共存时，什么条件下才可用控制溶液酸度的方法进行分别滴定？

14. 金属离子分别滴定的条件是什么？

15. 分别滴定时，掩蔽的方法有哪些？举例说明。

16. 为防止干扰，是否在任何情况下都能使用掩蔽方法？

17. 如何利用掩蔽和解蔽作用来测定 Ni^{2+}、Zn^{2+}、Mg^{2+} 混合溶液中各组分的含量？

18. 配位滴定中，在什么情况下不能采用直接滴定的方式？试举例说明之。

19. 用返滴定法测定 Al^{3+} 含量时，首先在 pH＝3 左右加入过量 EDTA 并加热，使 Al^{3+} 配位。试说明选择此 pH 的理由。

习 题

1. 设 Mg^{2+} 和 EDTA 的浓度皆为 $10^{-2}mol\cdot L^{-1}$，在 pH＝6 时，Mg^{2+} 与 EDTA 配合物的条件稳定常数是多少（不考虑羟基配位等副反应）？并说明在此 pH 下能否用 EDTA 标准溶液滴定 Mg^{2+}。如不能滴定，求其允许的最小 pH。

2. 求以 EDTA 滴定浓度各为 $0.01mol\cdot L^{-1}$ 的 Fe^{3+} 和 Fe^{2+} 溶液时，所允许的最小 pH。

3. 称取 $0.1005g$ 纯 $CaCO_3$，溶解后，用容量瓶配成 100mL 溶液。吸取 25mL，在 pH＞12 时，用钙指示剂指示滴定终点，用 EDTA 标准溶液滴定，用去 24.90mL。试计算：

(1) EDTA 溶液的浓度；

(2) 每毫升 EDTA 溶液相当于多少克 ZnO、Fe_2O_3。

4. 在 pH＝12 时，用钙指示剂以 EDTA 标准溶液对石灰石中 CaO 含量进行测定。准确称取试样 $0.4086g$ 溶解后，定容在 250mL 容量瓶中，吸取 25.00mL 试液，用 EDTA 进行滴定，达到滴定终点时用去 $0.02043mol\cdot L^{-1}$ EDTA 标准溶液 17.50mL，求该石灰石中 CaO 的质量分数。

5. 用配位滴定法测定氯化锌（$ZnCl_2$）的含量。称取 $0.2500g$ 试样，溶于水后，稀释定容于 250mL 容量瓶中，吸取 25.00mL 试液，在 pH＝5~6 时，用二甲酚橙作为指示剂，用 $0.01024mol\cdot L^{-1}$ EDTA 标准溶液滴定至终点，用去 EDTA 17.61mL。计算试样中 $ZnCl_2$ 的质量分数。

6. 分析含铜、锌、镁的合金试样时，准确称取合金试样 $0.5000g$，溶解后用容量瓶配成 100mL 试液。吸取 25.00mL，调节溶液 pH＝6，用 PAN 作指示剂，用 $0.05000mol\cdot L^{-1}$ EDTA 标准溶液滴定 Cu^{2+} 和 Zn^{2+}，滴定终点时用去 EDTA 37.30mL。另外又吸取 25.00mL 试液，调节溶液 pH＝10，加 KCN 以掩蔽 Cu^{2+} 和 Zn^{2+}，用 PAN 作指示剂，用相同浓度 EDTA 标准溶液滴定 Mg^{2+}，滴定终点时用去 EDTA 4.10mL，然后再滴加甲醛以解蔽 Zn^{2+}，又用同浓度 EDTA 溶液滴定，用去 13.40mL。计算试样中铜、锌、镁的质量分数。

7. 准确称取 $1.032g$ 氧化铝试样，用蒸馏水溶解后，移入 250mL 容量瓶中，稀释至刻度。吸取 25.00mL 试液进行测定，再加入 $T_{Al_2O_3}＝1.505mg\cdot mL^{-1}$ 的 EDTA 标准溶液 10.00mL，以二甲酚橙为指示剂，用 $Zn(Ac)_2$ 标准溶液进行返滴定，至溶液出现红紫色即为滴定终点，此时消耗 $Zn(Ac)_2$ 标准溶液 12.20mL。已知 1.00mL

Zn(Ac)$_2$ 溶液相当于 0.68mL EDTA 溶液。求试样中 Al$_2$O$_3$ 的质量分数。

8. 用 0.01060mol·L^{-1} EDTA 标准溶液滴定水样中钙和镁的含量，现准确移取 100.00mL 水样，以铬黑 T 为指示剂，在 pH＝10 的溶液中进行滴定，消耗 EDTA 标准溶液 31.30mL。另取一份 100.00mL 水样，加入 NaOH 呈强碱性，使 Mg^{2+} 生成 Mg(OH)$_2$ 沉淀，以钙指示剂指示终点，用 EDTA 标准溶液滴定，用去 EDTA 溶液 19.20mL，试计算：

(1) 水的总硬度（以 CaCO$_3$ mg·L^{-1} 表示）；

(2) 水中钙和镁的含量（以 CaCO$_3$ mg·L^{-1} 和 MgCO$_3$ mg·L^{-1} 表示）。

9. 称取 0.5000g 煤试样，灼烧并使其中的硫完全氧化成 SO$_4^{2-}$，将试样处理成溶液，除去重金属离子后，加入 0.05000mol·L^{-1} BaCl$_2$ 溶液 20.00mL，使其生成 BaSO$_4$ 沉淀。然后在溶液中加入铬黑 T 作为指示剂，用 0.02500mol·L^{-1} EDTA 标准溶液滴定过量的 Ba^{2+}，滴定终点时用去 EDTA 溶液 20.00mL。计算煤试样中硫的质量分数。

10. 分析含铅、铋和镉的合金试样时，称取试样 1.936g，溶于 HNO$_3$ 溶液后，用容量瓶配成 100mL 试液。吸取该试液 25.00mL，调至 pH 为 1，以二甲酚橙为指示剂，用 0.02479mol·L^{-1} EDTA 标准溶液滴定，终点时消耗 25.67mL，然后加六亚甲基四胺缓冲溶液调节 pH＝5，继续用上述 EDTA 标准溶液滴定，终点时又消耗 EDTA 24.76mL。加入邻二氮菲，置换出 EDTA 配合物中的 Cd^{2+}，然后用 0.02174mol·L^{-1} Pb(NO$_3$)$_2$ 标准溶液滴定游离的 EDTA，终点时消耗 6.76mL。计算合金中铅、铋和镉的质量分数。

11. 在一定条件下用 0.01000mol·L^{-1} EDTA 标准溶液滴定 20.00mL 相同浓度的金属离子 M^{2+}。已知该条件下的配位反应是完全的，在加入 19.98mL 到 20.02mL EDTA 溶液时，pM 值改变一个单位，计算 K'_{MY}。

12. 取某含 Ni^{2+} 的试样溶液 1.00mL，用蒸馏水和 NH$_3$-NH$_4$Cl 缓冲溶液稀释，然后用 15.00mL 0.01000mol·L^{-1} EDTA 标准溶液处理上述溶液。过量的 EDTA 溶液用 0.01500mol·L^{-1} MgCl$_2$ 标准溶液回滴，滴定终点时消耗 MgCl$_2$ 标准溶液 4.37mL。计算试样溶液中 Ni^{2+} 的浓度。

13. 在 pH＝10.0 溶液中，用 0.01000mol·L^{-1} EDTA 标准溶液滴定 20.00mL 0.01000mol·L^{-1} 的 Ca^{2+} 溶液时，计算滴定分数分别为 50%、100%、200% 时的 pCa。

14. 在 pH＝10.0 的氨缓冲溶液中，已知 NH$_3$ 的游离浓度为 0.10mol·L^{-1}。现用 0.01000mol·L^{-1} EDTA 标准溶液滴定 20.00mL 0.01000mol·L^{-1} 的 Zn^{2+} 溶液，计算：

(1) 滴定 EDTA 前溶液中游离的 [Zn^{2+}]；

(2) 滴定 EDTA 达到化学计量点时溶液中游离的 [Zn^{2+}]。

15. 用 0.01000mol·L^{-1} EDTA 滴定 20.00mL 0.01000mol·L^{-1} Ni^{2+}，在 pH 为 10.0 的氨缓冲溶液中，使溶液中 NH$_3$ 的总浓度为 0.10mol·L^{-1}。计算化学计量点时：

(1) 配位反应的条件稳定常数；

(2) [Y^{4-}] 和 [Y']；

(3) 溶液中没有与 EDTA 配位的 [Ni$_i'$] 和 [Ni^{2+}]。

16. 假如用 0.02000mol·L^{-1} EDTA 标准溶液滴定 20.00mL 0.02000mol·L^{-1} Zn^{2+} 溶液，用 NH$_3$-NH$_4$Cl 缓冲溶液控制溶液的 pH 值为 10.0，若溶液中 [NH$_3$] 的浓度

为 0.10mol·L^{-1}，试分析判断化学计量点时：

(1) Zn^{2+} 能否被准确滴定？

(2) 求未与 EDTA 配位的 Zn^{2+} 浓度为多少？

17. 用 0.02000mol·L^{-1} EDTA 标准溶液滴定 0.020mol·L^{-1} Bi^{3+} 和 Al^{3+} 溶液混合溶液中的 Bi^{3+}。试分析判断：

(1) 能否用控制溶液酸度的方法进行滴定？

(2) 求滴定的适宜酸度范围。

18. 在 pH 为 10.0 的氨性缓冲溶液中，NH_3 的游离浓度为 0.20mol·L^{-1}，当用 0.02000mol·L^{-1} EDTA 标准溶液滴定 20.00mL 0.02000mol·L^{-1} Cu^{2+} 溶液时，计算化学计量点时的 pCu′。若用 0.02000mol·L^{-1} EDTA 标准溶液滴定 20.00mL 0.02000mol·L^{-1} Mg^{2+} 溶液时，化学计量点时的 pMg′ 又是多少？上述计算结果说明什么问题？

19. 在 pH＝10.0 的氨性缓冲溶液中，已知 NH_3 的游离浓度为 0.10mol·L^{-1}。如果被测溶液中同时含有浓度皆为 0.010mol·L^{-1} 的 Zn^{2+} 和 Ag^+ 两种离子，当用 0.01000mol·L^{-1} EDTA 滴定测定 Zn^{2+} 时，Ag^+ 有无干扰？

第6章 氧化还原滴定法

氧化还原滴定法是使用某种氧化剂或还原剂为滴定剂，以氧化还原反应为基础的滴定分析方法。由于氧化还原反应过程中伴随着电子的转移，而电子转移会受到许多阻力，故反应机理比较复杂。有的反应除了主反应外，还经常伴随有许多副反应，几种产物同时存在，因而没有确定的计量关系。有一些反应从平衡的观点判断可以进行，但反应速率较慢。有的氧化还原反应中常有诱导反应发生，这对滴定分析往往是不利的，应设法避免之。但是如果严格控制实验条件，也可以利用诱导反应对混合物进行选择性滴定或分别滴定，即合理运用某些现象实现分析的目的。因此，在氧化还原滴定中除了从平衡的观点判断反应的可行性外，还应考虑反应机理、反应速率、反应条件及滴定条件的控制等问题，从而保证反应定量、完全、快速地进行。

氧化剂和还原剂均可以作为滴定剂，一般根据滴定剂的名称来命名氧化还原滴定法，常用的有高锰酸钾法、重铬酸钾法、碘量法、溴酸钾法及硫酸铈法等。

氧化还原滴定法的应用很广泛，能够运用直接滴定法或间接滴定法测定许多无机物和有机物：①可以直接或间接测定某些具有氧化还原性质的物质；②可以间接测定某些不具有氧化还原性质，但却可以与具有氧化还原性质的物质发生定量作用的某些物质。

6.1 氧化还原平衡与条件电极电位

6.1.1 条件电极电位

电极电位的大小不仅可以确定氧化剂和还原剂的相对强弱，而且可以判断氧化还原反应进行的方向。氧化还原电对有可逆和不可逆之分。可逆电对在氧化还原反应的任一瞬间，能迅速地建立起氧化还原平衡，其实际电位遵循能斯特方程。

实际应用能斯特方程式时应考虑两个因素：①溶液的离子强度；②氧化型和还原型的存在形式。如果溶液的离子强度较大，用离子浓度计算电极电位将引起较大的误差，需要用离子活度代替浓度。此外，当氧化型或还原型与溶液中的其他组分发生副反应，生成弱酸、沉淀或配合物时，也会使电极电位发生变化。

氧化还原半反应为：

$$\text{Ox} + ne^- \rightleftharpoons \text{Red}$$

$$\text{氧化态} \qquad\qquad \text{还原态}$$

对于可逆的氧化还原电对如 Fe^{3+}/Fe^{2+}、I_2/I^-，在氧化还原反应的任意瞬间都能迅速建立起氧化还原反应平衡，其电位可用能斯特方程式表示：

$$\varphi_{Ox/Red} = \varphi_{Ox/Red}^{\ominus} + \frac{0.059V}{n} \lg \frac{a_{Ox}}{a_{Red}} \quad (25℃) \tag{6-1}$$

式中，a_{Ox} 和 a_{Red} 分别为氧化态和还原态的活度；n 为电极反应转移的电子数；$\varphi_{Ox/Red}^{\ominus}$ 是电对的标准电极电位，指在一定温度下（通常为25℃），当 $a_{Ox} = a_{Red} = 1mol \cdot L^{-1}$ 时（若反应物有气体参加，则其分压等于100kPa）的电极电位。常见电对的标准电极电位值列于附录9。

事实上，通常知道的是离子的浓度，而不是活度，若用浓度代替活度，则需引入活度系数 γ，若溶液中氧化态或还原态离子发生副反应，存在形式也不止一种时，还需引入副反应系数 α。

由 Ox 的活度 $a_{Ox} = \gamma_{Ox}[Ox]$，Ox 的副反应系数 $\alpha_{Ox} = \dfrac{c_{Ox}}{[Ox]}$，故 $a_{Ox} = \gamma_{Ox}\dfrac{c_{Ox}}{\alpha_{Ox}}$，

同理可得
$$a_{Red} = \gamma_{Red}\frac{c_{Red}}{\alpha_{Red}}$$

则式（6-1）可以写成：

$$\varphi_{Ox/Red} = \varphi_{Ox/Red}^{\ominus} + \frac{0.059V}{n} \lg \frac{\gamma_{Ox}\alpha_{Red}}{\gamma_{Red}\alpha_{Ox}} + \frac{0.059V}{n} \lg \frac{c_{Ox}}{c_{Red}} \tag{6-2}$$

式（6-2）就是考虑了溶液中离子强度和离子的副反应后的能斯特方程式。因离子的活度系数 γ 及副反应系数 α 在一定条件下是一固定值，即在一定条件下式（6-2）等号右侧前两项为一常数，现定义为条件电极电位，并以 $\varphi^{\ominus\prime}$ 表示：

$$\varphi_{Ox/Red}^{\ominus\prime} = \varphi_{Ox/Red}^{\ominus} + \frac{0.059V}{n} \lg \frac{\gamma_{Ox}\alpha_{Red}}{\gamma_{Red}\alpha_{Ox}} \tag{6-3}$$

可见，$\varphi^{\ominus\prime}$ 是在一定条件下氧化态和还原态的总浓度 $c_{Ox} = c_{Red} = 1mol \cdot L^{-1}$ 时的实际电极电位，它在条件不变时为一常数。

在25℃，用条件电极电位表示的能斯特方程可写成：

$$\varphi_{Ox/Red} = \varphi_{Ox/Red}^{\ominus\prime} + \frac{0.059V}{n} \lg \frac{c_{Ox}}{c_{Red}} \tag{6-4}$$

条件电极电位与标准电极电位的关系，与在配位反应中的条件稳定常数 K' 和稳定常数 K 的关系相似。显然，在引入条件电极电位后，计算结果就比较符合实际情况。

对于有 H^+ 或 OH^- 参加的反应，H^+ 或 OH^- 对电极电位的影响也一定要归并到电极电位的能斯特方程式中。例如，电极反应：

$$MnO_4^- + 8H^+ + 5e^- \Longleftrightarrow Mn^{2+} + 4H_2O$$

其条件电极电位可表示为：

$$\varphi_{MnO_4^-/Mn^{2+}}^{\ominus\prime} = \varphi_{MnO_4^-/Mn^{2+}}^{\ominus} + \frac{0.059V}{5} \lg \frac{\gamma_{MnO_4^-}\, \alpha_{Mn^{2+}}\, \gamma_{H^+}^8\, [H^+]^8}{\gamma_{Mn^{2+}}\, \alpha_{MnO_4^-}}$$

用条件电极电位表示的能斯特方程式为：

$$\varphi_{MnO_4^-/Mn^{2+}} = \varphi_{MnO_4^-/Mn^{2+}}^{\ominus\prime} + \frac{0.059V}{5} \lg \frac{c_{MnO_4^-}}{c_{Mn^{2+}}}$$

条件电极电位的大小，反映了在外界因素影响下，氧化还原电对的实际氧化还原能力。应用条件电极电位比用标准电极电位能更正确地判断氧化还原反应的方向、次序和反应完成的程度。附录10列出了部分氧化还原半反应的条件电极电位。但由于条件电极电位的数据

目前还较少，在缺乏数据的情况下，亦可采用相近条件下的条件电极电位或采用标准电极电位并通过能斯特方程式来考虑外界因素的影响。

6.1.2 外界条件对电极电位的影响

（1）离子强度的影响

离子强度较大时，活度系数远小于1，活度与浓度的差别较大，若用浓度代替活度，用能斯特方程式计算的结果与实际情况有差异。但由于各种副反应对电位的影响远比离子强度的影响大，同时，离子强度的影响又难以校正。因此，一般都忽略离子强度的影响。

（2）副反应的影响

在忽略离子强度影响的情况下，讨论各种副反应对条件电极电位的影响时，可用式（6-5）作近似计算。

$$\varphi_{Ox/Red} = \varphi_{Ox/Red}^{\ominus} + \frac{0.059V}{n} \lg \frac{[Ox]}{[Red]} \tag{6-5}$$

考虑副反应的影响及相应副反应系数后，当氧化态和还原态的总浓度 $c_{Ox} = c_{Red} = 1mol \cdot L^{-1}$ 时的电极电位即为条件电极电位：

$$\varphi_{Ox/Red}^{\ominus'} = \varphi_{Ox/Red}^{\ominus} + \frac{0.059V}{n} \lg \frac{\alpha_{Red}}{\alpha_{Ox}} \tag{6-6}$$

在氧化还原反应中，常利用沉淀反应和配位反应使电对的氧化态或还原态的浓度发生变化，从而改变电对的电极电位，控制反应进行的方向和程度。

当加入一种可与电对的氧化态或还原态生成沉淀的沉淀剂时，电对的电极电位就会发生改变。氧化态生成沉淀时使电对的电极电位降低，而还原态生成沉淀时则使电对的电极电位增高。例如，碘化物还原 Cu^{2+} 的反应式及半反应的标准电极电位为：

$$2Cu^{2+} + 2I^- \Longrightarrow 2Cu^+ + I_2$$

$$\varphi_{Cu^{2+}/Cu^+}^{\ominus} = 0.16V \qquad \varphi_{I_2/I^-}^{\ominus} = 0.54V$$

从标准电极电位看，应当是 I_2 氧化 Cu^+，事实上是 Cu^{2+} 氧化 I^- 的反应进行得很完全，原因在于 I^- 与 Cu^+ 生成了难溶解的 CuI 沉淀。

例 6-1 计算 KI 浓度为 $1mol \cdot L^{-1}$ 时，Cu^{2+}/Cu^+ 电对的条件电极电位（忽略离子强度的影响）。

解： 已知 $\varphi_{Cu^{2+}/Cu^+}^{\ominus} = 0.16V$，$K_{sp(CuI)} = 1.1 \times 10^{-12}$。根据式（6-5）得

$$\varphi_{Cu^{2+}/Cu^+} = \varphi_{Cu^{2+}/Cu^+}^{\ominus} + 0.059V \lg \frac{[Cu^{2+}]}{[Cu^+]}$$

$$= \varphi_{Cu^{2+}/Cu^+}^{\ominus} + 0.059V \lg \frac{[Cu^{2+}][I^-]}{K_{sp(CuI)}}$$

$$= \varphi_{Cu^{2+}/Cu^+}^{\ominus} + 0.059V \lg \frac{[I^-]}{K_{sp(CuI)}} + 0.059V \lg [Cu^{2+}]$$

因 Cu^{2+} 未发生副反应，则 $[Cu^{2+}] = c_{Cu^{2+}}$，令 $[Cu^{2+}] = [I^-] = 1mol \cdot L^{-1}$，故

$$\varphi_{Cu^{2+}/Cu^+}^{\ominus'} = \varphi_{Cu^{2+}/Cu^+}^{\ominus} + 0.059V \lg \frac{[I^-]}{K_{sp(CuI)}}$$

$$= 0.16V - 0.059V \lg (1.1 \times 10^{-12})$$

$$= 0.87V$$

此时 $\varphi_{Cu^{2+}/Cu^+}^{\ominus'} > \varphi_{I_2/I^-}^{\ominus}$，因此 Cu^{2+} 能够氧化 I^-。

另外溶液中常有各种阴离子存在，它们会与金属离子的氧化态和还原态生成稳定性不同的配合物，从而改变电对的电极电位。若氧化态生成的配合物更稳定，其结果是电对的电极电位降低，若还原态生成的配合物更稳定，则使电对的电极电位增高。

例如用碘量法测定 Cu^{2+} 时，若溶液中有 Fe^{3+} 存在，因 Fe^{3+} 也能氧化 I^-，从而干扰 Cu^{2+} 的测定。这时可首先在溶液中加入 NaF，使 Fe^{3+} 与 F^- 形成稳定的配合物，则 Fe^{3+}/Fe^{2+} 电对的电极电位会显著降低，Fe^{3+} 就不能再氧化 I^- 了，这样就可以准确测定溶液中的铜含量。

（3）酸度的影响

除了上面讨论的副反应的影响外，很多氧化剂的氧化能力决定于溶液的酸度。若有 H^+ 或 OH^- 参加氧化还原半反应，则在电对的能斯特方程式中将出现 H^+ 或 OH^- 的浓度，显然酸度变化将直接影响电对的电极电位。

例 6-2 碘量法中的一个重要反应是：

$$H_3AsO_4 + 2I^- + 2H^+ \Longrightarrow HAsO_2 + I_2 + 2H_2O$$

已知：$\varphi^{\ominus}_{H_3AsO_4/HAsO_2} = 0.56V$，$\varphi^{\ominus}_{I_2/I^-} = 0.54V$，$H_3AsO_4$ 的 $pK_{a_1} = 2.2$、$pK_{a_2} = 7.0$、$pK_{a_3} = 11.5$，$HAsO_2$ 的 $pK_a = 9.2$。计算 pH=8 时的 $NaHCO_3$ 溶液中 $H_3AsO_4/HAsO_2$ 电对的条件电极电位，并判断反应进行的方向（忽略离子强度的影响）。

解：因 I_2/I^- 电对的电极反应没有 H^+ 或 OH^- 参与，所以电极电位在 pH≤8 时几乎与 pH 无关，但 $H_3AsO_4/HAsO_2$ 电对的电极反应因有 H^+ 参与，电极电位则受酸度的影响较大。

如果没有考虑外界因素的影响，则在标准状态下，比较两电对的标准电极电位 $\varphi^{\ominus}_{H_3AsO_4/HAsO_2} > \varphi^{\ominus}_{I_2/I^-}$ 可知，在酸性溶液中，上述反应将向正反应方向进行，即 H_3AsO_4 能将 I^- 氧化为 I_2。但如果在溶液中加入 $NaHCO_3$，使溶液的 pH=8，则 $H_3AsO_4/HAsO_2$ 电对的电极电位将受酸度的影响发生变化。

酸性条件下，$H_3AsO_4/HAsO_2$ 电对的半反应为：

$$H_3AsO_4 + 2H^+ + 2e^- \Longrightarrow HAsO_2 + 2H_2O$$

根据能斯特方程式

$$\varphi_{H_3AsO_4/HAsO_2} = \varphi^{\ominus}_{H_3AsO_4/HAsO_2} + \frac{0.059V}{2}\lg\frac{[H_3AsO_4][H^+]^2}{[HAsO_2]}$$

若考虑副反应的影响，由于不同 pH 时酸碱存在形式的分布情况不同，根据 pH 和解离常数可分别求出 H_3AsO_4 和 $HAsO_2$ 的分布系数，二者的平衡浓度在总浓度一定时，由其分布系数所决定，即

$$[H_3AsO_4] = c_{H_3AsO_4}\delta_{H_3AsO_4}$$

$$[HAsO_2] = c_{HAsO_2}\delta_{HAsO_2}$$

$$\varphi_{H_3AsO_4/HAsO_2} = \varphi^{\ominus}_{H_3AsO_4/HAsO_2} + \frac{0.059V}{2}\lg\frac{\delta_{H_3AsO_4}}{\delta_{HAsO_2}}[H^+]^2 + \frac{0.059V}{2}\lg\frac{c_{H_3AsO_4}}{c_{HAsO_2}}$$

根据条件电极电位的定义，则

$$\varphi^{\ominus\prime}_{H_3AsO_4/HAsO_2} = \varphi^{\ominus}_{H_3AsO_4/HAsO_2} + \frac{0.059V}{2}\lg\frac{\delta_{H_3AsO_4}}{\delta_{HAsO_2}}[H^+]^2$$

因为

$$\delta_{HAsO_2} = \frac{[H^+]}{[H^+] + K_a}$$

$$= \frac{10^{-8}}{10^{-8} + 10^{-9.2}} = 0.94$$

$$\delta_{H_3AsO_4} = \frac{[H^+]^3}{[H^+]^3 + [H^+]^2 K_{a_1} + [H^+] K_{a_1} K_{a_2} + K_{a_1} K_{a_2} K_{a_3}}$$

$$= \frac{10^{-24}}{10^{-24} + 10^{(-16-2.2)} + 10^{(-8-2.2-7.0)} + 10^{(-2.2-7.0-11.5)}}$$

$$= 10^{-6.8}$$

将两种形式的分布系数值代入条件电极电位式，得

$$\varphi^{\ominus\prime}_{H_3AsO_4/HAsO_2} = 0.56V + \frac{0.059V}{2} \lg \frac{10^{-6.8} \times 10^{-16}}{0.94} = -0.112V$$

−0.112V 与 0.56V 比较说明：随着溶液 pH 的增大，$H_3AsO_4/HAsO_2$ 电对的条件电极电位变小，致使在 pH=8 时 $\varphi^{\ominus}_{I_2/I^-} > \varphi^{\ominus\prime}_{H_3AsO_4/HAsO_2}$，因此上述分析后的结论是 I_2 可以氧化 $HAsO_2$ 为 H_3AsO_4，此时上述氧化还原反应的方向发生了改变，即反应向逆反应方向进行。但需要注意的是，这种反应方向的改变，仅限于标准电极电位相差很小的两电对间才能发生。

6.2　氧化还原反应进行程度和影响反应速率的因素

6.2.1　氧化还原反应进行程度

滴定分析要求化学反应必须定量、完全地进行。氧化还原反应进行的程度可用平衡常数的大小来衡量，而氧化还原反应的平衡常数可根据有关电对的标准电极电位求得。

但在氧化还原滴定中会发生一些副反应，若考虑溶液中各种副反应的影响，引用的是条件电极电位，则求得的是条件平衡常数 K'。下面介绍条件平衡常数与条件电极电位之间的关系。

（1）条件平衡常数

若对称电对的氧化还原反应的通式为：

$$n_2 Ox_1 + n_1 Red_2 \Longrightarrow n_2 Red_1 + n_1 Ox_2$$

则两个电极的半反应分别为：

氧化电对　　　　　　　　$Ox_1 + n_1 e^- \Longrightarrow Red_1$

还原电对　　　　　　　　$Ox_2 + n_2 e^- \Longrightarrow Red_2$

由能斯特方程可写出相应的电极电位 $\varphi_1 = \varphi_1^{\ominus\prime} + \frac{0.059V}{n_1} \lg \frac{c_{Ox_1}}{c_{Red_1}}$

$$\varphi_2 = \varphi_2^{\ominus\prime} + \frac{0.059V}{n_2} \lg \frac{c_{Ox_2}}{c_{Red_2}}$$

当反应达到平衡时，$\varphi_1 = \varphi_2$，

即

$$\varphi_1^{\ominus\prime} + \frac{0.059V}{n_1} \lg \frac{c_{Ox_1}}{c_{Red_1}} = \varphi_2^{\ominus\prime} + \frac{0.059V}{n_2} \lg \frac{c_{Ox_2}}{c_{Red_2}}$$

等式两边同乘以 n_1，n_2 的最小公倍数后整理得

$$\lg K' = \lg \left[\left(\frac{c_{Red_1}}{c_{Ox_1}} \right)^{n_2} \left(\frac{c_{Ox_2}}{c_{Red_2}} \right)^{n_1} \right] = \frac{n(\varphi_1^{\ominus\prime} - \varphi_2^{\ominus\prime})}{0.059V} \tag{6-7}$$

式（6-7）中，$n = n_1 n_2$，是氧化还原反应转移的总的电子数。公式表明，条件平衡常数的大小是由氧化剂和还原剂两个电对的条件电极电位之差 $\Delta\varphi^{\ominus\prime}$ 和转移电子总数决定的。$\Delta\varphi^{\ominus\prime}$ 越大，条件平衡常数就越大，反应进行得越完全。

例 6-3 （1）计算 $1mol \cdot L^{-1}$ H_2SO_4 溶液中下述反应的条件平衡常数。

$$Ce^{4+} + Fe^{2+} = Ce^{3+} + Fe^{3+}$$

（2）计算 $0.5mol \cdot L^{-1}$ H_2SO_4 溶液中下述反应的条件平衡常数。

$$2Fe^{3+} + 3I^- = 2Fe^{2+} + I_3^-$$

解：（1）已知 $\varphi_{Fe^{3+}/Fe^{2+}}^{\ominus\prime} = 0.68V$，$\varphi_{Ce^{4+}/Ce^{3+}}^{\ominus\prime} = 1.44V$，根据式（6-7）得

$$\lg K' = \frac{n(\varphi_{Ce^{4+}/Ce^{3+}}^{\ominus\prime} - \varphi_{Fe^{3+}/Fe^{2+}}^{\ominus\prime})}{0.059V}$$

$$= \frac{1.44V - 0.68V}{0.059V} = 12.9$$

$$K' = 8 \times 10^{12}$$

计算结果说明条件平衡常数 K' 值很大，此反应进行得很完全。

（2）已知 $\varphi_{Fe^{3+}/Fe^{2+}}^{\ominus\prime} = 0.68V$，$\varphi_{I_3^-/I^-}^{\ominus\prime} = 0.55V$，同样根据式（6-7）得

$$\lg K' = \frac{n(\varphi_{Fe^{3+}/Fe^{2+}}^{\ominus\prime} - \varphi_{I_3^-/I^-}^{\ominus\prime})}{0.059V}$$

$$= \frac{2 \times (0.68V - 0.55V)}{0.059V} = 4.4$$

$$K' = 2.5 \times 10^4$$

计算结果说明条件平衡常数 K' 不够大，反应不能定量地进行完全。

（2）氧化还原反应进行程度

上面例题的结果说明 $\varphi_1^{\ominus\prime}$ 和 $\varphi_2^{\ominus\prime}$ 相差越大，K' 值越大，反应进行的越完全。那么，条件平衡常数究竟要多大时反应才能定量完成，才能符合氧化还原滴定分析的要求？在定量分析中，一般要求反应完全程度在 99.9% 以上，即在化学计量点时应满足以下条件：

$$\left(\frac{c_{Red_1}}{c_{Ox_1}}\right)^{n_2} \geqslant \left(\frac{99.9\%}{0.1\%}\right)^{n_2} = 10^{3n_2}, \quad \left(\frac{c_{Ox_2}}{c_{Red_2}}\right)^{n_1} \geqslant \left(\frac{99.9\%}{0.1\%}\right)^{n_1} = 10^{3n_1}$$

则

$$\lg K' \geqslant \lg(10^{3n_2} \times 10^{3n_1}) = 3(n_1 + n_2)$$

即

$$\lg K' \geqslant 3(n_1 + n_2) \tag{6-8}$$

由以上推导可知，当氧化还原反应的条件平衡常数 $\lg K' \geqslant 3(n_1 + n_2)$ 时，该滴定反应完全程度在 99.9% 以上，可以满足滴定分析的要求。如 $n_1 = n_2 = 1$ 时，$\lg K' \geqslant 6$，$K' \geqslant 10^6$。

由式（6-7）和式（6-8）可知

$$\frac{n(\varphi_1^{\ominus\prime} - \varphi_2^{\ominus\prime})}{0.059V} \geqslant 3(n_1 + n_2) \tag{6-9}$$

由式（6-9）可见，利用两电对的条件电极电位差值的大小也可以判断反应进行的完全程度。

当 $n_1 = n_2 = 1$ 时，$\varphi_1^{\ominus\prime} - \varphi_2^{\ominus\prime} \geqslant 0.36V$，即通常两个电对的条件电极电位之差必须大于 0.4V 时，反应才能用于滴定分析。

下面是 $n_1 \neq n_2$ 时的几种常见氧化还原反应用于滴定分析时所满足的两电对条件电极电位之差的最小值条件：

当 $n_1 = 1$，$n_2 = 2$ 时，$\varphi_1^{\ominus\prime} - \varphi_2^{\ominus\prime} \geqslant 0.27V$；

当 $n_1 = 1$，$n_2 = 3$ 时，$\varphi_1^{\ominus\prime} - \varphi_2^{\ominus\prime} \geqslant 0.24V$；

当 $n_1 = 2$，$n_2 = 3$ 时，$\varphi_1^{\ominus\prime} - \varphi_2^{\ominus\prime} \geqslant 0.15V$。

综上所述，为了达到反应完全的目的，必须选择好滴定剂，使两电对的条件电极电位差

分析化学

或反应的条件平衡常数满足一定的要求。因为目前在指定条件下的条件电极电位数据还很不齐全，在实际应用中可直接使用标准电极电位或条件相近的条件电极电位。

在某些氧化还原反应中，虽然两个电对的条件电极电位相差足够大，符合上述要求，但由于其他副反应的发生，氧化还原反应不能定量地进行，即氧化剂与还原剂之间没有一定的化学计量关系，这样的反应仍不能用于滴定分析。例如，$K_2Cr_2O_7$ 与 $Na_2S_2O_3$ 反应，从它们的电极电位来看，反应能够进行得非常完全，$Cr_2O_7^{2-}$ 可将 $S_2O_3^{2-}$ 氧化成 SO_4^{2-}。但除这一反应外，还有部分 $S_2O_3^{2-}$ 被氧化为单质 S，而使它们的化学计量关系不能确定。因此在碘量法中以 $K_2Cr_2O_7$ 作基准物来标定 $Na_2S_2O_3$ 溶液时，并不能应用它们之间的直接反应，而是用 $K_2Cr_2O_7$ 从过量 KI 中定量置换出 I_2，而 $Na_2S_2O_3$ 与 I_2 的反应符合滴定要求，这样根据 $Na_2S_2O_3$ 滴定 I_2 时消耗的量，就可测出 $Na_2S_2O_3$ 的浓度。

另外，有些氧化还原反应虽然满足上述条件，但不能用于氧化还原滴定，例如：

$$H_3AsO_3+2Ce^{4+}+H_2O \Longrightarrow H_3AsO_4+2Ce^{3+}+2H^+$$
$$\Delta\varphi^{\ominus\prime}=0.879V \qquad K'=4.85\times10^{29}$$

此反应在室温下不能进行，其原因是反应速率太慢。因此讨论氧化还原反应时，不仅要从平衡角度考虑反应的可行性，还应从动力学角度考虑反应的实际速率。

6.2.2 影响氧化还原反应速率的因素

利用氧化还原电对的标准电极电位或条件电极电位，可以判断氧化还原反应进行的方向和反应进行的程度，但是这只能说明反应进行的可能性，并不能显示出反应速率大小。实际上不同的氧化还原反应，其反应速率会有很大的差别。有的反应虽然从理论上看是可以进行的，但由于反应速率太慢就可以认为氧化剂与还原剂之间并没有发生反应。所以对于氧化还原反应，一般不能单从平衡观点来考虑反应的可能性，还应从它们的反应速率来考虑反应的现实性。

下面列出的是氧化还原滴定中常见的两个反应：

$$5C_2O_4^{2-}+2MnO_4^-+16H^+ \Longrightarrow 2Mn^{2+}+10CO_2\uparrow+8H_2O$$
$$Cr_2O_7^{2-}+6I^-+14H^+ \Longrightarrow 2Cr^{3+}+3I_2+7H_2O$$

两个反应虽然进行较慢，但都可以通过外界条件的改变加快反应速率，满足滴定分析的要求，所以在实际中应用广泛。

反应速率缓慢的主要原因是由于在许多氧化还原反应中电子的转移往往会遇到很多阻力，如溶液中的溶剂分子和各种配体的阻碍、物质之间的静电排斥力等。此外，由于价态的改变而引起的电子层结构、化学键性质和物质组成的变化也会阻碍电子的转移。

上面反应中的 MnO_4^- 被还原为 Mn^{2+}、$Cr_2O_7^{2-}$ 被还原为 Cr^{3+}，由带负电荷的含氧酸根转变为带正电荷的水合离子，结构发生了很大的改变，导致反应速率缓慢。

另一方面，所列的反应方程式只能表明反应的最初状态和最终状态反应物或产物的存在形式，不能说明反应的真实进行过程。实际上氧化还原反应大多经历了一系列中间步骤，即反应是分步进行的。总的反应式表示的是一系列反应的总的结果，在这一系列反应中，只要有一步反应是慢的，就影响了总的反应速率。

影响氧化还原反应速率的因素，除了氧化还原电对本身的性质外，还有反应进行时外界的条件，如浓度（包括酸度）、温度、催化剂等。下面将分别讨论如上几个因素对氧化还原反应速率的影响。

（1）反应物浓度和酸度的影响

根据质量作用定律，反应速率与反应物浓度（以方程式中计量数为指数）的乘积成正比。由于氧化还原反应的机理较为复杂，不能从总的反应式来判断反应物浓度对反应速率的影响程度。但一般说来，增加反应物浓度可以加速反应的进行。

例如用 $K_2Cr_2O_7$ 标定 $Na_2S_2O_3$ 溶液时的两个反应如下：

$$Cr_2O_7^{2-}+6I^-+14H^+ \longrightarrow 2Cr^{3+}+3I_2+7H_2O \ （慢）$$

$$I_2+2S_2O_3^{2-} \longrightarrow 2I^-+S_4O_6^{2-} \ （快）$$

以淀粉为指示剂（一定要在接近滴定终点时加入），用 $Na_2S_2O_3$ 溶液滴定 I_2 至与淀粉生成的蓝色消失为止。但因有 Cr^{3+} 存在，干扰终点颜色的观察，所以最好在稀溶液中滴定。但不能过早稀释溶液，因第一步反应较慢，必须在较浓的溶液中，使反应较快进行。经一段时间第一步反应进行完全后，再将溶液稀释，以 $Na_2S_2O_3$ 滴定。

对于有 H^+ 参与的反应，反应速率也与溶液的酸度有关。例如，$K_2Cr_2O_7$ 与 KI 的反应，提高 I^- 及 H^+ 的浓度，均可加速反应，其中酸度的影响更大。但是否酸度越高越好呢？事实表明酸度过高时，I^- 被空气中的 O_2 氧化的速率也会加快，给测定带来误差。所以，在实际反应过程中需加入过量的 KI（通常是计量关系的 5 倍），溶液的酸度一般在 $0.8\sim$ $1.0mol\cdot L^{-1}$。

（2）温度的影响

对大多数反应而言，升高温度，一般均可提高反应速率。通常溶液的温度每升高 10℃，反应速率增大 2~3 倍。

例如，在酸性溶液中 MnO_4^- 和 $C_2O_4^{2-}$ 反应如下：

$$5C_2O_4^{2-}+2MnO_4^-+16H^+ \longrightarrow 2Mn^{2+}+10CO_2\uparrow+8H_2O$$

在室温下，反应速率缓慢。如果将溶液加热，反应速率将大大加快。所以，用 $KMnO_4$ 滴定 $H_2C_2O_4$ 时，通常将溶液加热至 75~85℃。温度不可过高，否则将引起 $H_2C_2O_4$ 的分解，引入误差。

应该注意，不是在所有的情况下都允许用升高温度的方法来提高反应速率的。因为有些物质（如 I_2）具有挥发性，如将溶液加热，则会引起挥发损失，所以 $K_2Cr_2O_7$ 与 KI 的反应是不能用加热的方法来提高反应速率；另有一些物质（如 Fe^{2+}）提高温度容易被空气中的氧所氧化；还有一些物质温度过高时会分解，如上述反应中的 $H_2C_2O_4$，若温度超过 90℃，就会分解，影响定量滴定分析结果。

（3）催化剂的影响

由于催化剂对反应速率有很大影响，因此氧化还原反应中经常利用正催化剂加快反应速率。

如在酸性介质溶液中，用过二硫酸铵（或过二硫酸钾）氧化 Mn^{2+} 的反应如下：

$$5S_2O_8^{2-}+2Mn^{2+}+8H_2O \longrightarrow 2MnO_4^-+10SO_4^{2-}+16H^+$$

此反应必须有 Ag^+ 作催化剂才能迅速进行。催化反应的机理是非常复杂的。

又如上述 MnO_4^- 和 $C_2O_4^{2-}$ 反应，Mn^{2+} 的存在能催化反应迅速进行。其反应机理可能是，在 $C_2O_4^{2-}$ 存在下 Mn^{2+} 被 MnO_4^- 氧化生成了 Mn（Ⅲ），反应是分步进行的，反应过程可简单表示如下：

$$Mn(Ⅶ) \xrightarrow{Mn(Ⅱ)} Mn(Ⅵ)+Mn(Ⅲ)$$

$$Mn(Ⅵ) \xrightarrow{Mn(Ⅱ)} Mn(Ⅳ)+Mn(Ⅲ)$$

$$Mn(Ⅳ) \xrightarrow{Mn(Ⅱ)} Mn(Ⅲ)$$

$$Mn(Ⅲ) \xrightarrow{nC_2O_4^{2-}} Mn(C_2O_4)_n^{(3-2n)} \longrightarrow Mn(Ⅱ)+CO_2\uparrow$$

在此，Mn^{2+} 参加反应的中间步骤，加速了反应，但在最后又重新产生出来，它起了催化剂的作用。同时，Mn^{2+} 是 MnO_4^- 和 $C_2O_4^{2-}$ 反应的生成物之一，因此假如在溶液中并不另外加入二价的锰盐，则在反应开始时由于一般 $KMnO_4$ 溶液 Mn^{2+} 含量极少，所以虽加热到 $75\sim85℃$，反应进行得仍较为缓慢，MnO_4^- 褪色很慢。但只要第一滴 $KMnO_4$ 褪色即反应一经开始，就算溶液中产生的只是少量的 Mn^{2+}，由于 Mn^{2+} 的催化作用，就使以后的反应大为加速。这里加速反应的催化剂 Mn^{2+} 是由反应本身生成的，因此把这种现象称为自动催化作用，即不需要外加催化剂，同样加快化学反应速率。

在分析化学中，还经常应用负催化剂。例如，加入多元醇可以减慢 $SnCl_2$ 与空气中的氧的作用；加入 AsO_3^{3-} 可以防止 SO_3^{2-} 与空气中的氧起作用等。

（4）诱导作用

有的氧化还原反应在通常情况下不发生或反应速率极慢，但如果在溶液中由于另一反应进行会促进这一反应发生时，将这种由于一种氧化还原反应的发生而促进另一种氧化还原反应进行的现象，称为诱导作用。如下列反应一般情况下进行缓慢。

$$2MnO_4^- + 10Cl^- + 16H^+ \!=\!\!=\! 2Mn^{2+} + 5Cl_2 + 8H_2O \qquad （受诱反应）$$

但当溶液中有 Fe^{2+} 存在时，Fe^{2+} 与 $KMnO_4$ 的氧化还原反应很易发生，加速了 $KMnO_4$ 氧化 Cl^- 的反应的进行：

$$MnO_4^- + 5Fe^{2+} + 8H^+ \!=\!\!=\! Mn^{2+} + 5Fe^{3+} + 4H_2O \qquad （诱导反应）$$

Fe^{2+} 与 $KMnO_4$ 之间的反应称为诱导反应，$KMnO_4$ 与 Cl^- 反应称为受诱反应。Fe^{2+} 称为诱导体，MnO_4^- 称为作用体，Cl^- 称为受诱体。

用 $KMnO_4$ 法测定铁时，如果用 HCl 控制酸度，由于上述诱导作用的存在，就要消耗过量的 $KMnO_4$ 溶液而使滴定结果偏高，所以一般用 H_2SO_4 控制酸度。

诱导反应与催化反应不同。在催化反应中，催化剂参加反应后恢复其原来的状态。而在诱导反应中，诱导体参加反应后变成了其他物质。诱导作用的发生是由于反应的中间过程中形成了多种不稳定的中间价态离子，例如 $KMnO_4$ 因为氧化了 Fe^{2+} 而诱导了 Cl^- 的氧化，就是由于 $KMnO_4$ 氧化 Fe^{2+} 的过程中形成了一系列锰的中间产物 Mn（Ⅵ）、Mn（Ⅴ）、Mn（Ⅳ）、Mn（Ⅲ）等，它们能与 Cl^- 起反应，因而出现了诱导作用。

如果在溶液中加入过量的 Mn^{2+}，则 Mn^{2+} 能使 Mn（Ⅶ）迅速的转变为 Mn（Ⅲ），而此时又因为溶液中有大量的 Mn^{2+}，故可降低 Mn（Ⅲ）/Mn（Ⅱ）电对的电位，从而使 Mn（Ⅲ）只与 Fe^{2+} 发生反应而不与 Cl^- 发生反应，这样就可以防止 Cl^- 对 MnO_4^- 的还原作用。因此只要在溶液中加入 $MnSO_4$-H_3PO_4-H_2SO_4 混合液，就能使高锰酸钾法测定铁的反应可以在稀盐酸溶液中进行，这一点在实际应用上是很重要的。

由前面的讨论中可见，为了使氧化还原反应能按所需方向定量地、迅速地进行，选择和控制适当的反应条件和滴定条件（包括温度、酸度、浓度和滴定速度等）是十分重要的。

6.2.3 氧化还原滴定法中的预处理

氧化还原滴定法进行定量分析时，为保证定量关系，必须使欲测组分处于一定的氧化态或还原态，为此往往根据实际条件和需要对欲测组分进行预处理。可将欲测组分氧化为高价状态后，用还原剂滴定；或者将欲测组分还原为低价状态后，用氧化剂滴定。这种滴定前使欲测组分转变为所需的一定价态的步骤称为预氧化或预还原。例如，测定矿石中的铁含量时，由于 Fe^{2+} 在空气中不够稳定，易被氧化成 Fe^{3+}，因此溶解后的矿样溶液中存在着 Fe^{2+} 和 Fe^{3+}，故必须用还原剂将 Fe^{3+} 还原为 Fe^{2+}，然后再用氧化剂的标准溶液滴定试样

中的 Fe^{2+}。

（1）预处理氧化剂或还原剂的选择

预处理时所用的氧化剂或还原剂必须符合以下条件。

① 反应速率快。

② 必须将欲测组分定量地氧化或还原。

③ 反应具有一定的选择性。如用金属锌为预还原剂，由于 $\varphi^{\ominus}_{Zn^{2+}/Zn}$ 值较低（$-0.76V$），电位比它高的金属离子都可被还原，所以金属锌的选择性较差。而用 $SnCl_2$（$\varphi^{\ominus}_{Sn^{4+}/Sn^{2+}}=+0.14V$）为预还原剂，则选择性较高。

④ 过量的氧化剂或还原剂要易于除去。除去的方法有以下几种。

a. 加热分解：如 $(NH_4)_2S_2O_8$、H_2O_2 可借加热煮沸，分解而除去。

b. 过滤：如 $NaBiO_3$ 不溶于水，可借过滤除去。

c. 利用化学反应：如用 $HgCl_2$ 可除去过量 $SnCl_2$，其反应为

$$SnCl_2+2HgCl_2=\!=\!=SnCl_4+Hg_2Cl_2\downarrow$$

生成的 Hg_2Cl_2 沉淀不被一般的滴定剂氧化，不必过滤除去。

（2）常用的预氧化剂和预还原剂

预处理时常用的氧化剂和还原剂列于表 6-1 和表 6-2 中。

表 6-1　预氧化时常用的氧化剂

氧化剂	反应条件	主要应用	除去方法
$NaBiO_3(s)+6H^++2e^-=\!=\!=$ $Bi^{3+}+Na^++3H_2O$ $\varphi^{\ominus}=1.80V$	室温，HNO_3 介质 H_2SO_4 介质	$Mn^{2+}\rightarrow MnO_4^-$ $Ce(III)\rightarrow Ce(IV)$	过滤
$(NH_4)_2S_2O_8$ $S_2O_8^{2-}+2e^-=\!=\!=2SO_4^{2-}$ $\varphi^{\ominus}=2.00V$	酸性 Ag^+ 作催化剂	$Ce(III)\rightarrow Ce(IV)$ $Mn^{2+}\rightarrow MnO_4^-$ $Cr(III)\rightarrow Cr(VI)$ $VO^{2+}\rightarrow VO^{3-}$	煮沸分解
H_2O_2 $H_2O_2+2e^-=\!=\!=2OH^-$ $\varphi^{\ominus}=0.88V$	$NaOH$ 介质 HCO_3^- 介质 碱性介质	$Cr^{3+}\rightarrow CrO_4^-$ $Co(II)\rightarrow Co(III)$ $Mn(II)\rightarrow Mn(IV)$	煮沸分解，加少量 Ni^{2+}，或 I^- 作催化剂，加速 H_2O_2 分解
高锰酸盐	焦磷酸盐和氟化物 $Cr(III)$ 存在时	$Ce(III)\rightarrow Ce(IV)$ $V(IV)\rightarrow V(V)$	叠氮化钠或亚硝酸钠
高氯酸	热，浓 $HClO_4$	$V(IV)\rightarrow V(V)$ $Cr(III)\rightarrow Cr(VI)$	迅速冷却至室温，用水稀释

（3）试样中有机物的处理

试样中存在的有机物对测定往往发生干扰，具有氧化还原性质或配位化合性质的有机物会使溶液的电极电位发生变化，因此滴定前必须对试样溶液进行处理，以消除试样中的有机物，减少干扰。常用的处理方法有干法灰化和湿法灰化等。

干法灰化是在高温下使有机物被空气中的氧或纯氧（氧瓶燃烧法）氧化而破坏。湿法灰化是使用氧化性酸，例如 HNO_3、H_2SO_4、$HClO_4$（浓、热的 $HClO_4$ 易爆炸，操作使用时必须十分小心），于它们的沸点时使有机物分解除去。

表 6-2　预还原时常用的还原剂

还原剂	反应条件	主要应用	除去方法
SO_2 $SO_4^{2-}+4H^++2e^-\Longrightarrow$ $SO_2(水)+2H_2O$ $\varphi^{\ominus}=0.20V$	室温，HNO_3 介质， H_2SO_4 介质	$Fe(Ⅲ)\rightarrow Fe(Ⅱ)$ $As(Ⅴ)\rightarrow As(Ⅲ)$ $Sb(Ⅴ)\rightarrow Sb(Ⅲ)$ $Cu(Ⅱ)\rightarrow Cu(Ⅰ)$	煮沸，通 CO_2
$SnCl_2$ $Sn^{4+}+2e^-\Longrightarrow Sn^{2+}$ $\varphi^{\ominus}=0.15V$	酸性 加热	$Fe(Ⅲ)\rightarrow Fe(Ⅱ)$ $As(Ⅴ)\rightarrow As(Ⅲ)$ $Mo(Ⅵ)\rightarrow Mo(Ⅴ)$	快速加入过量的 $HgCl_2$ $Sn^{2+}+2HgCl_2\Longrightarrow Sn^{4+}+$ $Hg_2Cl_2+2Cl^-$
锌-汞齐还原柱	H_2SO_4 介质	$Cr(Ⅲ)\rightarrow Cr(Ⅱ)$ $Fe(Ⅲ)\rightarrow Fe(Ⅱ)$ $Ti(Ⅳ)\rightarrow Ti(Ⅲ)$ $V(Ⅴ)\rightarrow V(Ⅱ)$	
盐酸肼、硫酸肼或肼	酸性	$As(Ⅴ)\rightarrow As(Ⅲ)$	浓 H_2SO_4 加热
汞阴极	恒定电位下	$Cr(Ⅲ)\rightarrow Cr(Ⅱ)$ $Fe(Ⅲ)\rightarrow Fe(Ⅱ)$	迅速冷却至室温，用水稀释

6.3　氧化还原滴定的基本原理

6.3.1　氧化还原滴定曲线

在氧化还原滴定中，随着滴定剂的加入，被滴定物质的氧化型和还原型的浓度逐渐变化，有关电对的电极电位也随之不断变化，并在化学计量点附近出现一个电极电位的突变。这种电极电位随滴定剂的体积而变化的关系曲线称为氧化还原滴定曲线。氧化还原滴定曲线一般通过实验方法测得，而对于可逆对称的氧化还原反应体系，也可根据能斯特方程计算绘出滴定曲线。

（1）绘制滴定曲线

下面讨论对称氧化还原滴定曲线的绘制。根据滴定剂的加入量，依据能斯特方程计算不同滴定剂剂量时电对的电极电位，即可绘制出滴定曲线。

现以用 $0.1000mol\cdot L^{-1}$ $Ce(SO_4)_2$ 标准溶液滴定 20.00mL 相同浓度的 $FeSO_4$ 溶液（在 $1mol\cdot L^{-1}$ H_2SO_4 介质中）为例说明可逆、对称的氧化还原电对的滴定曲线。

滴定反应为：

$$Ce^{4+}+Fe^{2+}\Longrightarrow Ce^{3+}+Fe^{3+}$$
$$\varphi^{\ominus'}_{Fe^{3+}/Fe^{2+}}=0.68V, \ \varphi^{\ominus'}_{Ce^{4+}/Ce^{3+}}=1.44V$$

滴定开始后，溶液中同时存在两个电对。在滴定过程中，每加入一定量的滴定剂，反应达到一个新的平衡，此时两个电对的电极电位相等，即

$$\varphi^{\ominus'}_{Fe^{3+}/Fe^{2+}}+0.059Vlg\frac{c_{Fe^{3+}}}{c_{Fe^{2+}}}=\varphi^{\ominus'}_{Ce^{4+}/Ce^{3+}}+0.059Vlg\frac{c_{Ce^{4+}}}{c_{Ce^{3+}}}$$

因此，在滴定的不同阶段可选用便于计算的电对，按能斯特方程式计算体系的电极电位值。与酸碱滴定曲线的绘制方法相同，采用分阶段计算，各滴定阶段电极电位的计算方法如下。

① 滴定开始前　此时氧化还原反应并没有发生，无法计算电极电位。

② 滴定开始至化学计量点前　在这个阶段中，溶液中存在 Fe^{3+}/Fe^{2+}，Ce^{4+}/Ce^{3+} 两个电对，但是由于溶液中存在着过量的 Fe^{2+}，每加一滴 Ce^{4+} 溶液，Ce^{4+} 几乎完全被还原为 Ce^{3+}，故 Ce^{4+} 浓度极小，不能准确滴定，因此也就无法根据 Ce^{4+}/Ce^{3+} 电对来计算电极电位。但在知道了滴定分数的前提下，$c_{Fe^{3+}}/c_{Fe^{2+}}$ 值却是确定的，显然这时可利用 Fe^{3+}/Fe^{2+} 电对来计算电极电位值。

例如，当滴入 Ce^{4+} 溶液 19.98mL，即滴定分数为 99.9%，此时，电对的 $c_{Fe^{3+}}/c_{Fe^{2+}} \approx 10^3$，$Fe^{3+}/Fe^{2+}$ 电对的电位计算如下：

$$\varphi_{Fe^{3+}/Fe^{2+}} = \varphi_{Fe^{3+}/Fe^{2+}}^{\ominus\prime} + 0.059Vlg10^3$$
$$= 0.68V + 0.059 \times 3V = 0.86V$$

③ 化学计量点时　Ce^{4+} 溶液刚好加入 20.00mL，氧化还原反应恰好完全定量发生，滴定分数为 100%，即为化学计量点。此时 Ce^{4+} 和 Fe^{2+} 都定量地转变成了 Ce^{3+} 和 Fe^{3+}，未反应的 Ce^{4+} 和 Fe^{2+} 浓度都很小（但它们的浓度相等），无法直接单独按某一电对的能斯特方程来计算电极电位，而要由两个电对的能斯特方程联立求得。

根据反应达到平衡时两电对的电极电位相等的原则，如果设化学计量点时的电极电位为 φ_{sp}，则

$$\varphi_{sp} = \varphi_{Fe^{3+}/Fe^{2+}}^{\ominus\prime} + 0.059Vlg\frac{c_{Fe^{3+}}}{c_{Fe^{2+}}}$$

$$= \varphi_{Ce^{4+}/Ce^{3+}}^{\ominus\prime} + 0.059Vlg\frac{c_{Ce^{4+}}}{c_{Ce^{3+}}} \tag{6-10}$$

又令

$$\varphi_1^{\ominus\prime} = \varphi_{Ce^{4+}/Ce^{3+}}^{\ominus\prime} \qquad \varphi_2^{\ominus\prime} = \varphi_{Fe^{3+}/Fe^{2+}}^{\ominus\prime}$$

则有如下两式：

$$\varphi_{sp} = \varphi_1^{\ominus\prime} + 0.059Vlg\frac{c_{Ce^{4+}}}{c_{Ce^{3+}}}$$

$$\varphi_{sp} = \varphi_2^{\ominus\prime} + 0.059Vlg\frac{c_{Fe^{3+}}}{c_{Fe^{2+}}}$$

两式相加，得

$$2\varphi_{sp} = \varphi_1^{\ominus\prime} + \varphi_2^{\ominus\prime} + 0.059Vlg\frac{c_{Ce^{4+}}\ c_{Fe^{3+}}}{c_{Ce^{3+}}\ c_{Fe^{2+}}}$$

根据滴定中的氧化还原反应式，化学计量点时，$c_{Ce^{4+}} = c_{Fe^{2+}}$，$c_{Ce^{3+}} = c_{Fe^{3+}}$

即有

$$lg\frac{c_{Ce^{4+}}\ c_{Fe^{3+}}}{c_{Ce^{3+}}\ c_{Fe^{2+}}} = 0$$

故

$$\varphi_{sp} = \frac{\varphi_1^{\ominus\prime} + \varphi_2^{\ominus\prime}}{2}$$

即

$$\varphi_{sp} = \frac{1.44V + 0.68V}{2} = 1.06V$$

对于一般的可逆对称氧化还原反应：

$$n_2Ox_1 + n_1Red_2 \Longrightarrow n_2Red_1 + n_1Ox_2$$

可用类似方法，求得化学计量点时的电极电位 φ_{sp} 与两电对的 $\varphi_1^{\ominus\prime}$、$\varphi_2^{\ominus\prime}$ 的关系为：

$$\varphi_{sp} = \frac{n_1\varphi_1^{\ominus\prime} + n_2\varphi_2^{\ominus\prime}}{n_1 + n_2} \tag{6-11}$$

式（6-11）只适用于可逆对称电对的氧化还原反应。可见，化学计量点的电位只与两电对的条件电极电位和转移电子数 n 有关，而与反应物的浓度无关。但不对称电对参与的氧化还原反应，在化学计量点时，其 φ_{sp} 不仅与两电对的条件电极电位和转移电子数 n 有关，还与相关离子的浓度有关，不能用式（6-11）计算 φ_{sp}。关于不对称电对的 φ_{sp} 计算在此不再阐述，请参阅其他有关书籍。

④ 化学计量点后　当加入过量的 Ce^{4+} 溶液，由于 Fe^{2+} 反应完全，溶液中 Fe^{2+} 浓度极小，此时是利用 Ce^{4+}/Ce^{3+} 电对的能斯特方程来计算体系的电极电位值。

例如，当 Ce^{4+} 溶液滴入 20.02mL 时，即滴定分数为 100.1%，此时，$c_{Ce^{4+}}/c_{Ce^{3+}} \approx 10^{-3}$，$Ce^{4+}/Ce^{3+}$ 电对的电位计算如下：

$$\varphi_{Ce^{4+}/Ce^{3+}} = \varphi_{Ce^{4+}/Ce^{3+}}^{\ominus\prime} + 0.059Vlg10^{-3}$$
$$= 1.44V - 0.059 \times 3V = 1.26V$$

按上述方法将不同滴定点所计算的电极电位值列于表 6-3 中，并绘制滴定曲线如图 6-1 所示。

从表 6-3 图 6-1 可知，对于可逆的、对称的氧化还原电对，滴定分数为 50% 时溶液的电极电位就是被测物电对的条件电极电位；滴定分数为 200% 时，溶液的电极电位就是滴定剂电对的条件电极电位。

(2) 滴定突跃及其影响因素

① 滴定突跃　由表 6-3 和图 6-1 可知，滴定曲线在化学计量点附近的 ±0.1% 范围内有明显的电位突跃，称其为滴定突跃，其突跃范围由滴定误差 ±0.1% 为依据求算。例如上例中 Fe^{2+} 还剩余 0.1%，相当于滴定分数为 99.9% 时的电位（0.86V）和 Ce^{4+} 过量 0.1%，相当于滴定百分数为 100.1% 时的电位（1.26V），即 0.86～1.26V 就是上述滴定的电位突跃范围。

根据滴定突跃范围的定义，对称电对的氧化还原反应的滴定突跃范围可利用下式求算：

$$\varphi_{Ox_2/Red_2}^{\ominus\prime} + \frac{0.059}{n_2}lg10^3 \sim \varphi_{Ox_1/Red_1}^{\ominus\prime} + \frac{0.059}{n_1}lg10^{-3}$$

可见，滴定突跃范围仅取决于两电对的转移电子数与条件电极电位差，与浓度无关。

表 6-3　在 $1mol \cdot L^{-1}$ H_2SO_4 溶液中，以 $0.1000mol \cdot L^{-1}$ Ce^{4+} 溶液滴定等浓度 Fe^{2+} 溶液的电极电位的变化 (25℃)

滴定分数/%	c_{Ox}/c_{Red}	电极电位 φ/V
	$c_{Fe(III)}/c_{Fe(II)}$	
9	10^{-1}	0.62
50	10^0	0.68
91	10^1	0.74
99	10^2	0.80
99.9	10^3	0.86
100.0		1.06
	$c_{Ce(IV)}/c_{Ce(III)}$	
100.1	10^{-3}	1.26
101	10^{-2}	1.32
110	10^{-1}	1.38
200	10^0	1.44

② 条件电极电位差对滴定突跃的影响 由氧化还原滴定突跃范围的计算式可知，化学计量点附近电位突跃的长短与氧化剂和还原剂两电对的条件电极电位相差大小有关。电极电位相差越大，突跃范围越大；电极电位相差越小，则突跃范围越小。

例如用 $KMnO_4$ 溶液滴定 Fe^{2+} 时的电位突跃为 $0.86\sim1.46V$，而用 Ce^{4+} 溶液滴定 Fe^{2+} 时的电位突跃为 $0.86\sim1.26V$，前者突跃范围大。

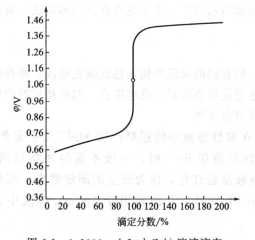

图 6-1 $0.1000mol\cdot L^{-1}$ Ce^{4+} 溶液滴定等浓度的 Fe^{2+} 溶液滴定曲线

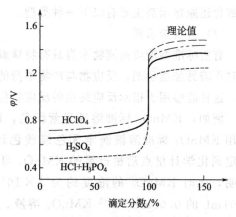

图 6-2 在不同介质中用 $KMnO_4$ 溶液滴定 Fe^{2+} 的滴定曲线

③ 滴定介质对滴定突跃的影响 氧化还原滴定曲线，常因滴定时介质的不同而改变其位置和突跃的长短。例如图 6-2 是用 $KMnO_4$ 溶液在不同介质中滴定 Fe^{2+} 的滴定曲线。关于图中曲线说明以下两点。

a. 化学计量点前，曲线的位置取决于被滴物电对的条件电极电位 $\varphi_{Fe^{3+}/Fe^{2+}}^{\ominus\prime}$，介质不同将影响溶液中 Fe^{3+} 或 Fe^{2+} 的活度系数与副反应系数，引起条件电极电位的变化，导致滴定曲线位置的变化。$\varphi_{Fe^{3+}/Fe^{2+}}^{\ominus\prime}$ 的大小与 Fe^{3+} 和介质阴离子的配位作用有关，例如在 H_3PO_4 介质中，Fe^{3+} 易与 PO_4^{3-} 形成稳定的无色配离子 $[Fe(PO_4)_2]^{3-}$ 而使 Fe^{3+} 的游离浓度降低，副反应系数增大，导致电对的 $\varphi_{Fe^{3+}/Fe^{2+}}^{\ominus\prime}$ 降低，使曲线的下半部分下降，突跃范围变大，所以在有 H_3PO_4 存在时的 HCl 溶液中，用 $KMnO_4$ 溶液滴定 Fe^{2+} 的曲线位置最低，滴定突跃最长。而若在 $HClO_4$ 介质中，ClO_4^- 则不与 Fe^{3+} 形成配合物，因此电对的 $\varphi_{Fe^{3+}/Fe^{2+}}^{\ominus\prime}$ 较高，滴定突跃最短。结论是：在 H_3PO_4 和 HCl 溶液中，$Ce(SO_4)_2$、$KMnO_4$ 或 $K_2Cr_2O_7$ 无论何者为标准溶液滴定 Fe^{3+} 时，滴定终点时的颜色变化都较敏锐。

b. 化学计量点后，溶液中虽然 $KMnO_4$ 过量，但由 $KMnO_4$ 的反应机理可知，此时实际决定电极电位的是电对 Mn^{3+}/Mn^{2+}，因而曲线的位置取决于 $\varphi_{Mn^{3+}/Mn^{2+}}^{\ominus\prime}$。由于 Mn^{3+} 容易与 PO_4^{3-}、SO_4^{2-} 等离子配合而降低其条件电极电位，在 H_3PO_4 或 H_2SO_4 介质中，曲线的上半部分下降，突跃范围变小。在 $HClO_4$ 介质中，由于 Mn^{3+} 不与 ClO_4^- 配合，所以，$\varphi_{Mn^{3+}/Mn^{2+}}^{\ominus\prime}$ 值不变，曲线的上半部分也不受影响，化学计量点后曲线位置最高，突跃范围最大。

另外，滴定曲线的形状还与电对的可逆性有关。不可逆电对参加的滴定反应，因它们的电极电位计算不完全遵循能斯特方程式，故由计算所得的滴定曲线与实际曲线之间有一定的差异。例如，MnO_4^-/Mn^{2+} 是不可逆电对，所以在化学计量点后，理论计算所得曲线高于通过实验测得曲线，如图 6-2 所示。

根据上述讨论可知，用电位法测得滴定曲线后，即可由滴定曲线中的突跃确定滴定终点。如果是用指示剂确定滴定终点，则终点时的电极电位取决于指示剂变色时的电极电位，这也可能与化学计量点电位不一致。这些问题在实际工作中应该予以考虑。

6.3.2　氧化还原指示剂

确定氧化还原滴定终点的方法有电位滴定法和指示剂法，本节重点介绍指示剂法。常用的氧化还原指示剂主要有以下三种类型。

(1) 自身指示剂

有些标准溶液或被滴物本身具有特殊颜色，但它们的反应产物无色或颜色很浅，则在滴定时不需另加指示剂，反应物与产物本身的颜色变化可直接指示反应终点，起到指示剂的作用，这种能够用于指示反应终点的反应物称为自身指示剂。

例如，$KMnO_4$ 标准溶液呈紫红色，而其在酸性溶液中的还原产物 Mn^{2+} 几乎无色。当用 $KMnO_4$ 标准溶液滴定无色或浅色还原性物质如 Fe^{2+} 时，一般不需另加指示剂。滴定到化学计量点后稍过量的 $KMnO_4$ 可使溶液呈粉红色，即为反应的滴定终点。实验表明，此时 $KMnO_4$ 的浓度约为 $2\times10^{-6}\,mol\cdot L^{-1}$ 时，大约相当于 $100mL$ 溶液中含 $0.01mL$ 的 $0.02mol\cdot L^{-1}$ $KMnO_4$ 溶液。

(2) 专属指示剂

有的物质本身并不具有氧化还原性，但能与氧化剂或还原剂作用生成特殊颜色的配合物，从而指示滴定终点。

例如，可溶性淀粉与碘溶液生成深蓝色配合物的反应是专属反应，当 I_2 被还原成 I^- 时，蓝色消失；当 I^- 被氧化成 I_2 时，蓝色出现。在碘量法中可用淀粉溶液作指示剂，借蓝色的产生或消失来指示终点。在室温下，用淀粉指示剂可检出约 $5\times10^{-6}\,mol\cdot L^{-1}$ 的碘溶液，淀粉是碘法的专属指示剂。

又如，Fe^{3+} 滴定 Sn^{2+} 时，可选用 KSCN 作指示剂，当溶液呈 $Fe(\text{III})\text{-}SCN^-$ 配合物的血红色时，即到达滴定终点。

(3) 氧化还原指示剂

氧化还原性指示剂在滴定过程中可发生氧化还原反应，且氧化型和还原型的颜色不同，在滴定过程中，指示剂由氧化型变为还原型，或由还原型变为氧化型，根据发生的颜色变化来指示终点。

例如常用二苯胺磺酸钠作为指示剂，它的氧化型为紫红色，还原型为无色，其氧化还原反应如下：

用 $K_2Cr_2O_7$ 滴定 Fe^{2+} 时，以二苯胺磺酸钠作为指示剂，滴定至化学计量点后稍过量的 $K_2Cr_2O_7$ 就能使二苯胺磺酸钠由无色的还原型转变为氧化型，溶液显紫红色，从而指示滴定终点。

若用 In_{Ox} 和 In_{Red} 分别表示指示剂的氧化型和还原型，则其氧化还原反应为：

$$In_{Ox}+ne^-\rightleftharpoons In_{Red}$$

116

由能斯特方程式，指示剂的电极电位为：

$$\varphi_{In} = \varphi_{In}^{\ominus} + \frac{0.059V}{n} \lg \frac{[In_{Ox}]}{[In_{Red}]} \tag{6-12}$$

式中，$\varphi_{In}^{\ominus}$ 为指示剂的标准电极电位。在滴定过程中如果指示剂电对电极电位发生变化，则指示剂氧化态和还原态的浓度 $[In_{Ox}]/[In_{Red}]$ 比值也会发生变化，从而引起溶液颜色的变化。

与酸碱指示剂的讨论相似，当 $[In_{Ox}]/[In_{Red}] \geqslant 10$ 时，溶液呈现氧化态的颜色，此时

$$\varphi \geqslant \varphi_{In}^{\ominus} + \frac{0.059V}{n} \lg 10 = \varphi_{In}^{\ominus} + \frac{0.059V}{n}$$

当 $[In_{Ox}]/[In_{Red}] \leqslant \frac{1}{10}$ 时，溶液呈现还原态的颜色，此时

$$\varphi \leqslant \varphi_{In}^{\ominus} + \frac{0.059V}{n} \lg \frac{1}{10} = \varphi_{In}^{\ominus} - \frac{0.059V}{n}$$

故指示剂的变色电位范围为：

$$\varphi_{In}^{\ominus} \pm \frac{0.059}{n} V$$

在实际工作中，采用条件电极电位比较合适，得到指示剂变色的电位范围为：

$$\varphi_{In}^{\ominus}{}' \pm \frac{0.059}{n} V \tag{6-13}$$

当 $n=1$ 时指示剂的变色范围为 $\varphi_{In}^{\ominus}{}' \pm 0.059V$；$n=2$ 时指示剂的变色范围为 $\varphi_{In}^{\ominus}{}' \pm 0.0295V$，可见，变色范围以条件电位为中心变化很小。由于此范围甚小，一般就可用指示剂的条件电极电位 $\varphi_{In}^{\ominus}{}'$ 来估量指示剂变色的电位范围。

表 6-4 列出了一些重要的氧化还原指示剂的条件电极电位及颜色变化。在选择指示剂时，按照指示剂的变色范围落在滴定突跃范围的原则，应使指示剂的条件电极电位尽量与反应的化学计量点时的电位一致，以减少终点误差。

表 6-4 一些氧化还原指示剂的条件电极电位及颜色变化

指示剂	$\varphi_{In}^{\ominus}{}'/V$	颜色变化	
	$[H^+]=1mol \cdot L^{-1}$	氧化态	还原态
亚甲基蓝	0.53	蓝	无色
二苯胺	0.76	紫	无色
二苯胺磺酸钠	0.84	紫红	无色
邻苯氨基苯甲酸	0.89	紫红	无色
邻二氮杂菲-亚铁	1.06	浅蓝	红
硝基邻二氮杂菲-亚铁	1.25	浅蓝	紫

6.4 常用氧化还原滴定法

氧化还原滴定法通常根据使用的滴定剂（可以是氧化剂，也可以是还原剂）的名称来命名。常用的有高锰酸钾法、重铬酸钾法、碘量法、溴酸钾法、铈量法等。本章节重点讨论高锰酸钾法、重铬酸钾法、碘量法。

6.4.1 高锰酸钾法

（1）概述

高锰酸钾法是以高锰酸钾标准溶液为滴定剂的氧化还原滴定法。

① 不同介质中 $KMnO_4$ 氧化能力比较　高锰酸钾是一种强氧化剂，它的氧化能力和还原产物与溶液的介质环境有关系。

在强酸性溶液中：
$$MnO_4^- + 8H^+ + 5e^- \rightleftharpoons Mn^{2+} + 4H_2O \qquad \varphi^\ominus = 1.491V$$

在中性或弱碱性溶液中：
$$MnO_4^- + 2H_2O + 3e^- \rightleftharpoons MnO_2 + 4OH^- \qquad \varphi^\ominus = 0.588V$$

在强碱性溶液中：
$$MnO_4^- + e^- \rightleftharpoons MnO_4^{2-} \qquad \varphi^\ominus = 0.564V$$

由反应式可知，高锰酸钾既可以在酸性条件下使用，也可以在中性或碱性条件下使用。但由于高锰酸钾在酸性溶液中的电极电势最大，说明强酸性溶液中的氧化能力最强，可测定许多还原性物质，且生成的 Mn^{2+} 接近无色，便于终点的观察。所以 $KMnO_4$ 滴定多在强酸性溶液中进行，所用的强酸是 H_2SO_4，酸度不足时容易生成 MnO_2 沉淀。若用 HCl，由于诱导作用 Cl^- 会有干扰。而 HNO_3 溶液具有强氧化性，HAc 又太弱，都不适合 $KMnO_4$ 滴定。

② 高锰酸钾法滴定方式和用途　用 $KMnO_4$ 作氧化剂可直接滴定许多还原性物质，如 Fe^{2+}、$C_2O_4^{2-}$、H_2O_2、NO_2^-、Sn^{2+} 等。

间接法测定非变价离子如 Ca^{2+}、Sr^{2+}、Ba^{2+} 等。

返滴定法测定 PbO_2、MnO_2、$K_2Cr_2O_7$ 等，例如测定 $K_2Cr_2O_7$ 含量时，可在试样溶液中加入一定量过量的 $FeSO_4$ 标准溶液，使 $Cr_2O_7^{2-}$ 与 Fe^{2+} 反应完全，然后用高锰酸钾标准溶液回滴过量的 Fe^{2+}。

③ 高锰酸钾法的优缺点　高锰酸钾法的优点是：氧化能力强，不需另加指示剂，应用范围广。但由于 $KMnO_4$ 氧化能力强，它可以和许多还原性物质发生作用，所以测定中的干扰也比较严重。此外，$KMnO_4$ 常含有少量杂质，不能用直接法配制溶液，其标准溶液不够稳定。

（2）高锰酸钾标准溶液

① $KMnO_4$ 标准溶液的配制　纯的 $KMnO_4$ 溶液是相当稳定的。但一般市售 $KMnO_4$ 试剂中常含有少量 MnO_2 和其他杂质，而且蒸馏水中也含有微量还原性物质，它们可与 $KMnO_4$ 反应而析出 MnO_2 沉淀，并进一步促进 $KMnO_4$ 溶液的分解。故 $KMnO_4$ 标准溶液不能用直接法配制。另外 $KMnO_4$ 还能自行分解：
$$4KMnO_4 + 2H_2O \rightleftharpoons 4MnO_2 \downarrow + 4KOH + 3O_2 \uparrow$$

MnO_2 的存在可加速其分解，见光时分解得更快。因此，$KMnO_4$ 溶液浓度容易改变。

为了配制较稳定的 $KMnO_4$ 溶液，可称取稍多于理论量的 $KMnO_4$ 固体，溶于一定体积的蒸馏水中，配成近似浓度的溶液。配好后加热微沸 1h 左右，冷却后贮于棕色瓶中，于暗处放置 2～3d，使溶液中可能存在的还原性物质完全氧化。然后过滤除去 MnO_2 沉淀，继续保存于棕色瓶中，存放在暗处以待标定。若使用放置较久后的 $KMnO_4$ 溶液时，必须重新标定其浓度。

② $KMnO_4$ 标准溶液的标定　标定 $KMnO_4$ 溶液浓度的基准物质有 $H_2C_2O_4 \cdot 2H_2O$、$Na_2C_2O_4$、$FeSO_4 \cdot 7H_2O$、$(NH_4)_2C_2O_4$、As_2O_3 和纯铁丝等，其中 $Na_2C_2O_4$ 不含结晶

水，容易提纯，是最常用的基准物质。在 H_2SO_4 溶液中，MnO_4^- 与 $C_2O_4^{2-}$ 的反应如下：

$$2MnO_4^- + 5C_2O_4^{2-} + 16H^+ =\!=\!= 2Mn^{2+} + 10CO_2\uparrow + 8H_2O$$

这一反应为自动催化反应（Mn^{2+} 的作用），为了使该反应能定量、迅速地进行，应注意以下几个滴定条件。

a. 温度 室温下该反应的速度缓慢，因此常将溶液加热到 $75\sim85℃$，趁热滴定。滴定完毕时，溶液的温度也不应低于 $60℃$。但温度也不宜过高，若高于 $90℃$，会使部分 $H_2C_2O_4$ 发生分解，使 $KMnO_4$ 用量减少，标定结果偏高。

$$H_2C_2O_4 =\!=\!= CO_2\uparrow + CO\uparrow + H_2O$$

b. 酸度 为了使滴定反应能够定量地进行，溶液应保持足够的酸度。一般在开始滴定时，溶液的酸度为 $0.5\sim1mol\cdot L^{-1}$，滴定终点时，酸度为 $0.2\sim0.5mol\cdot L^{-1}$。酸度不足时，容易生成 MnO_2 沉淀；酸度过高时，又会促使 $H_2C_2O_4$ 分解。

c. 滴定速度 由于 MnO_4^- 与 $C_2O_4^{2-}$ 的反应较慢，且该反应是自动催化反应，开始滴定时，因反应速度慢，滴定不宜太快。滴入的第一滴 $KMnO_4$ 溶液褪色后，因生成了催化剂 Mn^{2+}，反应逐渐加快。随后的滴定速度可快些，但仍需逐滴加入。切记第一滴 $KMnO_4$ 红色没有褪去之前，不能加入第二滴，否则滴入的 $KMnO_4$ 来不及与 $Na_2C_2O_4$ 发生反应，$KMnO_4$ 就在热的酸性溶液中分解了，从而使结果偏低。

$$4MnO_4^- + 12H^+ =\!=\!= 4Mn^{2+} + 5O_2\uparrow + 6H_2O$$

d. 滴定终点 $KMnO_4$ 法滴定终点是不太稳定的，终点时溶液出现的粉红色不能持久，是因为空气中的还原性气体和灰尘等杂质落入溶液中，都能与 MnO_4^- 缓慢作用，使 MnO_4^- 还原，溶液的粉红色逐渐消失。所以采用 $KMnO_4$ 法滴定时，溶液中出现的粉红色在 $30s$ 内不褪色，便可认定已达滴定终点。

用 $Na_2C_2O_4$ 作基准物质标定 $KMnO_4$ 溶液时，可按下式计算溶液的浓度：

$$c_{KMnO_4} = \frac{2m_{Na_2C_2O_4}}{5M_{Na_2C_2O_4} \times V_{KMnO_4} \times 10^{-3}}$$

（3）高锰酸钾法应用示例

① H_2O_2 含量的测定 双氧水中的过氧化氢，可用 $KMnO_4$ 标准溶液在硫酸溶液中直接滴定，其反应式为：

$$2MnO_4^- + 5H_2O_2 + 6H^+ =\!=\!= 2Mn^{2+} + 5O_2\uparrow + 8H_2O$$

滴定开始时反应进行比较慢，当有少量 Mn^{2+} 生成后，由于 Mn^{2+} 的催化作用，反应速度加快。H_2O_2 的含量可按下式计算：

$$T_{H_2O_2/KMnO_4} = \frac{\frac{5}{2}c_{KMnO_4}V_{KMnO_4}M_{H_2O_2}}{V_{试样}} \quad (g\cdot mL^{-1})$$

由于 H_2O_2 不稳定，通常在工业产品中加入某些有机物作稳定剂（乙酰苯胺等）。但这些有机物大多数能与 MnO_4^- 作用而干扰 H_2O_2 的测定，此时若采用高锰酸钾法进行测定误差会较大，为避免这类误差一般采用碘量法或硫酸铈法进行测定。

② Ca^{2+} 含量的测定 某些金属离子虽然不具有氧化还原性，但其能与 $C_2O_4^{2-}$ 生成难溶的草酸盐沉淀，如果将生成的草酸盐沉淀溶于酸中，然后用 $KMnO_4$ 标准溶液来滴定 $C_2O_4^{2-}$，就可以间接的测定金属离子的含量。

试样中钙含量的测定就可以采用高锰酸钾法进行间接测定。其测定过程如下。

先将试样中的 Ca^{2+} 沉淀为 CaC_2O_4，然后将沉淀过滤，洗涤，并用稀硫酸溶解，最后用 $KMnO_4$ 标准溶液滴定。其过程及有关反应为：

$$Ca^{2+} \xrightarrow{ C_2O_4^{2-} } CaC_2O_4 \downarrow \xrightarrow{ H^+ } C_2O_4^{2-} \xrightarrow{ MnO_4^- } 2CO_2 \uparrow$$

$$Ca^{2+} + C_2O_4^{2-} \Longrightarrow CaC_2O_4 \downarrow$$

$$2MnO_4^- + 5C_2O_4^{2-} + 16H^+ \Longrightarrow 2Mn^{2+} + 10CO_2 \uparrow + 8H_2O$$

上述两反应式中，Ca^{2+} 与 $C_2O_4^{2-}$ 反应的物质的量之比是 1∶1，而 $C_2O_4^{2-}$ 与 MnO_4^- 反应的物质的量之比是 5∶2。显然 Ca^{2+} 与 MnO_4^- 有如下对应关系：

$$5Ca^{2+} \sim 2MnO_4^-$$

即

$$\frac{n_{Ca^{2+}}}{n_{MnO_4^-}} = \frac{5}{2}$$

所以试样中钙含量为：

$$w_{Ca} = \frac{\dfrac{5}{2}c_{KMnO_4} \cdot \dfrac{V_{KMnO_4}}{1000} \cdot M_{Ca}}{m_{试样}} \times 100\%$$

③ 铁含量的测定　应用 $KMnO_4$ 与 Fe^{2+} 的反应原理，以 $KMnO_4$ 标准溶液测定矿石（褐铁矿等）、合金、金属盐类及硅酸盐等试样中的含铁量，有很大的实用价值。

被测试样溶解后（通常使用盐酸作溶剂），生成的 Fe^{3+}（实际上是 $FeCl_4^-$，$FeCl_6^{3-}$ 等配离子），应先用还原剂将 Fe^{3+} 还原为 Fe^{2+}，然后用 $KMnO_4$ 标准溶液滴定。常用的还原剂是 $SnCl_2$、Zn、Al、H_2S、SO_2 等，多余的 $SnCl_2$ 可以加入 $HgCl_2$ 除去。

$$SnCl_2 + 2HgCl_2 \Longrightarrow SnCl_4 + Hg_2Cl_2 \downarrow$$

但是 $HgCl_2$ 有剧毒！为了避免对环境的污染，近年来采用了各种不用汞盐的测定铁的方法。

为避免上述测定铁含量的实验产生误差，在滴入 $KMnO_4$ 溶液前必须先加入硫酸锰、硫酸及磷酸的混合液，其作用是：

a. 避免 Cl^- 存在下所发生的诱导反应；

b. 由于滴定过程中生成黄色的 Fe^{3+}，达到终点时，微过量的 $KMnO_4$ 所呈现的粉红色将不易分辨，以致影响终点的正确判断。而在溶液中加入磷酸后，PO_4^{3-} 与 Fe^{3+} 可以生成无色的 $Fe(PO_4)_2^{3-}$ 配离子，就可使终点易于观察。

④ 有机物的测定　在强碱性溶液中，过量 $KMnO_4$ 能定量地氧化某些有机物。例如 $KMnO_4$ 与甲酸的反应为：

$$HCOO^- + 2MnO_4^- + 3OH^- \Longrightarrow 2MnO_4^{2-} + CO_3^{2-} + 2H_2O$$

待反应完成后，将溶液酸化，用还原剂标准溶液（如亚铁离子标准溶液）滴定溶液中所有的高价态的锰，使之还原为 $Mn(II)$，计算出消耗的还原剂的物质的量。用同样方法，测出反应前一定量碱性 $KMnO_4$ 溶液相当于还原剂的物质的量，根据二者之差即可计算出甲酸的含量。

用此法还可以测定葡萄糖、酒石酸、柠檬酸、甲醛等的含量。

⑤ 水样中化学需氧量（COD）的测定　COD 是量度水体受还原性物质污染程度的综合性指标。这里的还原性物质主要有各种有机物（包括有机酸、脂肪酸、糖类化合物、可溶性淀粉等）以及还原性无机物（包括亚硝酸盐、亚铁盐、硫化物等）。在酸性介质溶液中以 $KMnO_4$ 为氧化剂，测定水样中化学需氧量的方法称为 COD_{Mn}。

COD 是指水体中还原性物质所消耗的氧化剂的量，换算成氧的质量浓度（以 $mol \cdot L^{-1}$ 计）。测定时在水样中加入 H_2SO_4 及一定量过量的 $KMnO_4$ 溶液，置沸水浴中加热，使其中的还原性物质氧化。用一定量过量的 $Na_2C_2O_4$ 溶液还原剩余的 $KMnO_4$，再以 $KMnO_4$ 标准溶液返滴定剩余的 $Na_2C_2O_4$。高锰酸钾法适用于地表水、地下水、饮用水和生活污水中 COD 的测定。相关反应式为：

$$4MnO_4^- + 5C + 12H^+ =\!=\!= 4Mn^{2+} + 5CO_2\uparrow + 6H_2O$$
$$2MnO_4^- + 5C_2O_4^{2-} + 16H^+ =\!=\!= 2Mn^{2+} + 10CO_2\uparrow + 8H_2O$$

Cl^- 的存在对上述测定会产生干扰，可加入 Ag_2SO_4 予以除去。若是含 Cl^- 高的工业废水中 COD 的测定，则要采用 $K_2Cr_2O_7$ 法。

6.4.2 重铬酸钾法

（1）概述

在酸性条件下 $K_2Cr_2O_7$ 与还原剂作用，$Cr_2O_7^{2-}$ 被还原成 Cr^{3+}：
$$Cr_2O_7^{2-} + 14H^+ + 6e^- =\!=\!= 2Cr^{3+} + 7H_2O \qquad \varphi^\ominus = 1.33V$$

可见，$K_2Cr_2O_7$ 的氧化能力比 $KMnO_4$ 稍弱些，但它仍是一种较强的氧化剂，用重铬酸钾法能测定许多无机物和有机物。$K_2Cr_2O_7$ 法只能在酸性条件下使用，它的应用范围没有 $KMnO_4$ 法广泛。

① $K_2Cr_2O_7$ 法的优点

a. $K_2Cr_2O_7$ 易于提纯，可以准确称取一定质量干燥纯净的 $K_2Cr_2O_7$，直接配制成一定浓度的标准溶液，不必再进行标定。

b. $K_2Cr_2O_7$ 溶液相当稳定，只要保存在密闭容器中，浓度可长期保持不变。

c. 在 $1mol\cdot L^{-1}$ HCl 溶液中，室温下测定时，不受 Cl^- 还原作用的影响，即 $K_2Cr_2O_7$ 法可在 HCl 溶液中进行滴定。

② $K_2Cr_2O_7$ 法的滴定方式　重铬酸钾法的测定有直接法和间接法。例如铁矿石中铁含量的测定就是直接法。而对一些有机试样的测定采用的是间接法，常在试样的 H_2SO_4 溶液中加入过量 $K_2Cr_2O_7$ 标准溶液，加热至一定温度，冷却后稀释，再用 Fe^{2+}（一般是用硫酸亚铁铵）标准溶液返滴定。这种间接法可以用于电镀液中有机物的测定。

$K_2Cr_2O_7$ 法滴定时，常用氧化还原指示剂，例如二苯胺磺酸钠、邻苯氨基苯甲酸或邻二氮杂菲-亚铁等。

应该指出，$K_2Cr_2O_7$ 法虽然有优点，但 $K_2Cr_2O_7$ 有毒，因此使用时应特别注意废液的处理，以免污染环境。

（2）应用示例

① 铁的测定　重铬酸钾法测定铁是直接法，发生如下反应：
$$Cr_2O_7^{2-} + 6Fe^{2+} + 14H^+ =\!=\!= 2Cr^{3+} + 6Fe^{3+} + 7H_2O$$

试样（铁矿石等）一般用 HCl 溶液加热分解。在热的浓 HCl 溶液中，将铁还原为亚铁，然后用 $K_2Cr_2O_7$ 标准溶液滴定。

铁的还原方法除用 $SnCl_2$ 还原外，还可采用 $SnCl_2/TiCl_3$ 还原（无汞测铁法），与高锰酸钾法测定铁相比较测定步骤上也有如下不同之处：

a. $Cr_2O_7^{2-}/Cr^{3+}$ 的电极电位与 Cl_2/Cl^- 的电极电位相近且略小，因此在 HCl 溶液中进行滴定时，不会因氧化 Cl^- 而发生误差，因而滴定时不需加入 $MnSO_4$；

b. 滴定时需要加入氧化还原指示剂，如用二苯胺磺酸钠作指示剂。终点时溶液由绿色（Cr^{3+} 的颜色）突变为紫色或紫蓝色。

已知二苯胺磺酸钠变色时的 $\varphi_{In}^{\ominus\prime} = 0.84V$（见表 6-4）。若 Fe^{3+}/Fe^{2+} 电对按 $\varphi_{Fe^{3+}/Fe^{2+}}^{\ominus\prime} = 0.68V$ 计算，则滴定至 99.9% 时的电极电位为：

$$\varphi_{Fe^{3+}/Fe^{2+}}^{\ominus} = \varphi_{Fe^{3+}/Fe^{2+}}^{\ominus\prime} + 0.059V\lg\frac{c_{Fe^{3+}}}{c_{Fe^{2+}}}$$

$$=0.68V+0.059Vlg\frac{99.9}{0.1}$$

$$=0.86V$$

由此可见，当滴定进行至 99.9% 时，电极电位已超过指示剂变色的电极电位（>0.84V），滴定终点将过早到达。为了减小滴定终点误差，需要在试液中加入 H_3PO_4 溶液，使 Fe^{3+} 与 PO_4^{3-} 形成稳定的无色 $[Fe(PO_4)_2]^{3-}$ 配位阴离子，这样既消除了 Fe^{3+} 的黄色影响，又降低了 Fe^{3+}/Fe^{2+} 电对的电极电位。例如在 $1mol·L^{-1}$ HCl 与 $0.25mol·L^{-1}$ H_3PO_4 溶液中 Fe^{3+}/Fe^{2+} 电对的 $\varphi_{Fe^{3+}/Fe^{2+}}^{\ominus\prime}=0.51V$，从而避免了过早氧化指示剂。

② 水样中化学需氧量（COD）的测定　在酸性介质溶液中，以 $K_2Cr_2O_7$ 为氧化剂，测定水样中化学需氧量的方法记作 COD_{Cr}。（见 GB 11914—1989）

6.4.3　碘量法

（1）概述

碘量法是以 I_2 的氧化性和 I^- 的还原性为基础的滴定分析方法，其电极反应式为：

$$I_2+2e^- \longrightarrow 2I^- \qquad \varphi^{\ominus}=0.535V$$

由标准电极电位数据可知 I_2 是较弱的氧化剂，它只能与较强的还原剂（如 Sn^{2+}、Sb^{3+}、As_2O_3、S^{2-}、SO_3^{2-} 等）作用。而 I^- 是一种中等强度的还原剂，能与许多氧化剂作用。因此，碘量法可分为直接法和间接法两种。

① 直接碘量法　直接碘量法是利用 I_2 的氧化性，即用 I_2 标准溶液直接滴定还原性物质，可用于测定 $S_2O_3^{2-}$、SO_3^{2-}、Sn^{2+} 及维生素 C 等还原性较强的物质的含量。但由于 I_2 的氧化能力不强，能被 I_2 氧化的物质有限，而且受溶液中 H^+ 浓度的影响较大，所以直接碘量法的应用受到一定的限制。

② 间接碘量法　间接碘量法是利用 I^- 的还原性，即以 I^- 作还原剂，在一定条件下，与氧化性物质作用，定量地析出 I_2，然后用 $Na_2S_2O_3$ 标准溶液滴定 I_2，从而间接地测定氧化性物质的含量。例如可测定 MnO_4^-、$Cr_2O_7^{2-}$、Cu^{2+}、IO_3^-、BrO_3^-、H_2O_2 等氧化性物质的含量。间接碘量法比直接碘量法应用更为广泛。凡能与 KI 作用定量地析出 I_2 的氧化性物质及能与过量 I_2 在碱性介质中作用的有机物，都可用间接碘量法测定。

间接碘量法的基本反应为：

$$2I^- - 2e^- \Longrightarrow I_2$$

$$I_2 + 2S_2O_3^{2-} \Longrightarrow 2I^- + S_4O_6^{2-}$$

在间接碘量法中，氧化析出的 I_2 必须立即进行滴定，滴定最好在碘量瓶中进行，而且为了减少 I^- 与空气的接触，滴定时不应剧烈摇荡。

碘量法常用淀粉作指示剂，淀粉与 I_2 结合形成蓝色物质，灵敏度很高。即使在 10^{-5} $mol·L^{-1}$ 的 I_2 溶液中也能显示出来。实践证明，直链淀粉遇 I_2 变蓝必须有 I^- 存在，并且 I^- 浓度越高，则显色越灵敏。淀粉溶液必须是新鲜配制的、否则会腐败分解，显色不敏锐。另外，在间接碘量法中，淀粉指示剂必须在滴定临近终点时加入，否则大量的 I_2 与淀粉结合，不易与 $Na_2S_2O_3$ 反应，将会给滴定带来误差。

③ 滴定条件　碘量法的反应条件和滴定条件非常重要，滴定时应注意以下两个问题，才能获得准确的结果。

a. 控制溶液的酸度　$Na_2S_2O_3$ 与 I_2 的反应必须在中性或弱酸性溶液中进行。这是因为在碱性溶液中。会发生如下的副反应：

$$4I_2 + S_2O_3^{2-} + 10OH^- =\!=\!= 8I^- + 2SO_4^{2-} + 5H_2O$$

$$3I_2 + 6OH^- =\!=\!= 5I^- + IO_3^- + 3H_2O$$

另外在强酸性溶液中，$Na_2S_2O_3$ 会分解，同时 I^- 易被空气中的 O_2 所氧化。

$$S_2O_3^{2-} + 2H^+ =\!=\!= SO_2 + S\!\downarrow + H_2O$$

$$4I^- + 4H^+ + O_2 =\!=\!= 2I_2 + 2H_2O$$

b. 防止碘的挥发和碘离子氧化　碘量法的误差，主要有两个来源：I_2 易挥发及 I^- 容易被空气中的 O_2 氧化。所以，为了保证滴定的准确度，应采取以下措施：

ⅰ. 为防止 I_2 的挥发，应加入过量的 KI，使 I_2 形成配离子 I_3^-，增大了 I_2 在水中的溶解度；

ⅱ. 反应温度不宜过高，一般在室温下进行；

ⅲ. 间接碘量法最好在碘量瓶中进行，反应完全后立即滴定，且勿剧烈振动；

ⅳ. 为了防止 I^- 被空气中的 O_2 氧化，溶液酸度不宜过高。光及 Cu^{2+}、NO_2^- 等能催化 I^- 被空气中的 O_2 氧化，应将析出 I_2 的反应瓶置于暗处并预先去除干扰离子。

（2）标准溶液的配制和标定

① $Na_2S_2O_3$ 溶液的配制和标定　结晶的 $Na_2S_2O_3 \cdot 5H_2O$，一般含有少量 S、Na_2SO_3、Na_2CO_3、NaCl 等杂质，同时还容易风化、潮解，而且 $Na_2S_2O_3$ 溶液不稳定，容易与水中的 CO_2、空气中的氧气作用，以及被微生物分解而使浓度发生变化。

溶解的 CO_2 的作用：

$$Na_2S_2O_3 + H_2CO_3 =\!=\!= NaHCO_3 + NaHSO_3 + S\!\downarrow$$

上述分解作用一般在配成溶液的最初 10 天内发生。

空气中 O_2 的作用：

$$2Na_2SO_3 + O_2 =\!=\!= 2Na_2SO_4 + 2S\!\downarrow$$

细菌的作用（$Na_2S_2O_3$ 分解的主要原因）：

$$Na_2S_2O_3 \xrightarrow{\text{细菌}} Na_2SO_3 + S\!\downarrow$$

因此不能用直接法配制标准溶液，而是先配制成近似浓度的溶液，然后再标定。

配制 $Na_2S_2O_3$ 标准溶液时，应先煮沸蒸馏水，以除去水中的 CO_2 及杀灭微生物细菌，冷却备用。加入少量 Na_2CO_3（约 0.02%）使溶液呈微碱性，以防止 $Na_2S_2O_3$ 分解。日光能促使 $Na_2S_2O_3$ 分解，所以溶液应储存于棕色瓶中，放置暗处，经一两周后再标定。长期保存的溶液，在使用时应重新标定。若发现溶液变浑，应弃去重配。

标定 $Na_2S_2O_3$ 溶液常用 $K_2Cr_2O_7$、KIO_3、$KBrO_3$、纯铜等作基准物质，用间接碘量法进行标定。上述基准物作为氧化剂，在酸性溶液中与 KI 作用而析出 I_2。

$$Cr_2O_7^{2-} + 6I^- + 14H^+ =\!=\!= 2Cr^{3+} + 3I_2 + 7H_2O$$

$$IO_3^- + 5I^- + 6H^+ =\!=\!= 3I_2 + 3H_2O$$

$$BrO_3^- + 6I^- + 6H^+ =\!=\!= 3I_2 + 3H_2O + Br^-$$

$$2Cu^{2+} + 4I^- =\!=\!= 2CuI\!\downarrow + I_2$$

析出的 I_2 用 $Na_2S_2O_3$ 标准溶液滴定：

$$I_2 + 2S_2O_3^{2-} =\!=\!= 2I^- + S_4O_6^{2-}$$

例如以 $K_2Cr_2O_7$ 为基准物时，在酸性溶液中，过量 KI 存在条件下，一定量的 $K_2Cr_2O_7$ 与 KI 完全反应产生一定物质的量的 I_2，然后用 $Na_2S_2O_3$ 标准溶液滴定析出来的 I_2，两个主要反应为：

$$Cr_2O_7^{2-} + 6I^- + 14H^+ =\!=\!= 2Cr^{3+} + 3I_2 + 7H_2O$$

$$I_2 + 2S_2O_3^{2-} =\!=\!= 2I^- + S_4O_6^{2-}$$

故

$$n_{Na_2S_2O_3} = 6n_{K_2Cr_2O_7}$$

根据 $K_2Cr_2O_7$ 的质量及 $Na_2S_2O_3$ 溶液体积用量，即可计算 $Na_2S_2O_3$ 标准溶液的物质的量浓度。

$$c_{Na_2S_2O_3} = \frac{6m_{K_2Cr_2O_7}}{M_{K_2Cr_2O_7} \times V_{Na_2S_2O_3} \times 10^{-3}}$$

② I_2 溶液的配制和标定 用升华法制得的纯 I_2，可以直接配制 I_2 的标准溶液。市售的 I_2 含有杂质，而且由于 I_2 在水中溶解度很小，且易挥发，通常将它溶解在较浓的 KI 溶液中，以提高其溶解度。基于上述原因，常采用间接法配制接近浓度的 I_2 溶液，然后再进行标定。

碘溶液见光、遇热时浓度会发生变化，故应装在棕色瓶中，并置于暗处保存。储存和使用 I_2 溶液时，应避免与橡胶等有机物质接触。

标定 I_2 溶液的浓度，可用 As_2O_3 （俗称砒霜，剧毒！）作基准物质。As_2O_3 难溶于水，但易溶于碱性溶液中生成亚砷酸盐，滴定反应在微碱性溶液中进行，即加入 $NaHCO_3$ 使溶液的 $pH \approx 8$。反应如下：

$$As_2O_3 + 6OH^- \Longrightarrow 2AsO_3^{3-} + 3H_2O$$

$$H_3AsO_3 + I_2 + H_2O \Longrightarrow H_3AsO_4 + 2I^- + 2H^+$$

但由于 As_2O_3 特殊的性质，一般不用其对 I_2 溶液进行标定，而是用已经标定好的 $Na_2S_2O_3$ 标准溶液来标定。

根据反应

$$I_2 + 2S_2O_3^{2-} \Longrightarrow 2I^- + S_4O_6^{2-}$$

故

$$n_{I_2} = \frac{1}{2}n_{Na_2S_2O_3}$$

根据 $Na_2S_2O_3$ 用量及浓度就可计算 I_2 物质的量浓度。

$$c_{I_2} = \frac{c_{Na_2S_2O_3}V_{Na_2S_2O_3}}{2V_{I_2}}$$

(3) 应用示例

① 维生素 C 的测定 对于能被碘直接氧化的有机物，只要反应速度足够快，就可用直接碘量法进行测定。例如抗坏血酸、巯基乙酸、四乙基铅以及安乃近药物等。抗坏血酸（即维生素 C）是生物体中不可缺少的维生素之一，它具有抗坏血病的功能，它也是衡量蔬菜、水果品质的常用指标之一。

维生素 C（V_C），其分子式（$C_6H_8O_6$）中的烯二醇基具有还原性，能被定量地氧化为二酮基。

$$C_6H_8O_6 + I_2 \Longrightarrow C_6H_8O_6 + 2HI$$

$C_6H_8O_6$ 的还原能力很强，在空气中极易氧化，特别是在碱性条件下尤甚。在滴定时，应加入一定量的乙酸使溶液呈弱酸性。根据反应式，则有

$$w_{V_C} = \frac{c_{I_2}V_{I_2}\frac{M_{C_6H_8O_6}}{1000}}{m_{试样}} \times 100\%$$

② Na_2S 总还原能力的测定 在弱酸性溶液中，I_2 能氧化 H_2S。

$$H_2S + I_2 \Longrightarrow S\downarrow + 2H^+ + 2I^-$$

这是用直接碘量法测定硫化物。为了防止 S^{2-} 在酸性条件下生成 H_2S 而损失，在测定

124

时应用移液管将硫化钠试液加入到过量酸性碘溶液中，反应完毕后，再用 $Na_2S_2O_3$ 标准溶液回滴多余的碘。硫化钠中因常含有 Na_2SO_3 及 $Na_2S_2O_3$ 等还原性物质，它们也会与 I_2 作用，因此测定结果实际上是硫化钠的总还原能力。

其他能与酸作用生成 H_2S 的试样（例如某些含硫的矿石，石油和废水中的硫化物，钢铁中的硫，以及有机物中的硫等，都可使其转化为 H_2S），可用镉盐或锌盐的氨溶液吸收它们与酸反应时生成的 H_2S，然后用碘量法测定其中的含硫量。

③ 硫酸铜中铜的测定　胆矾（$CuSO_4 \cdot 5H_2O$）是农药波尔多液的主要原料，测定铜的含量时加入过量的 KI，使 Cu^{2+} 与 KI 作用生成难溶性的 CuI，并析出一定物质的量的 I_2，再用 $Na_2S_2O_3$ 标准溶液滴定析出的 I_2。

$$2Cu^{2+} + 4I^- \Longrightarrow 2CuI\downarrow + I_2$$
$$I_2 + 2S_2O_3^{2-} \Longrightarrow 2I^- + S_4O_6^{2-}$$

根据反应式，则有

$$w_{Cu} = \frac{c_{Na_2S_2O_3} \times \dfrac{V_{Na_2S_2O_3}}{1000} \times M_{Cu}}{m_{试样}} \times 100\%$$

由于 CuI 溶解度相对较大，且对 I_2 的吸附较强，使滴定终点不明显。为此，在计量点前加入 KSCN，使 CuI 转化为更难溶的 CuSCN 沉淀。

$$CuI + KSCN \Longrightarrow CuSCN\downarrow + KI$$

所得的 CuSCN 很难吸附碘，使反应终点变色比较明显。但 KSCN 只能在接近终点时加入，否则 SCN^- 直接还原 Cu^{2+}，而使结果偏低。

为了防止 Cu^{2+} 的水解，反应必须在酸性溶液中（pH＝3.5～5）进行，由于 Cu^{2+} 容易与 Cl^- 形成配离子，因此酸化时常用 H_2SO_4 或 HAc 而不用 HCl。

矿石、合金等固体试样，可选用适当的溶剂溶解后，再用上述方法测定。但需注意防止其他共存离子的干扰。例如试样中有干扰离子 Fe^{3+} 存在时，由于 Fe^{3+} 容易氧化 I^- 生成 I_2，使结果偏高。

$$2Fe^{3+} + 2I^- \Longrightarrow 2Fe^{2+} + 2I_2$$

若已知试样中含有 Fe^{3+} 的干扰时，应分离除去或加入 NaF 或 NH_4HF_2，使 Fe^{3+} 形成配离子 $[FeF_6]^{3-}$ 而掩蔽，以消除干扰。

④ 漂白粉中有效氯的测定　漂白粉的主要成分是 CaCl(OCl)，其他还有 $CaCl_2$、$Ca(ClO_3)_2$ 及 CaO 等。漂白粉的质量以有效氯（能释放出来的氯量）来衡量，用 Cl 的质量分数表示。

测定漂白粉中的有效氯时，使试样溶于稀 H_2SO_4 溶液中，加过量 KI，反应生成的 I_2，用 $Na_2S_2O_3$ 标准溶液滴定，反应方程式如下：

$$ClO^- + 2I^- + 2H^+ \Longrightarrow I_2 + Cl^- + H_2O$$
$$ClO_2^- + 4I^- + 4H^+ \Longrightarrow 2I_2 + Cl^- + 2H_2O$$
$$ClO_3^- + 6I^- + 6H^+ \Longrightarrow 3I_2 + Cl^- + 3H_2O$$

6.5　氧化还原滴定结果的计算

氧化还原滴定有关计算的主要依据是氧化还原反应中被测物与滴定剂的化学计量关系，确定化学计量系数（或物质的量之比）计算出被测物的含量。

分析化学

例 6-4 25.00mL KMnO$_4$ 溶液恰好能氧化一定质量的 KHC$_2$O$_4$·H$_2$O，而同量的 KHC$_2$O$_4$·H$_2$O又恰好能被 20.00mL 0.2000mol·L^{-1} KOH 溶液中和，求 KMnO$_4$ 溶液的浓度。

解：由氧化还原反应式

$$2Mn_4^- + 5C_2O_4^{2-} + 16H^+ ==== 2Mn^{2+} + 10CO_2\uparrow + 8H_2O$$

可知 MnO$_4^-$ 与 C$_2$O$_4^{2-}$ 的物质的量之比：

$$n_{KMnO_4} = \frac{2}{5}n_{C_2O_4^{2-}}$$

故

$$c_{KMnO_4}V_{KMnO_4} = \frac{2m_{KHC_2O_4·H_2O}}{5M_{KHC_2O_4·H_2O}}$$

即

$$m_{KHC_2O_4·H_2O} = c_{KMnO_4}V_{KMnO_4}\frac{5M_{KHC_2O_4·H_2O}}{2}$$

在酸碱反应中，$n_{KOH} = n_{HC_2O_4^-}$

$$c_{KOH}V_{KOH} = \frac{m_{KHC_2O_4·H_2O}}{M_{KHC_2O_4·H_2O}}$$

即

$$m_{KHC_2O_4·H_2O} = c_{KOH}V_{KOH}M_{KHC_2O_4·H_2O}$$

已知两次作用的 KHC$_2$O$_4$·H$_2$O 的量相同，V_{KMnO_4} = 25.00mL

$$V_{KOH} = 20.00mL,\ c_{KOH} = 0.2000mol·L^{-1}$$

故

$$c_{KMnO_4}V_{KMnO_4}\times\frac{5}{2}\times\frac{M_{KHC_2O_4·H_2O}}{1000} = c_{KOH}V_{KOH}\frac{M_{KHC_2O_4·H_2O}}{1000}$$

即

$$c_{KMnO_4}\times25.00mL\times\frac{5}{2000} = 0.2000mol·L^{-1}\times20.00mL\times\frac{1}{1000}$$

$$c_{KMnO_4} = 0.06400mol·L^{-1}$$

例 6-5 以 KIO$_3$ 为基准物采用间接碘量法标定 0.1000mol·L^{-1} Na$_2$S$_2$O$_3$ 溶液的浓度，若滴定时，欲将消耗的溶液的体积控制在 25mL 左右，问应当称取 KIO$_3$ 多少克？

解：反应式为：

$$IO_3^- + 5I^- + 6H^+ ==== 3I_2 + 3H_2O$$

$$I_2 + 2S_2O_3^{2-} ==== 2I^- + S_4O_6^{2-}$$

由上面反应式可以确定相关物质的化学计量关系是：

$$1IO_3^- : 3I_2 : 6S_2O_3^{2-}$$

因此

$$n_{IO_3^-} = \frac{1}{6}n_{S_2O_3^{2-}}$$

$$n_{Na_2S_2O_3} = c_{Na_2S_2O_3}V_{Na_2S_2O_3}$$

$$n_{KIO_3} = \frac{1}{6} c_{Na_2S_2O_3} V_{Na_2S_2O_3}$$

$$= \frac{1}{6} \times 0.1000 mol \cdot L^{-1} \times 25 mL \times 10^{-3} = 0.000417 mol$$

应称取 KIO_3 质量为：

$$m_{KIO_3} = n_{KIO_3} M_{KIO_3} = 0.000417 mol \times 214.0 g \cdot mol^{-1} = 0.0892 g$$

例 6-6 有一 $K_2Cr_2O_7$ 标准溶液的浓度为 $0.01683 mol \cdot L^{-1}$，求其对 Fe 和 Fe_2O_3 滴定度。称取含铁矿石样 $0.2801 g$，溶解后将溶液中的 Fe^{3+} 还原为 Fe^{2+}，然后用上述 $K_2Cr_2O_7$ 标准溶液滴定，用去 $25.60 mL$，求试样中含铁量，分别以 w_{Fe} 和 $w_{Fe_2O_3}$ 表示。

解： $K_2Cr_2O_7$ 滴定 Fe^{2+} 的反应为：

$$Cr_2O_7^{2-} + 6Fe^{2+} + 14H^+ == 2Cr^{3+} + 6Fe^{3+} + 7H_2O$$

故

$$n_{Fe} = 6n_{K_2Cr_2O_7}$$

$$n_{Fe_2O_3} = 3n_{K_2Cr_2O_7}$$

$$T_{Fe/K_2Cr_2O_7} = \frac{6c_{K_2Cr_2O_7} M_{Fe}}{1000} = \frac{6 \times 0.01683 mol \cdot L^{-1} \times 55.85 g \cdot mol^{-1}}{1000}$$

$$= 5.640 \times 10^{-3} g \cdot mL^{-1}$$

$$T_{Fe_2O_3/K_2Cr_2O_7} = \frac{3c_{K_2Cr_2O_7} M_{Fe_2O_3}}{1000} = \frac{3 \times 0.01683 mol \cdot L^{-1} \times 159.69 g \cdot mol^{-1}}{1000}$$

$$= 8.063 \times 10^{-3} g \cdot mL^{-1}$$

$$w_{Fe} = \frac{T_{Fe/K_2Cr_2O_7} V_{K_2Cr_2O_7}}{m} \times 100\% = \frac{5.640 \times 10^{-3} g \cdot mL^{-1} \times 25.60 mL}{0.2801 g} \times 100\%$$

$$= 0.5155 = 51.55\%$$

$$w_{Fe_2O_3} = \frac{T_{Fe_2O_3/K_2Cr_2O_7} V_{K_2Cr_2O_7}}{m} \times 100\% = \frac{8.063 \times 10^{-3} g \cdot mL^{-1} \times 25.60 mL}{0.2801 g} \times 100\%$$

$$= 0.7369 = 73.69\%$$

例 6-7 $0.1000 g$ 工业甲醇，与 $25.00 mL$ $0.01667 mol \cdot L^{-1}$ $K_2Cr_2O_7$ 溶液作用（在 H_2SO_4 溶液中）。待反应完成后，以邻苯氨基苯甲酸作指示剂，用 $0.1000 mol \cdot L^{-1}$ $(NH_4)_2Fe(SO_4)_2$ 标准溶液滴定剩余的过量 $K_2Cr_2O_7$，用去 $10.00 mL$。求试样中甲醇的质量分数。

解： 在 H_2SO_4 溶液中，甲醇被过量的 $K_2Cr_2O_7$ 氧化成 CO_2 和 H_2O：

$$CH_3OH + Cr_2O_7^{2-} + 8H^+ == CO_2 \uparrow + 2Cr^{3+} + 6H_2O$$

过量的 $K_2Cr_2O_7$ 被 Fe^{2+} 滴定，其反应如下：

$$Cr_2O_7^{2-} + 6Fe^{2+} + 14H^+ == 2Cr^{3+} + 6Fe^{3+} + 7H_2O$$

与甲醇作用的 $K_2Cr_2O_7$ 的物质的量应为加入的 $K_2Cr_2O_7$ 的总的物质的量减去与 Fe^{2+} 作用的 $K_2Cr_2O_7$ 的物质的量。

由反应可知：

$$CH_3OH : Cr_2O_7^{2-} : 6Fe^{2+}$$

因此

$$n_{CH_3OH} = n_{Cr_2O_7^{2-}}, \quad n_{Cr_2O_7^{2-}} = \frac{1}{6} n_{Fe^{2+}}$$

$$w_{\text{CH}_3\text{OH}} = \frac{\left(c_{\text{K}_2\text{Cr}_2\text{O}_7} V_{\text{K}_2\text{Cr}_2\text{O}_7} - \dfrac{1}{6} c_{\text{Fe}^{2+}} V_{\text{Fe}^{2+}}\right) M_{\text{CH}_3\text{OH}}}{m_{\text{试样}}} \times 100\%$$

$$= \left[(0.01667\,\text{mol·L}^{-1} \times 25.00\,\text{mL} \times 10^{-3} - \frac{1}{6} \times 0.1000\,\text{mol·L}^{-1} \times 10.00\,\text{mL} \times 10^{-3}) \times \right.$$

$$\left. 32.04\,\text{g·mol}^{-1}\right]/0.1000\,\text{g} \times 100\%$$

$$= 0.0801 = 8.01\%$$

本章重点和有关计算公式

重点：

1. 能斯特方程与条件电极电位
2. 副反应和酸度对电极电位的影响
3. 条件平衡常数
4. 影响氧化还原反应速率的因素及应用
5. 氧化还原滴定过程中电极电位的确定
6. 氧化还原指示剂的选择原则
7. 高锰酸钾法、重铬酸钾法、碘量法的原理及应用，各方法标准溶液的配制和标定

有关计算公式：

1. 能斯特方程 $\quad \varphi_{\text{Ox/Red}} = \varphi^{\ominus}_{\text{Ox/Red}} + \dfrac{0.059\,\text{V}}{n} \lg \dfrac{a_{\text{Ox}}}{a_{\text{Red}}}$

2. 考虑离子强度和副反应影响后的能斯特方程式

$$\varphi_{\text{Ox/Red}} = \varphi^{\ominus}_{\text{Ox/Red}} + \frac{0.059\,\text{V}}{n} \lg \frac{\gamma_{\text{Ox}} \alpha_{\text{Red}}}{\gamma_{\text{Red}} \alpha_{\text{Ox}}} + \frac{0.059\,\text{V}}{n} \lg \frac{c_{\text{Ox}}}{c_{\text{Red}}}$$

及条件电极电位定义式 $\quad \varphi^{\ominus\prime}_{\text{Ox/Red}} = \varphi^{\ominus}_{\text{Ox/Red}} + \dfrac{0.059\,\text{V}}{n} \lg \dfrac{\gamma_{\text{Ox}} \alpha_{\text{Red}}}{\gamma_{\text{Red}} \alpha_{\text{Ox}}}$

3. 条件电极电位表示的能斯特方程 $\quad \varphi_{\text{Ox/Red}} = \varphi^{\ominus\prime}_{\text{Ox/Red}} + \dfrac{0.059\,\text{V}}{n} \lg \dfrac{c_{\text{Ox}}}{c_{\text{Red}}}$

4. 忽略离子强度影响的能斯特方程 $\quad \varphi^{\ominus}_{\text{Ox/Red}} = \varphi^{\ominus}_{\text{Ox/Red}} + \dfrac{0.059\,\text{V}}{n} \lg \dfrac{[\text{Ox}]}{[\text{Red}]}$

及条件电极电位定义式 $\quad \varphi^{\ominus\prime}_{\text{Ox/Red}} = \varphi^{\ominus}_{\text{Ox/Red}} + \dfrac{0.059\,\text{V}}{n} \lg \dfrac{\alpha_{\text{Red}}}{\alpha_{\text{Ox}}}$

5. 条件平衡常数 $\quad \lg K' = \lg \left[\left(\dfrac{c_{\text{Red}_1}}{c_{\text{Ox}_1}}\right)^{n_2} \left(\dfrac{c_{\text{Ox}_2}}{c_{\text{Red}_2}}\right)^{n_1}\right] = \dfrac{n(\varphi_1^{\ominus\prime} - \varphi_2^{\ominus\prime})}{0.059\,\text{V}}$

6. 化学计量点时的电极电位 φ_{sp} $\quad \varphi_{\text{sp}} = \dfrac{n_1 \varphi_1^{\ominus\prime} + n_2 \varphi_2^{\ominus\prime}}{n_1 + n_2}$

7. 指示剂变色的电位范围 $\quad \varphi^{\ominus\prime}_{\text{In}} \pm \dfrac{0.059}{n}\,\text{V}$

思 考 题

1. 处理氧化还原反应平衡时，为什么要引入条件电极电位？外界条件对电极电位有何影响？

2. 如何判断氧化还原反应进行的完全程度？

3. 是否条件平衡常数大的氧化还原反应就一定能用于氧化还原滴定分析中？为什么？

4. 影响氧化还原反应速率的主要因素有哪些？如何加速反应的完成？

5. 哪些因素影响氧化还原滴定的突跃范围？如何确定化学计量点时的电极电位？

6. 氧化还原滴定之前，为什么要进行预处理？对预处理所用的氧化剂或还原剂有哪些要求？

7. 氧化还原滴定的主要依据是什么？它与酸碱滴定法有什么相似点和不同点？应用氧化还原滴定法可以测定哪些物质？

8. 在氧化还原滴定分析中，是否都能采用加热的办法来加速反应的进行？为什么？

9. 如何理解氧化还原指示剂的变色原理。

10. 氧化还原指示剂的选择原则与酸碱指示剂有什么异同？

11. 常用的氧化还原滴定法有哪些，简述各种方法的原理及特点。

12. 条件电极电位与标准电极电位是什么关系？

13. 氧化还原滴定中，任意时刻溶液的电位，为什么可以根据氧化剂或还原剂电对中任意一个电对的能斯特方程进行计算？

14. 配制 $Na_2S_2O_3$ 溶液时，需采用新鲜煮沸冷却的蒸馏水。煮沸冷却蒸馏水的目的是什么？

15. $K_2Cr_2O_7$ 为基准物标定 $Na_2S_2O_3$ 溶液的浓度，回答以下实验问题：

(1) 为何不采用直接碘量法标定，而采用间接碘量法标定？

(2) $K_2Cr_2O_7$ 氧化 I^- 反应为什么要加酸，并加盖在暗处放置 5min？

(3) 用 $Na_2S_2O_3$ 滴定前要加蒸馏水稀释的目的？若到达终点后蓝色又很快出现说明什么？应如何处理？

16. 为什么在测定试样中的 MnO_4^- 时，一般不采用 Fe^{2+} 标准溶液直接滴定，而是在 MnO_4^- 试液中加入过量 Fe^{2+} 标准溶液，然后再使用 $KMnO_4$ 标准溶液回滴？

17. 某同学按如下方法配制 $0.02mol \cdot L^{-1}$ $KMnO_4$ 溶液，请指出其错误并加以改正。

准确称取 3.161g 固体 $KMnO_4$，用煮沸过的去离子水溶解，转移至 1000mL 容量瓶，稀释至刻度，然后用干燥的滤纸过滤。

18. 某实验人员拟用如下实验步骤标定 $0.02mol \cdot L^{-1}$ $Na_2S_2O_3$，请指出其中的错误或不妥之处，并予改正。

称取 0.2315g 市售分析纯 $K_2Cr_2O_7$，加适量水溶解后，加入 1g KI，然后立即加入淀粉指示剂，用 $Na_2S_2O_3$ 滴定至蓝色褪去，记下消耗 $Na_2S_2O_3$ 的体积，计算 $Na_2S_2O_3$ 浓度。

习 题

1. 计算 $pH = 3.0$，$c_{F^-} = 0.1mol \cdot L^{-1}$ 时，Fe^{3+}/Fe^{2+} 电对的条件电极电位（忽略离子强度的影响）。已知 $Fe^{3+}-F^-$ 配合物的 $lg\beta_1$，$lg\beta_2$，$lg\beta_3$ 分别是 5.28，9.30，12.06。

2. 准确称取 0.1505g 软锰矿样品，用 Na_2O_2-NaOH 进行处理，使锰转化为 MnO_4^{2-}，除去过氧化物，并酸化溶液，滤去 MnO_2 沉淀，在滤液中加入浓度为 $0.1104mol \cdot L^{-1}$ $FeSO_4$ 标准溶液 50.00mL。待反应完全后，再用 $0.01950mol \cdot L^{-1}$ $KMnO_4$ 标准溶液滴定至粉红色，终点时用去 $KMnO_4$ 标准溶液 18.16mL，计算试样中 MnO_2 的质量分数。

3. 用 $K_2Cr_2O_7$ 法测定铁矿石中 Fe_2O_3 含量。称取铁矿石试样 1.000g，用酸溶解后，

以 $SnCl_2$ 把 Fe^{3+} 还原为 Fe^{2+}，再用 $K_2Cr_2O_7$ 标准溶液滴定。若使滴定管上消耗的 $K_2Cr_2O_7$ 溶液体积读数（以 mL 为单位）在数值上恰好等于试样中 Fe_2O_3 的质量分数（以百分数计），则 $K_2Cr_2O_7$ 标准溶液的浓度为多少？

4. 用纯 $K_2Cr_2O_7$ 为基准物标定 $Na_2S_2O_3$ 溶液的浓度。准确称取 $K_2Cr_2O_7$ 0.1980g，溶解、酸化后加入过量的 KI，待反应完全后，释放的 I_2 需用 40.75mL $Na_2S_2O_3$ 溶液滴定。计算 $Na_2S_2O_3$ 溶液的浓度。

5. 一份 50.00mL H_2SO_4 与 $KMnO_4$ 的混合液，需用 40.00mL 0.1000mol·L^{-1} 溶液中和，另一份 50.00mL 的上述混合液，需用 25.00mL 0.1000mol·L^{-1} $FeSO_4$ 溶液还原。试求每升混合液中含有 H_2SO_4 和 $KMnO_4$ 各多少克？

6. 不纯的碘化钾试样 0.5180g，用 0.1940g $K_2Cr_2O_7$（过量）处理后，将溶液煮沸除去析出的碘，然后用过量的纯 KI 处理，这时析出的碘需用 0.1000mol·L^{-1} $Na_2S_2O_3$ 标准溶液进行滴定，终点时消耗 $Na_2S_2O_3$ 溶液 10.00mL，计算试样中 KI 的质量分数。

7. 称取 0.1000g 红丹（Pb_3O_4）样品，用 HCl 溶解后再加入 $K_2Cr_2O_7$，使其定量沉淀为 $PbCrO_4$，将沉淀过滤、洗涤后溶于酸中，并加入过量的 KI，析出的 I_2 以淀粉为指示剂，用 0.1000mol·L^{-1} $Na_2S_2O_3$ 溶液滴定，用去 12.00mL。求试样中 Pb_3O_4 的质量分数。

8. 今有 25.00mL KI 溶液，用 10.00mL 0.0500mol·L^{-1} 的 KIO_3 溶液处理后，煮沸溶液以除去生成的 I_2。冷却后，加入过量 KI 溶液使之与剩余的 KIO_3 反应，然后将溶液调至中性，析出的 I_2 用浓度为 0.1008mol·L^{-1} 的 $Na_2S_2O_3$ 标准溶液滴定，终点时用去 21.14mL。计算 KI 溶液的浓度。

9. 用 $KMnO_4$ 法测定硅酸盐试样中的 Ca^{2+} 含量。称取试样 0.5863g，在一定条件下，将 Ca^{2+} 沉淀为 CaC_2O_4，过滤、洗涤沉淀。将洗净的 CaC_2O_4 溶解于稀 H_2SO_4 中，用 0.05052mol·L^{-1} $KMnO_4$ 标准溶液滴定至终点时，消耗 $KMnO_4$ 溶液 25.64mL。计算硅酸盐中 Ca 的质量分数。

10. 计算在 1.0mol·L^{-1} HCl 介质中，反应：$2Fe^{3+}+Sn^{2+}\Longrightarrow2Fe^{2+}+Sn^{4+}$ 的条件平衡常数及化学计量点时反应进行的完全程度。

11. 称取 0.5180g 石灰石样品，溶解处理后加入过量 $(NH_4)_2C_2O_4$ 溶液。沉淀经过滤洗涤后，用硫酸溶解，再用 0.2500mol·L^{-1} $KMnO_4$ 溶液滴定，终点时用去 40.00mL。计算原样品中 CaO 的质量百分数。

12. 在酸性溶液中用高锰酸钾法测定 Fe^{2+} 时，$KMnO_4$ 标准溶液的浓度是 0.02484mol·L^{-1}，试求：用 (1) Fe；(2) Fe_2O_3；(3) $FeSO_4·7H_2O$ 表示的滴定度。

13. 将 1.000g 钢样中的铬氧化为 $Cr_2O_7^{2-}$，加入 25.00mL 0.1000mol·L^{-1} $FeSO_4$ 标准溶液，然后用 0.0180mol·L^{-1} $KMnO_4$ 标准溶液 7.00mL 回滴剩余的 $FeSO_4$ 溶液。计算钢样中铬的质量分数。

14. 现有硅酸盐试样 1.000g，用重量法测定其中铁及铝时，得到 $Fe_2O_3+Al_2O_3$ 沉淀共重 0.5000g。将沉淀溶于酸并将 Fe^{3+} 还原成 Fe^{2+} 后，用 0.03333mol·L^{-1} $K_2Cr_2O_7$ 标准溶液滴定至终点时用去 25.00mL。试样中 FeO 及 Al_2O_3 的质量分数各为多少？

15. 化学需氧量（COD）的测定。今取废水样 100.00mL 用 H_2SO_4 酸化后，加入 25.00mL 0.01667mol·L^{-1} $K_2Cr_2O_7$ 标准溶液，以 Ag_2SO_4 为催化剂，煮沸一定时

间，待水样中还原性物质较完全地氧化后，以邻二氮杂菲-亚铁为指示剂，用 $0.1000 mol \cdot L^{-1}$ $FeSO_4$ 溶液滴定剩余的 $Cr_2O_7^{2-}$，用去 $15.00 mL$。计算废水样中化学耗氧量，以 $mg \cdot L^{-1}$ 表示。

16. 移取一定体积的乙二醇试液，用 $50.00 mL$ 高碘酸钾溶液处理，待反应完全后，将混合溶液调节至 pH 为 8.0，加入过量 KI，反应完全后释放出的 I_2 以 0.05000 $mol \cdot L^{-1}$ 亚砷酸盐标准溶液滴定至终点，消耗 $14.30 mL$。已知 $50.00 mL$ 该高碘酸钾的空白溶液在 pH 为 8.0 时，加入过量 KI，释放出的 I_2 所消耗等浓度的亚砷酸盐溶液为 $30.10 mL$。计算试液中含乙醇的质量（mg）。提示：反应式为

$$CH_2OHCH_2OH + IO_4^- \Longrightarrow 2HCHO + IO_3^- + H_2O$$
$$IO_4^- + 2I^- + H_2O \Longrightarrow IO_3^- + I_2 + 2OH^-$$
$$I_2 + AsO_3^{3-} + H_2O \Longrightarrow AsO_4^{3-} + 2I^- + 2H^+$$

17. 称取 H_2O_2 溶液 $0.5870g$，加入 $0.02150 mol \cdot L^{-1}$ $KMnO_4$ 溶液 $25.00 mL$，用 Fe^{2+} 标准溶液返滴定过量 $KMnO_4$，终点时需消耗 $0.1120 mol \cdot L^{-1}$ Fe^{2+} 溶液 $5.10 mL$，问试样溶液中 H_2O_2 的质量百分数是多少？

18. 计算在 $1.0 mol \cdot L^{-1}$ HCl 溶液中，用 Fe^{3+} 溶液滴定 Sn^{2+} 溶液时，化学计量点的电位，并计算滴定至 99.9% 和 100.1% 时的电位。说明为什么化学计量点前后，电位变化不相同。滴定时应选用何种指示剂指示终点？

19. 计算 $pH = 10.0$，$c_{NH_3} = 0.1 mol \cdot L^{-1}$ 的溶液中，Zn^{2+}/Zn 电对的条件电极电位（忽略离子强度的影响）。已知锌氨配离子的各级累积稳定常数为：$lg\beta_1 = 2.27$，$lg\beta_2 = 4.61$，$lg\beta_3 = 7.01$，$lg\beta_4 = 9.06$；NH_4^+ 的解离常数 $K_a = 10^{-9.25}$。

20. 根据 $\varphi_{Hg^{2+}/Hg}^{\ominus}$ 和 Hg_2Cl_2 的溶度积计算 $\varphi_{Hg_2Cl_2/Hg}^{\ominus}$。如果溶液中 Cl^- 浓度为 $0.010 mol \cdot L^{-1}$，则 Hg_2Cl_2/Hg 电对的电位为多少？

21. 在 $0.5 mol \cdot L^{-1}$ H_2SO_4 溶液中，以 $0.1000 mol \cdot L^{-1}$ $Ce(SO_4)_2$ 溶液滴定 $20.00 mL$ $0.05000 mol \cdot L^{-1}$ $FeSO_4$ 溶液时，计算滴定百分数分别为 50%、100%、200% 时溶液的电极电位。

第7章 沉淀滴定法

7.1 沉淀滴定法概述

沉淀滴定法是以沉淀反应为基础的一种滴定分析方法。虽然能形成沉淀的反应很多，但并不是所有的沉淀反应都能用于滴定分析。

7.1.1 沉淀反应需满足的条件

用于沉淀滴定的沉淀反应既要满足滴定分析反应的必需条件，还要求形成沉淀的溶解度足够小，沉淀的吸附现象应不影响终点的判断。总之，用于沉淀滴定法的沉淀反应必须满足下列几个条件：

① 沉淀反应必须依据化学计量关系迅速、定量地进行；

② 生成的沉淀应具有恒定的组成，而且溶解度必须很小，沉淀的吸附作用小；

③ 能够用适当的指示剂或其他方法确定滴定的终点。

由于上述条件不易同时满足，故能用于沉淀滴定的反应不多。目前最常用的是生成难溶银盐的反应，即银量法。

7.1.2 银量法滴定方式和用途

比较具有实用意义的是以生成难溶银盐的沉淀反应为基础的滴定分析法，统称银量法。例如：

$$Ag^+ + Cl^- === AgCl \downarrow$$
$$Ag^+ + SCN^- === AgSCN \downarrow$$

（1）银量法的滴定方式

银量法的滴定方式有直接滴定法和间接滴定法。

① 直接滴定法　该滴定法是以 $AgNO_3$ 为标准溶液，直接滴定被沉淀的物质。如卤素离子（Cl^-、Br^-、I^-）、CN^-、SCN^-。

② 间接滴定法　该滴定法是在待测试液中先加入一定量过量的 $AgNO_3$ 标准溶液，待反应完全后，再用 NH_4SCN 标准溶液来滴定溶液中剩余的 $AgNO_3$。

（2）银量法的用途

银量法可以测定：

① 卤素离子（Cl^-、Br^-、I^-）、Ag^+、CN^-、SCN^-等；

② 经过处理而能定量地产生这些离子的有机氯化物。

银量法在实际中的应用主要是用于化学工业和冶金工业，如烧碱厂中食盐水 Cl^- 的测定；电解液中 Cl⁻ 的测定；农业上盐土中 Cl⁻ 含量的测定及环境检测中氯离子的测定。

沉淀滴定法应用的关键问题是正确确定终点，使滴定终点和理论终点尽可能一致，以减小滴定误差。为此着重讨论银量法中常用的几种确定终点的方法。

7.2 银量法确定滴定终点的几种方法

沉淀滴定法中可以用指示剂确定终点，也可以用电位滴定确定终点。

以银量法为例，根据所选用指示剂、溶液酸碱性和滴定方式的不同，可分为摩尔法、佛尔哈德法、法扬司法。

7.2.1 摩尔法

水是人们在生产、生活中接触最多、需求量最大的物质，在天然水中几乎都含有不等数量的 Cl⁻，而来自城镇自来水厂的生活饮用水中更带有消毒处理后的余氯，当饮用水中的 Cl⁻ 含量超过 $4.0g·L^{-1}$ 时，将对人的健康产生危害，因此对水中 Cl⁻ 含量的监测就显得相当重要。多数情况下就是采用摩尔法测定水中 Cl⁻ 含量。

（1）基本原理

摩尔法又称铬酸钾指示剂法，主要用于测定试样中的 Cl⁻、Br⁻、SCN⁻ 等离子含量。

摩尔法是用铬酸钾（K_2CrO_4）为指示剂，$AgNO_3$ 为滴定剂，在中性或弱碱性溶液中，用硝酸银标准溶液直接滴定待测溶液。

例如测定试样中的 Cl⁻ 含量（或 Br⁻），即在试样的中性溶液中，加入 K_2CrO_4 指示剂，用 $AgNO_3$ 标准溶液进行滴定。由于 AgCl 的溶解度小于 Ag_2CrO_4 的溶解度，根据分步沉淀原理，所以在滴定过程中，AgCl 首先沉淀出来。随着 $AgNO_3$ 不断加入，溶液中的 Cl⁻ 浓度越来越小，Ag^+ 的浓度则相应地增大，当滴定至化学计量点时，溶液中 Ag^+ 与 CrO_4^{2-} 的离子积超过 Ag_2CrO_4 的溶度积时，出现砖红色的 Ag_2CrO_4 沉淀，指示滴定终点的到达。滴定反应如下：

计量点前　$Ag^+ + Cl^- \rightleftharpoons AgCl\downarrow$　白　$K_{sp}(AgCl) = 1.56 \times 10^{-10}$

计量点后　$2Ag^+ + CrO_4^{2-} \rightleftharpoons Ag_2CrO_4\downarrow$　砖红　$K_{sp}(Ag_2CrO_4) = 9 \times 10^{-12}$

为使 Ag_2CrO_4 沉淀恰好在化学计量点产生，并使终点及时、明显，控制好 K_2CrO_4 指示剂的浓度和溶液的酸度等滴定条件是测定的两大关键。

（2）滴定条件

① K_2CrO_4 指示剂用量　指示剂铬酸钾用量对于指示终点有较大影响。K_2CrO_4 溶液浓度太大，则 Ag_2CrO_4 砖红色沉淀过早生成，即终点提前；K_2CrO_4 溶液浓度太小，则终点推迟出现，都将影响滴定终点判断，带来滴定误差。

以硝酸银标准溶液滴定 Cl⁻ 为例，根据溶度积规则可知，化学计量点时：

$$[Cl^-] = [Ag^+] = \sqrt{K_{sp}(AgCl)}$$

若要在化学计量点 AgCl 沉淀生成的同时，出现 Ag_2CrO_4 砖红色沉淀以指示滴定终点，则所需 CrO_4^{2-} 浓度应为：

$$[CrO_4^{2-}] = \frac{K_{sp}(Ag_2CrO_4)}{[Ag^+]^2} = \frac{K_{sp}(Ag_2CrO_4)}{K_{sp}(AgCl)}$$

$$= \frac{9 \times 10^{-12}}{1.56 \times 10^{-10}} mol·L^{-1} = 5.8 \times 10^{-2} mol·L^{-1}$$

若按此理论计算用量，溶液黄色（CrO_4^{2-} 的颜色）较深，不易判断 Ag_2CrO_4 砖红色沉淀的出现，妨碍终点的观察。因此指示剂 K_2CrO_4 的浓度略低一些为好。实验证明，一般滴定溶液中 K_2CrO_4 的浓度控制在 $0.005mol \cdot L^{-1}$ 为宜。

当然 K_2CrO_4 的浓度降低后，要使 Ag_2CrO_4 沉淀形成，必须多加一些 $AgNO_3$ 溶液，这样显然滴定剂就过量了。此时滴定终点将在化学计量点后出现，但由此产生的终点误差一般都小于 0.1%，可以认为不影响分析结果的准确度。

② 溶液的酸度　摩尔法只适用于中性或弱碱性（pH＝6.5～10.5）条件下进行，因在酸性溶液中 Ag_2CrO_4 要溶解：

$$Ag_2CrO_4 + H^+ \Longrightarrow 2Ag^+ + HCrO_4^-$$

$$2HCrO_4^- \Longrightarrow Cr_2O_7^{2-} + H_2O$$

在强碱性的溶液中，Ag^+ 会生成 Ag_2O 沉淀：

$$Ag^+ + OH^- \Longrightarrow AgOH \qquad 2AgOH \longrightarrow Ag_2O\downarrow + 2H_2O$$

如果待测液碱性太强，可先用稀 HNO_3 中和；若酸性太强，则用 $NaHCO_3$、$CaCO_3$ 或 $Na_2B_4O_7 \cdot 10H_2O$ 中和。

（3）应用条件和范围

① 摩尔法选择性较差。测定时溶液中既不能有 Ba^{2+}、Pb^{2+}、Hg^{2+} 等能与 CrO_4^{2-} 生成沉淀的阳离子，也不能有 PO_4^{3-}、AsO_4^{3-}、$C_2O_4^{2-}$、S^{2-} 等能与 Ag^+ 生成沉淀的阴离子存在，否则将会对测定产生干扰。

② 溶液中不能含有能与 Ag^+ 生成配合物的物质，例如不能含氨，因为易生成[$Ag(NH_3)_2$]$^+$ 配离子，而使 AgCl 和 Ag_2CrO_4 溶解度增大，影响滴定的结果。

③ 摩尔法主要用于直接测定 Cl^- 和 Br^-，或二者共存时的总量。由于 AgCl 和 AgBr 分别对 Cl^- 和 Br^- 有显著的吸附作用，因此在滴定过程中要充分振荡溶液，才不致影响测定的准确性。摩尔法不能测定 I^- 和 SCN^-，因为 AgI 和 AgSCN 沉淀具有强烈的吸附作用，分别吸附 I^- 或 SCN^-，导致终点提前。

④ 摩尔法不适用于含 Cl^- 的溶液滴定 Ag^+，因为滴定前加入指示剂 K_2CrO_4 后，溶液中会析出 Ag_2CrO_4 沉淀，在滴定过程中，Ag_2CrO_4 转化为 AgCl 的速度很慢（前者溶度积较后者小），滴定误差较大。如果要用摩尔法测定 Ag^+，可利用返滴定法。即在待测溶液中先加入一定量过量的 NaCl 标准溶液，待 AgCl 完全沉淀后，过滤，再用 $AgNO_3$ 滴定滤液中剩余的 Cl^-。

7.2.2　佛尔哈德法

（1）基本原理

佛尔哈德法又称铁铵矾指示剂法，分为直接滴定法和间接滴定法两种形式。主要用于测定试样中的 Ag^+（直接法）；卤素离子（Cl^-、Br^-、I^-）、SCN^-（间接法）等离子的含量。

① 直接滴定法　用于测定溶液中 Ag^+ 离子的含量。滴定剂为 NH_4SCN 标准溶液，指示剂为铁铵矾。

即在含 Ag^+ 的酸性溶液中，加入铁铵矾[$NH_4Fe(SO_4)_2 \cdot 12H_2O$]指示剂，用 NH_4SCN 标准溶液直接进行滴定。滴定过程中首先生成白色的 AgSCN 沉淀，滴定到达化学计量点附近时，Ag^+ 浓度迅速降低，SCN^- 浓度迅速增加。当 Ag^+ 定量沉淀后，再滴入的 NH_4SCN 标准溶液将与铁铵矾中的 Fe^{3+} 离子反应生成红色的[$Fe(SCN)$]$^{2+}$ 配合物，即指示终点的到达。根据消耗的 NH_4SCN 的物质的量即可求得被测溶液中 Ag^+ 离子的含量。

滴定反应如下：

$$Ag^+ + SCN^- \Longrightarrow AgSCN\downarrow \qquad 白色 \qquad K_{sp}(AgSCN) = 1.0 \times 10^{-12}$$

$$Fe^{3+} + SCN^- \Longrightarrow [Fe(SCN)]^{2+} \qquad 红色 \qquad K_f = 2 \times 10^2$$

② 间接滴定法 用于测定溶液中的卤素离子（Cl^-、Br^-、I^-）、SCN^- 等。滴定剂为 $AgNO_3$ 和 NH_4SCN 两种标准溶液，指示剂为铁铵矾。

即在含有被测离子的溶液中，首先加入一定量过量的 $AgNO_3$ 标准溶液，确保被测离子完全反应。然后加入铁铵矾$[NH_4Fe(SO_4)_2 \cdot 12H_2O]$指示剂，用 NH_4SCN 标准溶液返滴定溶液中剩余的 $AgNO_3$。根据 $AgNO_3$ 的总的物质的量及 NH_4SCN 的物质的量即可求得待测离子的含量。

（2）滴定条件

① 指示剂的浓度 实验证明，要能观察到红色，$[Fe(SCN)]^{2+}$ 浓度约为 6×10^{-6} $mol \cdot L^{-1}$，根据溶度积公式计算可知，化学计量点附近时 SCN^- 的浓度约为 1×10^{-6} $mol \cdot L^{-1}$，此时 Fe^{3+} 的浓度约为 $0.03 mol \cdot L^{-1}$。实际滴定过程中，如果 Fe^{3+} 的浓度太大，溶液呈较深的黄色，将会影响终点的颜色观察。为避免上述现象可能带来的误差，通常 Fe^{3+} 的浓度控制为 $0.015 mol \cdot L^{-1}$，即通常指示剂铁铵矾$[NH_4Fe(SO_4)_2 \cdot 12H_2O]$的浓度为 $0.015 mol \cdot L^{-1}$。

② 溶液酸度 佛尔哈德法的滴定要求在酸性溶液中进行，通常是在 HNO_3 溶液中完成测定过程。这是因为指示剂铁铵矾$[NH_4Fe(SO_4)_2 \cdot 12H_2O]$中的 Fe^{3+}，在中性或碱性溶液中会发生水解而析出沉淀或深色的$[Fe(H_2O)_5OH]^{2+}$等影响终点的判断。因此为避免影响测定，佛尔哈德法中酸度一般控制在 $0.3 \sim 1 mol \cdot L^{-1}$。

（3）应用条件和范围

① 直接滴定法测定 Ag^+ 佛尔哈德法的优点在于可以在酸性溶液中，用 NH_4SCN 标准溶液直接测定 Ag^+。

但是上述滴定过程中生成的 AgSCN 沉淀会吸附溶液中的被测离子 Ag^+，使 Ag^+ 浓度降低，SCN^- 浓度增加，导致$[Fe(SCN)]^{2+}$红色的最初出现会略早于化学计量点，因此滴定过程中需充分摇动溶液，迫使 AgSCN 沉淀吸附的 Ag^+ 及时释放出来以减小误差。

② 返滴定法测定卤素离子和 SCN^- 用佛尔哈德法测定卤素等离子时采用的是返滴定法，即首先加入一定量过量的 $AgNO_3$ 标准溶液，待反应完全后，再加入铁铵矾作指示剂，用 NH_4SCN 标准溶液回滴剩余的 Ag^+。例如测定 Cl^- 时发生的反应如下：

$$Cl^- + Ag^+(过量) \Longrightarrow AgCl\downarrow \qquad 白色$$

$$Ag^+(剩余) + SCN^- \Longrightarrow AgSCN\downarrow \qquad 白色$$

$$Fe^{3+} + SCN^- \Longrightarrow [Fe(SCN)]^{2+} \quad 红色$$

但用此返滴定法测试样中的 Cl^- 含量时，终点的判断会遇到困难。在滴定过程中，存在 AgCl 和 AgSCN 两种沉淀，为防止溶液中 Ag^+ 被沉淀吸附，在化学计量点前的滴定过程中需要充分振荡溶液。但在化学计量点附近，稍微过量的 SCN^- 除了会与 Fe^{3+} 生成红色的$[Fe(SCN)]^{2+}$，以指示滴定终点之外，SCN^- 还将与 AgCl 作用，发生 AgCl 沉淀向 AgSCN 沉淀的转化反应。

这是由于 AgSCN 的溶解度小于 AgCl 的溶解度，所以用 NH_4SCN 溶液回滴剩余的 Ag^+ 达到化学计量点后，稍微过量的 SCN^- 可能与 AgCl 作用，使 AgCl 转化为 AgSCN。

$$AgCl + SCN^- \longrightarrow AgSCN\downarrow + Cl^-$$

化学计量点附近如果剧烈摇动溶液，会促使上述沉淀的转化反应不断向右进行，直至达到平衡,而且此时的剧烈振荡会破坏红色 $[Fe(SCN)]^{2+}$ 的形成,使红色消失而指示不了滴定终点。要得到持久的红色,就必须继续加入 NH_4SCN,这样就多消耗了 NH_4SCN 标准溶液,因而产生了较大的误差。

③ 避免沉淀转化的方法　为解决 AgCl 沉淀向 AgSCN 沉淀的转化问题,避免上述误差,通常可采用以下两种方法。

a. 试液中加入一定量过量的 $AgNO_3$ 标准溶液之后,将溶液煮沸,使 AgCl 凝聚,以减少 AgCl 沉淀对 Ag^+ 的吸附。然后滤去沉淀,并用稀 HNO_3 充分洗涤沉淀,最后用 NH_4SCN 标准溶液回滴滤液中过量的 Ag^+。显然,这一方法要经过加热、沉淀、过滤等操作,方法比较繁琐,耗时也长。

b. 试液中加入一定量过量的 $AgNO_3$ 标准溶液之后,加入硝基苯 1~2mL,经过摇动后,AgCl 沉淀会进入硝基苯层中,使它不再与滴定溶液 NH_4SCN 接触,即可避免发生上述 AgCl 沉淀向 AgSCN 沉淀的转化反应。因为硝基苯毒性大,所以在某些分析中,如果要求不高,可不加硝基苯,而直接滴定。不过滴定速度要快,近终点时摇动不要太剧烈,使 AgCl 沉淀来不及转化。

三者溶度积的数值 $K_{sp}(AgBr)=4.1\times10^{-13}$、$K_{sp}(AgI)=1.5\times10^{-16}$、$K_{sp}(AgSCN)=1.0\times10^{-12}$ 可知,用佛尔哈德法间接测定试样中 Br^- 和 I^- 的含量时,因为 AgBr 和 AgI 的溶度积都比 AgSCN 的溶度积小,所以滴加 NH_4SCN 标准溶液后不会发生类似前面的沉淀转化反应。

这里需要注意的是,在测定试样中的 I^- 含量时,应先加 $AgNO_3$,然后再加入指示剂。否则将发生如下反应,产生误差,影响分析结果。

$$2Fe^{3+}+2I^-\Longrightarrow2Fe^{2+}+I_2$$

④ 佛尔哈德法的特点　佛尔哈德法的最大优点是在酸性溶液中进行滴定分析,许多弱酸根离子如 PO_4^{3-}、AsO_4^{3-}、CrO_4^{2-} 等不与 Ag^+ 形成沉淀,故该方法的选择性较高。但强氧化剂、氮的低价氧化物、铜盐、汞盐等能与 SCN^- 反应,对测定产生干扰,必须预先除去。

7.2.3　法扬司法

法扬司法又称吸附指示剂法,主要用于测定试样中的 Cl^-、Br^-、SCN^-、SO_4^-、Ag^+ 等离子的含量。

(1) 基本原理

法扬司法是以吸附指示剂在滴定过程中的结构变化而指示终点的银量法。吸附指示剂是一些有色的有机化合物,如荧光黄(HFIn)、曙红等。它们的阴离子在溶液中容易被带正电荷的胶状沉淀吸附在胶粒表面,由于吸附后形成某种化合物,导致指示剂分子结构发生变化,而引起颜色的改变,从而指示滴定终点的到达。

例如,用 $AgNO_3$ 标准溶液测定试样中的 Cl^- 含量时,常用荧光黄作吸附指示剂,荧光黄是一种有机弱酸,可用 HFIn 表示,它的解离式如下:

$$HFIn\Longrightarrow FIn^-+H^+$$

在溶液中荧光黄可解离为荧光黄阴离子 FIn^-,FIn^- 呈黄绿色。在化学计量点之前,溶液中存在过量 Cl^-,AgCl 沉淀胶体微粒吸附 Cl^- 而带有负电荷,不会吸附指示剂阴离子 FIn^-,溶液此时仍呈现 FIn^- 的黄绿色。而在化学计量点后,稍过量的 $AgNO_3$ 标准溶液即可使 AgCl 沉淀胶体微粒吸附 Ag^+ 而带正电荷,形成 $AgCl\cdot Ag^+$,这时,带正电荷的胶体微粒将吸附 FIn^-,并发生分子结构的变化,出现由黄绿色变成淡红色的颜色变化,指示滴定终点的到达。

化学计量点前：
$$Ag^+ + Cl^- \Longrightarrow AgCl\downarrow$$
$$AgCl\cdot Cl^- + FIn^- \quad (黄绿色)$$

化学计量点后：

$$AgCl\cdot Ag^+ + FIn^- \xrightarrow{\text{吸附}} AgCl\cdot Ag^+\cdot FIn^- \quad (淡红色)$$

如果测定情况发生变化，即用 NaCl 标准溶液测定试样中的 Ag^+ 含量时，则指示剂的颜色变化与上述情形正好相反。

（2）常用吸附指示剂 吸附指示剂种类很多，现将常用吸附指示剂列于表 7-1 中。

表 7-1　常用的吸附指示剂

指示剂名称	待测离子	滴定剂	适用的 pH 范围
荧光黄	Cl^-、Br^-、I^-、SCN^-	Ag^+	7～10
二氯荧光黄	Cl^-、Br^-、I^-、SCN^-	Ag^+	4～6
溴甲酚绿	SCN^-	Ag^+	4～5
曙红	Br^-、I^-、SCN^-	Ag^+	2～10
溴酚蓝	Cl^-、SCN^-	Ag^+	2～3
甲基紫	SO_4^{2-}、Ag^+	Ba^{2+}、Cl^-	酸性溶液
罗丹明 6G	Ag^+	Br^-	稀 HNO_3

（3）吸附指示剂使用注意事项

为了使终点变色敏锐，使用吸附指示剂时需要注意以下几个问题。

① 由于吸附指示剂的颜色变化发生在沉淀微粒的表面上，因此，应尽可能使沉淀颗粒小一些，使沉淀的表面积尽可能大一些，这样可以防止凝聚现象。为此，在滴入沉淀剂前应先将被测组分溶液稀释，并加入糊精或淀粉等高分子化合物作为保护胶体，使沉淀具有较大的表面积，可以防止沉淀如 AgCl 沉淀等凝聚。

② 虽然溶液稀释有利于防止沉淀的凝聚，但是稀释必须控制在合理的范围内。综合分析过程中的各因素，溶液中被滴定离子的浓度不能太低，因为浓度太低时，沉淀产生很少，观察终点比较困难。如用荧光黄作指示剂，用 $AgNO_3$ 标准溶液测定试样中的 Cl^- 含量时，试样中 Cl^- 的浓度要求在 $0.005mol\cdot L^{-1}$ 以上。但若要测定试样中的 Br^-、I^-、SCN^- 等含量时，由于测定灵敏度稍高，浓度低至 $0.001mol\cdot L^{-1}$ 仍可准确滴定。

③ 常用的吸附指示剂大多是有机弱酸，而起指示作用的是它们的阴离子。例如荧光黄，其 $pK_a \approx 7$。当溶液 pH 低时，荧光黄大部分以 $HFIn$ 形式存在，不会被卤化银沉淀吸附，不能指示终点。所以用荧光黄作指示剂时，测定溶液的 pH 应控制为 7～10。若选用 pK_a 较小的指示剂，则可以在 pH 较低的溶液中指示终点。

一般测定是在中性、弱碱性或极弱的酸性（如 HAc）溶液中进行，另外必须注意测定溶液的 pH 范围应当适合指示剂使用的 pH 范围，使指示剂以 FIn^- 的形式存在。

④ 卤化银沉淀对光敏感，遇光易分解析出金属银，使沉淀很快转变为灰黑色，影响终点观察，因此在滴定过程中应避免强光照射。

⑤ 胶体微粒对指示剂离子的吸附能力要适中，应略小于对待测离子的吸附能力，否则指示剂将在化学计量点前变色，但如果吸附能力太差，会造成终点时变色也不敏锐。

卤化银对卤素离子、SCN^- 和几种吸附指示剂的吸附能力大小的比较如下：
$$I^- > SCN^- > Br^- > 曙红 > Cl^- > 荧光黄$$

吸附指示剂除了用于银量法以外，还可用于测定试样中的 Ba^{2+}、SO_4^{2-} 等离子的含量。

7.3 银量法的应用

7.3.1 银量法标准溶液

银量法中常用的标准溶液是 $AgNO_3$ 和 NH_4SCN 两种溶液。

（1）$AgNO_3$ 标准溶液

① $AgNO_3$ 溶液的配制和标定　如果 $AgNO_3$ 经预处理制得很纯，则可用干燥的基准试剂直接配制 $AgNO_3$ 标准溶液。但一般市售 $AgNO_3$ 往往含有杂质，如金属银、氧化银、游离硝酸、亚硝酸盐等，因此首先配制所需近似浓度的 $AgNO_3$ 溶液，然后再进行标定。

$AgNO_3$ 溶液浓度标定时，以 NaCl 为基准物，K_2CrO_4 为指示剂，随着 $AgNO_3$ 溶液的滴入，当白色沉淀中出现砖红色沉淀时，即为滴定终点。

② 注意事项

a. $AgNO_3$ 试剂及其溶液具有腐蚀性，能够破坏皮肤组织，所以使用过程中务必注意不要接触皮肤和衣服。

b. 用于配制 $AgNO_3$ 溶液的蒸馏水不能含 Cl^-，否则配成的 $AgNO_3$ 溶液会出现浑浊，不能使用。另外由于 $AgNO_3$ 见光易分解，所以配制好的 $AgNO_3$ 溶液应保存在棕色瓶中（玻璃塞），置于暗处。

c. 基准物 NaCl 在使用前要放在坩埚中加热 $500 \sim 600 ℃$，直至不再有爆炸声为止，然后放入干燥器内冷却备用。

（2）NH_4SCN 标准溶液

① NH_4SCN 溶液的配制和标定　NH_4SCN 试剂一般含有杂质，且易潮解，所以不能用直接法配制标准溶液。而是首先配制所需近似浓度的 NH_4SCN 溶液，然后再进行标定。

NH_4SCN 溶液浓度标定时，通常用已经标定好浓度的 $AgNO_3$ 作为标准溶液，以铁铵矾 $[NH_4Fe(SO_4)_2 \cdot 12H_2O]$ 为指示剂，随着 NH_4SCN 溶液的滴入，当白色沉淀中出现淡红棕色时，即为滴定终点。

② 注意事项

a. NH_4SCN 对眼睛、皮肤有刺激作用，对环境有危害，对水体可造成污染，所以使用和排放时都应严格执行操作规程。

b. NH_4SCN 不宜进行干燥，其加热至 $140 ℃$ 左右时形成硫脲，$170 ℃$ 时分解为氨、二硫化碳和剧毒硫化氢。

c. 滴定中加入 HNO_3 的目的是为了防止 Fe^{3+} 的水解，但所用的 HNO_3 中不能含有 HNO_2，这是因为 HNO_2 会与 SCN^- 发生作用，生成的红色物质将干扰终点的确定。

d. 标定三个月后的溶液如果再使用，需要重新进行标定。

7.3.2 银量法的应用示例

（1）天然水中 Cl^- 含量的测定

天然水中几乎都含有 Cl^- 离子，其含量一般多用摩尔法测定。但如果水中还含有 SO_3^{2-}、PO_4^{3-}、S^{2-} 等离子，则需采用佛尔哈德法。

（2）有机卤化物中卤素的测定

有机物中所含卤素多为共价键结合，必须经过适当处理，使其转换为卤素离子后，才能用银量法进行测定。以农药"六六六"（六氯环己烷）为例，将试样与 KOH-乙醇溶液一起加热回流，使有机氯转换为 Cl^- 而进入溶液，反应如下：

$$C_6H_6Cl_6 + 3OH^- \Longrightarrow C_6H_6Cl_3 + 3Cl^- + 3H_2O$$

当溶液冷却后，首先加入 HNO_3 将溶液调至酸性，然后再用佛尔哈德法测定其中的 Cl^-。

（3）银合金中银的测定

将银合金试样用硝酸溶解后，首先除去氮的氧化物，然后再用佛尔哈德法直接滴定，即可测定试样中的银含量。

本 章 重 点

1. 银量法的滴定方式和应用
2. 摩尔法的基本原理和滴定条件
3. 佛尔哈德法基本原理和滴定条件
4. 银量法的标准溶液和浓度标定

思 考 题

1. 在摩尔法中为何要控制指示剂 K_2CrO_4 的浓度？
2. 采用摩尔法进行滴定分析时，为何溶液的酸度要控制在 $pH=6.5 \sim 10.5$ 之间？如果在 $pH=2$ 时滴定 Cl^-，分析结果会怎样？
3. 佛尔哈德法的介质条件是什么？指示剂又是什么？
4. 佛尔哈德法测定 Cl^- 时，溶液中没加有机溶剂，在滴定过程中会使结果（　　）。
（1）偏低　　（2）偏高　　（3）无影响　　（4）正负误差不定
5. 佛尔哈德法测定 I^- 时是采取什么方法（直接法还是返滴定法），滴定时应注意什么？
6. 说明用下述方法进行测定是否会引入误差，如有误差，则指出偏高还是偏低？
（1）吸取 $NaCl+H_2SO_4$ 试液后，马上以摩尔法测 Cl^-；
（2）中性溶液中用摩尔法测定 Br^-；
（3）用摩尔法测定 $pH \approx 8$ 的 KI 溶液中的 I^-；
（4）用摩尔法测定 Cl^-，但配制的 K_2CrO_4 指示剂溶液浓度过稀；
（5）用佛尔哈德法测定 Cl^-，但未加硝基苯。
7. 试述银量法指示剂的作用原理，并与酸碱滴定法比较。
8. 为了使终点颜色变化明显，使用吸附指示剂应注意哪些问题？
9. 分析摩尔法的局限性。

习 题

1. 称取基准物 $NaCl$ 0.2000g 溶于水中，加 $AgNO_3$ 标准溶液 50.00mL，以铁铵矾溶液为指示剂，用 NH_4SCN 标准溶液滴定至微红色，终点时消耗了 25.00mL NH_4SCN 标准溶液，已知 1.00mL NH_4SCN 标准溶液相当于 1.20mL $AgNO_3$ 标准溶液，试计算 $AgNO_3$ 和 NH_4SCN 的物质的量浓度。
2. 准确称取 0.5000g 不纯的 $SrCl_2$ 并进行溶解，溶液中除了 Cl^- 外，不含其他能与 Ag^+ 产生沉淀的物质。在上述溶液中加入 1.734g 纯的 $AgNO_3$，待溶液中 Cl^- 反应完全后，过量的 $AgNO_3$ 用 0.2800mol·L^{-1} NH_4SCN 标准溶液进行回滴，滴定终点时用去 NH_4SCN 标准溶液 25.50mL。试计算试样中 $SrCl_2$ 的质量分数。
3. 用摩尔法测定生理盐水中 $NaCl$ 的含量。准确移取生理盐水 10.00mL，加入 K_2CrO_4

作为指示剂，用 $0.1045mol \cdot L^{-1}$ AgNO₃ 标准溶液滴定至砖红色，终点时消耗 AgNO₃ 标准溶液 14.58mL。计算生理盐水中 NaCl 的含量（$g \cdot mL^{-1}$）。

4. 称取 0.5000g 某一纯盐 KIO_x，经还原为碘化物后，用浓度为 $0.1000mol \cdot L^{-1}$ AgNO₃ 标准溶液进行滴定，终点时用去 AgNO₃ 标准溶液 23.36mL。求该盐的化学式。

5. 现有一仅含有 NaCl 和 KCl 的试样，准确称取 0.1325g 该试样，经溶解后，用 $0.1032mol \cdot L^{-1}$ AgNO₃ 标准溶液进行滴定，终点时用去 AgNO₃ 溶液 21.84mL。试求试样中 NaCl 及 KCl 的质量分数。

6. 称取一定量的约含 52% NaCl 和 44% KCl 的试样。将试样溶于水后，加入 $0.1128mol \cdot L^{-1}$ AgNO₃ 标准溶液 30.00mL。过量的 AgNO₃ 需要 10.00mL NH₄SCN 标准溶液进行滴定。已知 1.00mL NH₄SCN 溶液相当于 1.15mL AgNO₃ 溶液。应称取试样多少克？

7. 称取含氯废液 2.075g，加入 $0.1120mol \cdot L^{-1}$ 的 AgNO₃ 溶液 30.00mL，然后用 $0.1230mol \cdot L^{-1}$ 的 NH₄SCN 标准溶液滴定过量的 AgNO₃，终点时用去 NH₄SCN 标准溶液 10.00mL。计算试样中 Cl^- 的质量分数。

8. 以过量的 AgNO₃ 处理 0.3450g 的不纯 KCl 试样，得到 0.6237g AgCl，求该试样中 KCl 的质量分数。

9. 有一纯的 AgCl 和 AgBr 混合试样质量为 0.8132g，在 Cl_2 气流中加热，使 AgBr 转化为 AgCl，则原试样的质量减轻了 0.1450g，计算原试样中氯的质量分数。

第8章 重量分析法

8.1 重量分析法概述

8.1.1 重量分析法

通过化学反应及一系列的操作步骤使试样中的待测组分转化为另一种纯粹、化学组成固定的化合物而与试样中其他组分得以分离，然后称量该化合物的质量，从而计算出待测组分含量或质量分数，这样的分析方法称为重量分析法（或称重量分析）。

重量分析法一般包括如下一系列过程：试样、试液、沉淀形式、称量形式、计算结果。试样经过适当步骤分解后，制成含被测组分的试液。加入沉淀剂后，得到含被测组分的沉淀形式，经过滤、洗涤、灼烧或烘干，得到称量形式。沉淀形式和称量形式可以相同，也可以不同。

重量分析法是一种经典的分析方法，方法可以直接用分析天平称量获得分析结果，不需要基准物质或标准试样作为参比，分析结果的准确度较高。通常分析天平称量的相对误差不超过±0.2mg，若称量形式为 0.1～0.2g，则重量分析法的相对误差为 0.1%～0.2%。因此，许多组分测定的重量分析法至今仍列为标准方法。但重量分析法的缺点是操作繁琐，耗时长，不适于生产中的控制分析，对微量组分的测定误差较大。

8.1.2 待测组分与其他组分分离的方法

根据被测组分与其他组分的不同分离方法，重量分析可分为化学沉淀法、汽化法等。

（1）化学沉淀法

这种方法是将试样分解制成试液后，在一定条件下加入适当的沉淀剂，使被测组分沉淀析出，所得沉淀称为沉淀形式。沉淀经过滤、洗涤，在一定温度下烘干或灼烧，使沉淀形式转化为称量形式，然后称量，根据称量形式的化学组成和质量，便可计算出被测组分的含量。

例如，测定试液中 SO_4^{2-} 含量时，在试液中加入过量 $BaCl_2$ 溶液，使 SO_4^{2-} 定量生成难溶的 $BaSO_4$。沉淀经过滤、洗涤、干燥后，称量 $BaSO_4$ 的质量，从而计算试液中 SO_4^{2-} 的含量。

（2）汽化法

这种方法适用于挥发性组分的测定。一般是用加热或蒸馏等方法使被测组分转化为挥发性物质逸出，然后根据试样质量的减少来计算试样中该组分的含量。或用吸收剂将逸出的挥发性物质全部吸收，根据吸收剂质量的增加来计算该组分的含量。例如，要测定二水合氯化钡晶体（$BaCl_2 \cdot 2H_2O$）中结晶水的含量，可将氯化钡试样加热，使水分逸出，根据试样质量的减少计算其含湿量。也可以用吸湿剂（如高氯酸镁）吸收逸出的水分，根据吸湿剂质量的增加来计算试样的含湿量。

化学沉淀法和汽化法两种方法都是根据称得的质量来计算试样中待测组分的含量。重量分析中的全部数据都需由分析天平称量得到，在分析过程中不需要基准物质和由容量器皿引入的数据，因而避免了这方面的误差。重量分析比较准确，对于高含量的硅、磷、硫、钨和稀土元素等试样的测定，至今仍常使用该方法。

上述两种方法在实际中以化学沉淀法应用较多。在化学沉淀法各步骤中，最重要的一步是进行沉淀反应，其中如沉淀剂的选择与用量、沉淀反应的条件、如何减少沉淀中的杂质等都会影响分析结果的准确度。因此重量分析法的重点是关于沉淀反应的讨论。

8.1.3 沉淀形式和称量形式

在重量分析中，沉淀是经过烘干或灼烧后再称量的。如测定 SO_4^{2-} 时，以 $BaCl_2$ 为沉淀剂，生成 $BaSO_4$ 沉淀（称为沉淀形式），该沉淀在灼烧过程中不发生化学变化，最后称量 $BaSO_4$（称为称量形式）的质量，计算 SO_4^{2-} 含量，$BaSO_4$ 既是沉淀形式又是称量形式。而有些情况下，在烘干或灼烧过程中可能发生化学变化，使沉淀转化成另一种物质，例如在测定 Ca^{2+} 时，沉淀形式是 $CaC_2O_4 \cdot H_2O$，灼烧后转化为 CaO，因此测定方法的称量形式则是 CaO。就是说沉淀形式与称量形式可以相同，也可以不同。例如：

试液	沉淀剂	沉淀形式		称量形式

$$SO_4^{2-} + Ba^{2+} \longrightarrow BaSO_4 \xrightarrow[\text{过滤}]{\text{洗涤}} \xrightarrow{\text{灼烧}} BaSO_4$$

$$Ca^{2+} + C_2O_4^{2-} \longrightarrow CaC_2O_4 \cdot H_2O \xrightarrow[\text{过滤}]{\text{洗涤}} \xrightarrow{\text{灼烧}} CaO$$

8.1.4 重量分析对沉淀形式的要求

① 沉淀要完全，沉淀的溶解度要小。

例如 $CaSO_4$ 与 CaC_2O_4 的溶度积分别为 2.45×10^{-5} 和 1.78×10^{-9}，根据溶度积与溶解度的关系可知，前者的溶解度比较大，因此测定 Ca^{2+} 时，常采用草酸铵作为沉淀剂，使 Ca^{2+} 生成溶解度很小的 CaC_2O_4 沉淀。

② 沉淀应是粗大的晶形沉淀，易于过滤和洗涤。对于非晶形沉淀，必须选择适当的沉淀条件，使沉淀结构尽可能紧密。

颗粒较粗的晶形沉淀，例如 $MgNH_4PO_4 \cdot 6H_2O$，在过滤时不会塞住滤纸的小孔，过滤速度快，而且其总表面积较小，吸附杂质的机会较少，沉淀较纯净，洗涤也比较容易。

非晶形沉淀，例如 $Al(OH)_3$，体积庞大疏松，表面积很大，吸附杂质的机会较多，洗涤较困难，过滤速度慢，且费时，因此使用重量法测定 Al^{3+} 时，常采用有机沉淀剂，如 8-羟基喹啉。

③ 沉淀经干燥或灼烧后，易于转化为组成恒定、性质稳定的称量形式。

8.1.5 重量分析对称量形式的要求

① 组成必须与化学式完全符合。

这是对称量形式最重要的要求。显然，如果组成与化学式不完全符合，则无从计算分析结果。例如磷钼酸铵虽然是一种溶解度很小的晶形沉淀，但由于它的组成不定，不能利用它作为测定 PO_4^{3-} 的称量形式，通常采取磷钼酸喹啉作为测定 PO_4^{3-} 的称量形式。

② 称量形式性质要稳定，在称量过程中不与空气中的水和二氧化碳或氧气作用。而且在干燥、灼烧时也不易分解。

③ 称量形式应有较大的摩尔质量。

这样少量的待测组分可使之转化得到较大量的称量物质，从而提高分析灵敏度，减少称量误差。

8.1.6 沉淀剂的选择与用量

（1）沉淀剂的选择原则

① 根据重量分析对沉淀形式的要求来进行选择。

② 沉淀剂应具有良好的选择性和特效性，首选有机沉淀剂。

即要求沉淀剂只能和待测组分生成沉淀，而与试液中的其他共存组分不起作用。例如，丁二酮肟和 H_2S 都可使 Ni^{2+} 沉淀，但在测定 Ni^{2+} 含量时，常选用前者。又如沉淀锆离子时，选用在盐酸溶液中与锆有特效反应的苦杏仁酸作沉淀剂，这时即使有钛、铁、钒、铝、铬等十多种离子存在，也不会发生干扰。

总的来说，无机沉淀剂的选择性较差，产生的沉淀溶解度较大，吸附杂质较多。但选用有机沉淀剂不但沉淀的溶解度一般很小，过量的有机沉淀剂较易除去，并且具有特效性，因此在沉淀分离中，有机沉淀剂在分析化学中获得广泛的应用。

③ 沉淀剂易挥发或易灼烧除去，本身溶解度大。

一些铵盐和有机沉淀剂都能满足这项要求。

④ 沉淀组成固定，易于分离和洗涤，称量形式的相对分子质量要大。

这样可以简化操作，加快分析速度。

（2）沉淀剂的用量

从溶度积原理可知，沉淀剂的用量影响着沉淀的完全程度。为使沉淀完全，根据同离子效应，必须加入过量的沉淀剂以降低沉淀的溶解度。但是若沉淀剂过多，由于盐效应、酸效应或配位效应等反而使溶解度增大，因此，必须避免使用太过量的沉淀剂。

一般挥发性沉淀剂以过量 $50\% \sim 100\%$ 为宜，对非挥发性的沉淀剂一般则以过量 $20\% \sim 30\%$ 为宜。

8.2 沉淀及影响沉淀纯度的因素

当一种沉淀从溶液析出时，溶液中的某些其他组分可通过共沉淀（包括表面吸附、混晶、吸留、包藏）和后沉淀等方式混入沉淀中，影响沉淀的纯度，进而影响重量分析法分析结果的准确度。

8.2.1 共沉淀和后沉淀

（1）共沉淀

当一种难溶物质从溶液中沉淀析出时，溶液中的某些可溶性杂质会被沉淀带下来而混杂于沉淀中，这种现象称为共沉淀。

例如用沉淀剂 $BaCl_2$ 沉淀 SO_4^{2-} 时，如试液中有 Fe^{3+}，则由于共沉淀，在得到的 $BaSO_4$ 沉淀中常含有 $Fe_2(SO_4)_3$，因而沉淀经过过滤、洗涤、干燥、灼烧后不呈 $BaSO_4$ 的纯白色，

143

而略带灼烧后的 Fe_2O_3 的棕色。

产生共沉淀的原因是表面吸附、形成混晶、吸留和包藏等，其中主要的是表面吸附。因为共沉淀而使沉淀玷污，这是重量分析中最重要的误差来源之一。

（2）后沉淀

后沉淀是由于沉淀速度的差异，而在已形成的沉淀上形成第二种不溶物质，这种情况大多发生在特定组分形成的稳定的过饱和溶液中。

例如，在 Mg^{2+} 存在下沉淀 CaC_2O_4 时，镁由于形成稳定的草酸盐过饱和溶液而不立即析出。如果把草酸钙沉淀立即过滤，则沉淀只吸附少量镁。若把含有 Mg^{2+} 的母液与草酸钙沉淀共置一段时间，则草酸镁的后沉淀量将会增多。

后沉淀所引入的杂质量比共沉淀要多，且随着沉淀放置时间的延长而增多。因此为防止后沉淀现象的发生，某些沉淀的陈化时间不宜过久。

8.2.2　获得纯净沉淀的措施

共沉淀和后沉淀的产生，必然会影响沉淀的纯度，进而影响分析结果的准确度，为了提高沉淀的纯度可采取以下措施。

（1）选择适当的分析程序和沉淀方法

如果溶液中同时存在含量相差很大的两种离子，需要沉淀分离，为了防止含量少的离子因共沉淀而损失，应该先沉淀含量少的离子。例如分析烧结菱镁矿（含 MgO 90％以上，CaO 1％左右）时，应该先沉淀 Ca^{2+}。由于 Mg^{2+} 含量太大，不能采用一般的草酸铵沉淀 Ca^{2+} 方法，否则 MgC_2O_4 共沉淀严重。但可在大量乙醇介质中用稀硫酸将 Ca^{2+} 沉淀成 $CaSO_4$ 而分离。此外，对一些离子采用均相沉淀法或选用适当的有机沉淀剂，也可以减免共沉淀。

（2）选用选择性高的沉淀剂

沉淀剂对被沉淀的离子应有较好的选择性，即沉淀剂只能和待测组分生成沉淀，而与试液中的其他共存组分不起作用。且沉淀的溶解度要小，晶形良好。

（3）降低易被吸附离子的浓度

为了减小杂质浓度，一般都是在稀溶液中进行沉淀。但对一些高价离子或含量较多的杂质，就必须加以分离或掩蔽。例如 SO_4^{2-} 沉淀为 $BaSO_4$ 时，溶液中若有较多的 Fe^{3+}、Al^{3+} 等离子，由于沉淀易吸附 Fe^{3+} 等离子，所以沉淀前应将 Fe^{3+} 还原为不易被吸附的 Fe^{2+} 或用酒石酸加以掩蔽。

（4）选择适当的沉淀条件

包括溶液的浓度、温度、试剂加入顺序和速度、陈化时间等。

（5）选择合适的洗涤剂

为避免沉淀在洗涤时的损失，洗涤剂的选择原则是只溶解杂质，不溶解沉淀，对沉淀无胶溶作用。洗涤剂在沉淀烘干或灼烧时易挥发除去，且不影响母液的测定。

（6）再沉淀或重结晶

即将沉淀过滤、洗涤后重新溶解，使杂质进入溶液后，再控制条件进行二次沉淀或结晶。再沉淀时由于杂质浓度已大为降低，共沉淀现象会明显减少。

8.2.3　沉淀的形成

沉淀的形成过程可简单地表示如下：

$$构晶离子 \xrightarrow{\text{成核作用}} 晶核 \xrightarrow{\text{成长过程}} 沉淀微粒 \longrightarrow \begin{cases} \xrightarrow{\text{定向排列}} 晶形沉淀 \\ \xrightarrow{\text{聚集}} 非晶形沉淀 \end{cases}$$

在一定条件下，将沉淀剂加入到试液中，当形成沉淀的有关离子浓度的乘积超过其溶度积时，离子通过相互碰撞聚集成微小的晶核，晶核形成后，溶液中的构晶离子向晶核表面扩散，并沉积在晶核上，晶核便逐渐长大成沉淀微粒。

如果聚集速率大，而定向速率小，即离子很快聚集生成沉淀微粒，因来不及进行晶格排列，则得到非晶形沉淀。反之，如果定向速率大，而聚集速率小，即离子聚集成沉淀的速率缓慢，此时有足够的时间进行晶格排列，则得到晶形沉淀。

8.2.4 沉淀条件的选择

（1）晶形沉淀的形成条件

① 适当稀溶液 在适当稀的溶液中进行沉淀，此时溶液的过饱和度小，聚集速度小，易得到大颗粒的、易于过滤和洗涤的晶形沉淀，同时由于沉淀比表面积小，吸附杂质量也相应减少。当然也不能太稀，以免沉淀溶解损失太大。

② 热溶液 在热溶液中进行沉淀，可增大沉淀溶解度，从而减少溶液过饱和度和聚集速度，有利于得到大颗粒沉淀，也有利于减少杂质的吸附。热溶液中析出沉淀后，应放冷后再进行过滤，以减少沉淀溶解损失。

③ 搅拌 慢慢滴加稀的沉淀剂，防止局部过饱和度太大。沉淀过程需要在不断搅拌下完成。

④ 陈化 沉淀定量完成后，将沉淀与母液一起放置一段时间，这一过程叫作陈化。陈化可使小晶粒溶解，大晶粒进一步长大，同时使原来吸留或包夹的杂质重新进入溶液，从而减少了杂质吸附。在大小晶粒共存的母液中，由于微小晶粒比大晶粒溶解度大，溶液对大晶粒已经达到饱和，而对微小晶粒尚未饱和，因此微小晶粒沉淀逐渐溶解。溶解到一定程度后，溶液对微小晶粒达到饱和时，溶液对大晶粒已成为过饱和，溶液中的构晶离子就会在大晶粒上沉淀下来。当溶液浓度降低到对大晶粒是饱和溶液时，对微小晶粒又变为不饱和，小晶粒又要继续溶解。如此反复进行，则微小晶粒逐渐消失，大晶粒不断长大，最后获得粗大的晶体。

伴随陈化过程，原来吸附、吸留或包藏在沉淀里的一部分杂质，将重新进入溶液中，从而使沉淀变得更纯净，提高了沉淀的纯度。

加热和搅拌可以增加沉淀的溶解速率和离子在溶液中的扩散速率，因此可以缩短陈化时间。一些在室温下需要陈化几个小时或几十个小时的沉淀，如果在加热和搅拌下，陈化时间可缩短为 $1 \sim 2h$ 或更短。

（2）非晶形沉淀的形成条件

非晶形沉淀一般溶解度很小，沉淀过程中过饱和度很大，对于这类沉淀，选择沉淀条件并不是为了降低溶液的过饱和度，而主要是为了设法破坏胶体，防止胶溶和促使沉淀凝聚，从而易于过滤和洗涤。非晶形沉淀的形成条件如下。

① 浓溶液 沉淀应在较浓的溶液中进行，加入沉淀剂的速度不必太慢。此时离子水化程度较小，生成的沉淀较紧密，含水量少，易聚沉，易于过滤和洗涤。但此时沉淀吸附杂质的量有可能增加，因而常在沉淀完毕后加入较大量的热水并充分搅拌，使部分杂质解吸而重新转入溶液。

② 热溶液 在热溶液中进行沉淀时，离子水化程度低，有利于得到结构紧密的沉淀。

加热还可促使沉淀凝聚，防止生成胶体，以及减少沉淀表面对杂质的吸附。

③ 强电解质　在溶液中加入适当的强电解质（挥发性盐），可防止胶体溶液形成，促使沉淀微粒凝聚。通常沉淀的洗涤液中也加入适量强电解质，以防止洗涤时沉淀发生胶溶现象。

④ 趁热过滤、不必陈化　沉淀完全后，应趁热过滤，不要陈化，以防非晶形沉淀久置逐渐失去水分，凝聚得更紧密而使杂质难以洗尽。

此外，沉淀时不断搅拌，对非晶形沉淀也是有利的。

（3）均相沉淀法

均相沉淀法是另一种途径的沉淀方法，此法形成的沉淀可改进沉淀结构。在均相沉淀法中，沉淀剂不是直接加入到溶液中的，而是通过溶液中发生的化学反应，主要是通过加热，或逐渐改变溶液的 pH，或加入其他试剂，缓慢而均匀地在溶液中产生沉淀剂，从而使沉淀在整个溶液中均匀、缓慢地析出。

例如，沉淀 Ca^{2+} 时，如果在含 Ca^{2+} 的酸性溶液中加入草酸，由于溶液的酸度较高，$C_2O_4^{2-}$ 浓度较低，不能析出 CaC_2O_4 沉淀。而若在溶液中加入尿素，并加热到 90℃ 左右，尿素水解产生的 NH_3 中和溶液中的 H^+，使 pH 逐渐升高，即溶液的酸度逐渐降低，$C_2O_4^{2-}$ 浓度不断增大，CaC_2O_4 沉淀均匀而缓慢地析出，由此得到的 CaC_2O_4 沉淀颗粒大而纯净。

8.2.5　沉淀的过滤、洗涤、烘干或灼烧

沉淀生成后，需要经过过滤、洗涤，烘干或灼烧等操作过程才能使沉淀形式转化为称量形式。所以，沉淀后的各项操作对重量分析结果的准确性影响很大。

（1）过滤

过滤是将沉淀与母液分开的过程。重量分析的过滤方法有两种：常压过滤和减压过滤。沉淀常用滤纸或玻璃砂芯滤器过滤。

常压过滤通常使用长颈玻璃漏斗。滤纸采用无灰滤纸，有快速、中速、慢速 3 种。对一般非晶形沉淀，应选用疏松的快速滤纸，以免过滤时间过长。对粗粒的晶形沉淀，可用较紧密的中速滤纸。对较细粒的沉淀，应选用最紧密的慢速滤纸。

减压过滤可选用玻璃砂芯坩埚，又称玻璃微孔坩埚，它的砂芯滤板是用玻璃粉末在高温下烧结而成，按微孔的细度分为 $G_1 \sim G_6$（1 号～6 号）6 个等级，滤孔逐渐减小，其中 G_3 用于过滤粗晶形沉淀，相当于中速滤纸。G_4、G_5 用于过滤细晶形沉淀，相当于慢速滤纸。

（2）洗涤

为了洗去沉淀表面吸附的杂质和混杂在沉淀中的母液，经过滤后的沉淀需洗涤。洗涤时应尽量减少沉淀的溶解损失并避免形成胶体，因此，需要选择合适的洗涤液和洗涤方法。

① 洗涤液的选择原则　洗涤液选择的总原则：只溶解杂质、不溶解沉淀，对沉淀无胶溶作用，加热易挥发除去，不影响母液的测定。具体如下：

a. 溶解度小而不容易形成胶体的沉淀，可用蒸馏水洗涤；

b. 对溶解度较大的晶形沉淀，用沉淀剂的稀溶液洗涤后，再用少量蒸馏水洗涤。所选择的沉淀剂应是易挥发的，在烘干或灼烧时被挥发除去，如用 $(NH_4)_2C_2O_4$ 稀溶液洗涤 CaC_2O_4；

c. 对溶解度较小但有可能分散成胶体的沉淀，应用易挥发的电解质溶液洗涤，如用 NH_4NO_3 稀溶液洗涤 $Al(OH)_3$；

d. 溶解度受温度影响小的沉淀，可用热水洗涤，防止形成胶体。

② 洗涤方法　遵循少量多次的原则。洗涤沉淀时，既要将沉淀洗净，又不能增加沉淀

的溶解损失，用适当少的洗液分多次洗涤。再次加入洗液时，应使前次洗液尽量流尽，这样可以提高洗涤效果。

另外需要强调一点，即洗涤必须连续进行，一次完成，不能将沉淀干涸放置太久，尤其是一些非晶形沉淀，放置凝聚后不易洗净。

（3）烘干

烘干是为了除去沉淀中的水分和可挥发的物质，使沉淀形式转化为固定的称量形式。

烘干或灼烧的温度和时间因沉淀的不同而异。例如，丁二酮肟镍，需在 $110\sim120℃$ 烘 $40\sim60min$ 即可冷却称量，而磷钼酸喹啉则需在 $130℃$ 烘 $45min$。烘沉淀常用的玻璃砂芯滤器和沉淀都必须烘至恒量（两次称量的绝对差值小于 $0.2mg$）。

（4）灼烧

灼烧除了有除去沉淀中的水分和可挥发物质的作用外，有时通过灼烧使沉淀形式在高温下分解为组成固定的称量形式。灼烧温度一般在 $800℃$ 以上，具体温度和时间因沉淀的不同而异，如 $MgNH_4PO_4\cdot6H_2O$ 于 $1100℃$ 灼烧为焦磷酸镁（$Mg_2P_2O_7$），而 $BaSO_4$ 灼烧温度为 $800℃$。

常用瓷坩埚盛放沉淀进行灼烧，若需要用氢氟酸处理，则应用铂坩埚。预先将灼烧用的瓷坩埚与坩埚盖一同在灼烧沉淀的条件下灼烧至恒量，然后将沉淀用滤纸包好，放置在已烧至恒量的坩埚中，将滤纸烘干并灰化，再灼烧至恒量。显然上述过程耗时较长。近年来，采用微波炉干燥 $BaSO_4$ 获得了理想的结果，大大缩短了重量分析的时间。

8.3 影响沉淀溶解度的主要因素

利用沉淀反应进行重量分析时，沉淀反应是否进行完全，可以根据反应达到平衡后，溶液中未被沉淀的待测组分的量来衡量。显然，难溶化合物的溶解度小，沉淀有可能完全；否则，沉淀就不完全。在重量分析中，为了满足定量分析的要求，必须考虑影响沉淀溶解度的各种因素，以便选择和控制沉淀的条件。

影响沉淀溶解度的因素很多，如同离子效应、盐效应、酸效应及配位效应等。此外，温度、溶剂、沉淀的颗粒大小和结构，也对溶解度有影响，下面将分别讨论之。

8.3.1 同离子效应

若要沉淀完全，溶解损失应尽可能小。对重量分析来说，要求沉淀溶解损失的量不能超过一般称量的精确度（即 $0.2mg$），即处于允许的误差范围之内，但一般沉淀很少能达到这要求。

例如，用 $BaCl_2$ 使 SO_4^{2-} 沉淀成 $BaSO_4$，$K_{sp}^{\ominus}(BaSO_4)=8.7\times10^{-11}$，当加入 $BaCl_2$ 的量与 SO_4^{2-} 的量符合化学计量关系时，在 $200mL$ 溶液中溶解的 $BaSO_4$ 质量为：

$$\sqrt{8.7\times10^{-11}}\times233\times\frac{200}{1000}g=0.0004g=0.4mg$$

溶解所损失的量已超过重量分析的要求。

但是，如果加入过量的 $BaCl_2$，设沉淀达到平衡时，过量的 $[Ba^{2+}]=0.01mol\cdot L^{-1}$，可计算出 $200mL$ 溶液中溶解的 $BaSO_4$ 质量为：

$$\frac{8.7\times10^{-11}}{0.01}\times233\times\frac{200}{1000}g=4.0\times10^{-7}g=0.0004mg$$

显然，这已远小于允许溶解损失的质量，可以认为沉淀已经完全。

因此,在进行重量分析时,常使用过量的沉淀剂,利用同离子效应来降低沉淀的溶解度,以使沉淀完全。沉淀剂过量的程度,应根据沉淀剂的性质来确定。

沉淀剂的用量:

① 不易挥发的沉淀剂,应过量少些,用量应比理论量过量20%～50%;

② 易挥发的沉淀剂,因其易挥发除去,则过量程度可适当大些,用量应比理论量过量50%～100%。

必须指出,沉淀剂绝不能加得太多,否则将适得其反,可能产生其他影响(如盐效应、配位效应等),反而使沉淀的溶解度增大。

8.3.2 盐效应

在难溶电解质的饱和溶液中,加入其他强电解质,会使难溶电解质的溶解度比同温度时在纯水中的溶解度增大,这种现象称为盐效应。

例如,在KNO_3强电解质存在的情况下,$BaSO_4$、$AgCl$的溶解度比在纯水中大,而且溶解度随强电解质的浓度增大而增大。当溶液中KNO_3浓度由0增到$0.01mol\cdot L^{-1}$时,$AgCl$的溶解度由$1.28\times10^{-5}mol\cdot L^{-1}$增到$1.43\times10^{-5}mol\cdot L^{-1}$。

应该指出,如果沉淀本身的溶解度很小,一般来讲,盐效应的影响很小,可以不予考虑。只有当沉淀的溶解度比较大,而且溶液的离子强度很高时,才考虑盐效应的影响。

8.3.3 酸效应

与配位滴定中EDTA的酸效应相同,溶液的酸度对沉淀溶解度的影响,称为酸效应。酸效应的发生主要是由于溶液中H^+浓度的大小对弱酸、多元酸或难溶酸解离平衡的影响。

若沉淀是强酸盐,如$BaSO_4$、$AgCl$等,其溶解度受酸度影响不大。

若沉淀是弱酸或多元酸盐[如CaC_2O_4、$Ca_3(PO_4)_2$]或难溶酸(如硅酸、钨酸)以及许多与有机沉淀剂形成的沉淀,则酸效应就很显著。

以CaC_2O_4为例,比较其在pH=2的溶液中和水中的溶解度。

查附录11知$K_{sp}(CaC_2O_4)=1.78\times10^{-9}$,草酸的二级解离常数$K_{a_1}=5.9\times10^{-2}$、$K_{a_2}=6.4\times10^{-5}$。根据

$$CaC_2O_4 \Longrightarrow Ca^{2+}+C_2O_4^{2-}$$

设CaC_2O_4在水中的溶解度为x_1,则达到沉淀溶解平衡时:

$$[Ca^{2+}]=[C_2O_4^{2-}]=x_1, \quad x_1=\sqrt{1.78\times10^{-9}}\,mol\cdot L^{-1}=4.22\times10^{-5}mol\cdot L^{-1}$$

设CaC_2O_4在pH=2溶液中的溶解度为x_2,考虑酸效应的影响,则达到沉淀溶解平衡时,由于酸效应,溶液中不仅有$C_2O_4^{2-}$,还有$HC_2O_4^-$和$H_2C_2O_4$,即有:

$$[Ca^{2+}]=[C_2O_4^{2-}]_总=x_2$$

因为

$$\alpha_{C_2O_4(H)}=\frac{[C_2O_4^{2-}]_总}{[C_2O_4^{2-}]}$$

则

$$x_2^2=[Ca^{2+}][C_2O_4^{2-}]\alpha_{C_2O_4(H)}=K_{sp}\alpha_{C_2O_4(H)}$$

而

$$\alpha_{C_2O_4(H)}=1+\beta_1[H^+]+\beta_2[H^+]^2$$

$$=1+\frac{[H^+]}{K_{a_2}}+\frac{[H^+]^2}{K_{a_1}K_{a_2}}$$

$$=1+\frac{10^{-2}}{6.4\times10^{-5}}+\frac{10^{-4}}{5.9\times10^{-2}\times6.4\times10^{-5}}\approx183.7$$

所以 $$x_2 = \sqrt{1.79 \times 10^{-9} \times 183.7} \, \text{mol} \cdot \text{L}^{-1} = 5.73 \times 10^{-4} \, \text{mol} \cdot \text{L}^{-1}$$

通过上面的计算数据可知，沉淀的溶解度随溶液酸度增加而增加。在以草酸铵沉淀 Ca^{2+} 的重量分析法的实际测定中，由于在 pH＝2 时 CaC_2O_4 的溶解损失已超过重量分析要求，若要符合允许误差，则上述沉淀反应需在 pH＝4～6 的溶液中进行。

8.3.4 配位效应

若溶液中存在配位剂，它能与生成沉淀的离子形成配合物，将使沉淀溶解度增大，甚至不产生沉淀，这种现象称为配位效应。

例如用 Cl^- 沉淀 Ag^+ 时，会有反应

$$Ag^+ + Cl^- \Longrightarrow AgCl \downarrow$$

若溶液中有氨水，则 NH_3 能与 Ag^+ 配位，形成 $[Ag(NH_3)_2]^+$ 配离子因而 AgCl 在 $0.01 \, \text{mol} \cdot \text{L}^{-1}$ 氨水中的溶解度比在纯水中的溶解度大 40 倍。如果氨水的浓度足够大，则不能生成 AgCl 沉淀。

又如 Ag^+ 溶液中加入 Cl^-，最初生成 AgCl 沉淀，但若继续加入过量的 Cl^-，则 Cl^- 能与 AgCl 配位成 $[AgCl_2]^-$ 和 $[AgCl_3]^{2-}$ 等配离子，而使 AgCl 沉淀逐渐溶解。AgCl 在 $0.01 \, \text{mol} \cdot \text{L}^{-1}$ HCl 溶液中的溶解度比在纯水中的溶解度小，这时同离子效应是主要的；若 $[Cl^-]$ 增到 $0.5 \, \text{mol} \cdot \text{L}^{-1}$，则 AgCl 的溶解度超过纯水中的溶解度，此时配位效应的影响已超过同离子效应；若 $[Cl^-]$ 更大，则由于配位效应起主要作用，AgCl 沉淀就可能不出现。因此用 Cl^- 沉淀 Ag^+ 时，必须严格控制 $[Cl^-]$。

应该指出，配位效应使沉淀溶解度增大的程度与沉淀的溶度积和形成配合物的稳定常数的相对大小有关，形成的配合物越稳定，配位效应越显著，沉淀的溶解度越大。

综合上面四种效应对沉淀溶解度的影响讨论可知，在进行沉淀反应时，对无配位反应的强酸盐沉淀，应主要考虑同离子效应和盐效应的影响。对弱酸盐或难溶酸盐，多数情况应主要考虑酸效应的影响。在有配位反应，尤其在能形成较稳定的配合物，而沉淀的溶解度又不太小时，则应主要考虑配位效应的影响。

8.3.5 其他影响因素

除上述影响因素外，温度、其他溶剂的存在以及沉淀本身颗粒的大小和结构，也都对沉淀的溶解度有所影响。

（1）温度的影响

溶解过程大都是吸热过程，绝大多数沉淀的溶解度随温度的升高而增大，而且不同的化合物所受温度的影响程度并不相同，如 $BaSO_4$ 受温度的影响很小，而 AgCl 受温度的影响就较大。

（2）溶剂的影响

沉淀的溶解度与溶剂的极性有关。一般大部分无机物沉淀是离子型晶体，它们在有机溶剂中的溶解度比在水中小，在极性大的溶剂中溶解度大。例如 $BaSO_4$ 沉淀在水中溶解度为 $2.4 \, \text{mg} \cdot \text{L}^{-1}$，而在 30％乙醇水溶液中溶解度为 $0.2 \, \text{mg} \cdot \text{L}^{-1}$，即约为水中溶解度的 1/12。

（3）沉淀颗粒大小的影响

同一种沉淀，在相同质量时，颗粒越小，其总表面积越大，溶解度越大。因为小晶体比大晶体有更多的角、边和表面，处于这些位置的离子受晶体内离子的吸引力小，而且又受到外部溶剂分子的作用，容易进入溶液中，所以小颗粒沉淀的溶解度比大颗粒的大。如 $BaSO_4$ 沉淀，当晶体颗粒半径为 $1.7 \mu m$ 时，每升水中可以溶解沉淀 2.29mg（25℃）；若将

晶体研磨至半径 $0.1\mu m$ 时，则每升水中可溶解 $4.15mg$（25℃）。在沉淀形成后，常将沉淀和母液一起放置一段时间进行陈化，使小晶体逐渐转变为大晶体，有利于沉淀的过滤与洗涤。

（4）晶体结构的影响

沉淀的结构不同，溶解度不同。陈化还可使沉淀结构发生转变，由初生成时的结构转变为另一种更稳定的结构，溶解度就大为减小。例如，初生成的 CoS 是 α 型，$K_{sp}(CoS_\alpha)=4.0\times10^{-21}$，放置后经陈化转变成 β 型，$K_{sp}(CoS_\beta)=2.0\times10^{-25}$。

8.4　重量分析法的计算和应用

8.4.1　重量分析结果的计算

重量分析法是根据称量形式的质量来计算待测组分含量的一种定量分析方法。

若最后的称量形式与被测成分不相同时，就要进行一定的换算。

例如测定试样中钡的含量时，最后的称量形式是 $BaSO_4$。此时被测成分与最后的称量形式不相同，因此必须根据称量形式的质量换算出被测成分的质量。

$$被测组分的质量＝称量形式的质量\times换算因数 \tag{8-1}$$

这里的"换算因数"又称为"化学因数"。

$$换算因数(F)＝\frac{被测组分的摩尔质量}{称量形式的摩尔质量} \tag{8-2}$$

若计算待测组分在试样中的质量分数，则

$$w_{待测}＝\frac{m_{待测}}{m_{试样}}\times100\%＝\frac{m_{称量}\times F}{m_{试样}}\times100\% \tag{8-3}$$

例如测定试样中的钡含量时，得到 $BaSO_4$ 沉淀质量为 $0.5051g$，可以利用下列比例式求得 Ba^{2+} 的质量。

$$SO_4^{2-}+Ba^{2+}\longrightarrow BaSO_4 \xrightarrow{\text{过滤、洗涤}} \xrightarrow{\text{800℃灼烧}} BaSO_4$$

$$
\begin{array}{cc}
137.4 & 233.4 \\
x\text{g} & 0.5051\text{g}
\end{array}
$$

$$x＝0.5051\text{g}\times\frac{137.4}{233.4}＝0.2974\text{g}$$

以上算式中 $\frac{137.4}{233.4}$ 就是将 $BaSO_4$ 换算成 Ba^{2+} 的换算因数，它是被测组分的摩尔质量与称量形式摩尔质量之比。

注意：①在计算换算因数时，必须在分子或分母乘上适当的系数，以使分子、分母中待测元素的原子数目相等；②换算因数是一个无量纲的具体数值，通常用 F 表示。根据重量分析法的误差要求，应保留4位有效数字。

例如，将 Fe_2O_3 换算成 Fe_3O_4：

$$F＝\frac{2M_{Fe_3O_4}}{3M_{Fe_2O_3}}$$

在重量分析中，试样的称取量并不是任意的。为了操作方便而又确保准确度，对重量分析中要求得到沉淀的量有一定的范围。一般而言，晶形沉淀为 $0.5g$ 左右（称量形式）；无定形沉淀为 $0.1\sim0.3g$。据此要求，结合被测成分含量的估计，可以估计算出称取试样的质量。

例 8-1 用 $BaSO_4$ 重量分析法测定黄铁矿中硫的含量时，称取某试样 0.1819g，最后得到 $BaSO_4$ 沉淀为 0.4821g。求试样中硫的质量分数。

解： 换算因数 $F=\dfrac{M_S}{M_{BaSO_4}}$

$$w_S=\frac{m_{BaSO_4}\times F}{m_{试样}}\times100\%=\frac{0.4821g\times\dfrac{32.06}{233.4}}{0.1819g}\times100\%=0.3641=36.41\%$$

例 8-2 称取某试样 0.3621g，用 $MgNH_4PO_4$ 重量法测定其中镁的含量，灼烧得 $Mg_2P_2O_7$ 0.6300g，求 MgO 的质量分数。

解： 换算因数 $F=\dfrac{2M_{MgO}}{M_{Mg_2P_2O_7}}$

$$w_{MgO}=\frac{m_{Mg_2P_2O_7}\times F}{m_{试样}}\times100\%=\frac{0.6300g\times\dfrac{2\times40.32}{222.6}}{0.3621g}\times100\%=0.6303=63.03\%$$

例 8-3 用重量分析法测定某试样中的铁含量，称试样 0.1666g，将试样溶解后，沉淀为 $Fe(OH)_3$，然后灼烧为 Fe_2O_3，称得 Fe_2O_3 的质量为 0.1370g，求试样中 Fe 及 Fe_3O_4 的质量分数。

解： 换算因数 $F_1=\dfrac{2M_{Fe}}{M_{Fe_2O_3}}$ $\qquad F_2=\dfrac{2M_{Fe_3O_4}}{3M_{Fe_2O_3}}$

$$w_{Fe}=\frac{m_{Fe_2O_3}\times F_1}{m_{试样}}\times100\%=\frac{0.1370g\times\dfrac{2\times55.85}{159.7}}{0.1666g}\times100\%=0.5725=57.25\%$$

$$w_{Fe_3O_4}=\frac{m_{Fe_2O_3}\times F_2}{m_{试样}}\times100\%=\frac{0.1370g\times\dfrac{2\times231.5}{3\times159.7}}{0.1666g}\times100\%=0.7947=79.47\%$$

例 8-4 以 Al_2O_3 为称量形式，测定含明矾 $KAl(SO_4)_2\cdot12H_2O$ 约为 90% 的明矾样品，实验时应称取样品多少克？

解： $Al(OH)_3$ 是胶状沉淀，以生成 0.1g Al_2O_3 为宜。

根据

$$w_{待测}=\frac{m_{待测}}{m_{试样}}\times100\%=\frac{m_{称量}\times F}{m_{试样}}\times100\%$$

明矾质量为：

$$m_{待测}=m_{称量}\times F$$
$$=m_{Al_2O_3}\times\frac{2M_{KAl(SO_4)_2\cdot12H_2O}}{M_{Al_2O_3}}$$
$$=0.1g\times\frac{2\times474}{102}\approx0.9g$$

若明矾的纯度约为 90%，则称试样量应为 0.9g÷90%≈1g。

8.4.2 重量分析法的应用

重量分析法是一种准确、精密的分析方法，在此列举一些常用的重量分析实例。

（1）钾的测定

四苯硼酸钠是测定钾的良好沉淀剂，反应生成四苯硼酸钾沉淀[KB(C₆H₅)₄]。四苯硼酸钾是离子型化合物，具有溶解度小、组成稳定、热稳定性好（最低分解温度为265℃）、可烘干后直接称量等优点。

反应为：
$$K^+ + [B(C_6H_5)_4]^- \rightleftharpoons KB(C_6H_5)_4 \downarrow$$

计算
$$w_K = \frac{m_{KB(C_6H_5)_4} \times 0.1091}{m_{试样}} \times 100\%$$

式中，0.1091是钾与四苯硼酸钾的换算因数。

四苯硼酸钠也能与 NH_4^+、Rb^+、Tl^+、Ag^+ 等离子生成沉淀，但一般试样中 Rb^+、Tl^+、Ag^+ 的含量极微，所以通常用四苯硼酸钠测定钾。

（2）铝的测定

8-羟基喹啉是重量分析法测定铝的理想沉淀剂。在乙酸盐缓冲溶液（pH=4~5）中，8-羟基喹啉可把铝沉淀为8-羟基喹啉铝[Al(C₉H₆ON)₃]，用EDTA及KCN掩蔽铁（Ⅲ）、铜（Ⅱ）等元素。

8-羟基喹啉铝是晶形沉淀，化学稳定性好，相对分子质量大，经120~150℃干燥后即可称量。反应式为：

计算
$$w_{Al} = \frac{m_{[Al(C_9H_6ON)_3]} \times 0.05873}{m_{试样}} \times 100\%$$

式中，0.05873为铝与8-羟基喹啉铝的换算因数。

8-羟基喹啉的缺点是选择性差。目前已合成了一些选择性较高的8-羟基喹啉衍生物，如2-甲基-8-羟基喹啉，可在pH=5.5时沉淀 Zn^{2+}，在pH=9时沉淀 Mg^{2+} 而不与 Al^{3+} 反应。

（3）硅酸盐中二氧化硅的测定

硅酸盐在自然界分布很广，绝大多数硅酸盐不溶于酸，因此试样一般需用碱性熔剂熔融后，再用酸处理。此时金属元素成为离子溶于酸中，而硅酸根则大部分成胶状硅酸 $SiO_2 \cdot xH_2O$ 析出，少部分仍分散在溶液中，需经脱水才能沉淀。经典方法是用盐酸反复蒸干脱水，准确度虽高，但操作麻烦，费时较久。之后多采用动物胶凝聚法，即利用动物胶吸附 H^+ 而带正电荷（蛋白质中氨基酸的氨基吸附 H^+），与带负电荷的硅酸胶粒发生胶凝而析出，但必须蒸干，才能完全沉淀。近来，有的用长碳链季铵盐，如十六烷基三甲基溴化铵（简称CTMAB）作沉淀剂，它在溶液中成为带正电荷的胶粒，可以不再加盐酸蒸干，而将硅酸定量沉淀，所得沉淀疏松而易洗涤。这种方法比动物胶法优越，且可缩短分析时间。

得到的硅酸沉淀，需经高温灼烧才能完全脱水和除去带入的沉淀剂。但即使经过灼烧，一般还可能带有不挥发的杂质（如铁、铝等的化合物）。在要求较高的分析中，于灼烧、称量后，还需加氢氟酸及硫酸，再加热灼烧，使 SiO_2 生成 SiF_4 挥发逸去，最后称量，从两次质量的差即可求得纯 SiO_2 的质量。反应式为：

$$SiO_2 + 2NaOH \xrightarrow{熔融} Na_2SiO_3 + H_2O$$
$$Na_2SiO_3 + 2HCl = H_2SiO_3 \downarrow + 2NaCl$$
$$H_2SiO_3 = SiO_2 + H_2O$$

若高温灼烧完全脱水和除去沉淀剂后称量为 m_1，加入氢氟酸使 SiO_2 生成 SiF_4 挥发逸去

后称量为 m_2，则

$$w_{SiO_2} = \frac{m_1 - m_2}{m_{试样}} \times 100\%$$

（4）镍的测定

镍的测定在重量分析法中选用丁二酮肟为沉淀剂，生成的沉淀有特效性。

在弱酸性溶液（pH＞5）或氨性溶液中，丁二酮肟与 Ni^{2+} 生成鲜红色的丁二酮肟镍 $[Ni(C_4H_7O_2N_2)_2]$ 沉淀，烘干后可直接称量。

由于铁和铝离子能被氨水沉淀，对镍的沉淀有干扰，因此用柠檬酸或酒石酸进行掩蔽。当试样中含钙量高时，由于酒石酸钙的溶解度小，采用柠檬酸为掩蔽剂较好；少量铜、砷、锑的存在不干扰。沉淀反应为：

计算

$$w_{Ni} = \frac{m_{[Ni(C_4H_7O_2N_2)_2]} \times 0.2032}{m_{试样}} \times 100\%$$

式中，0.2032 为镍与丁二酮肟镍的换算因数。

另外，丁二酮肟还可用于测定试样中的钯含量。

（5）硫酸根的测定

测定 SO_4^{2-} 时一般都用 $BaCl_2$，将 SO_4^{2-} 沉淀成 $BaSO_4$，再灼烧，称量，但较费时。多年来，对于重量分析法测定 SO_4^{2-} 曾做过不少改进，力图克服其繁琐费时的缺点。

由于 $BaSO_4$ 沉淀颗粒较细，浓溶液中进行沉淀时可能形成胶体，而且 $BaSO_4$ 不易被一般溶剂溶解，不能利用二次沉淀方式净化，因此沉淀作用应在稀盐酸溶液中进行。溶液中不允许有酸不溶物和易被吸附的离子（如 Fe^{3+}、NO_3^- 等）存在，对于存在的 Fe^{3+}，常采用 EDTA 配位掩蔽。

为缩短分析操作时间，现在有时使用玻璃砂芯坩埚抽滤 $BaSO_4$ 沉淀，经烘干后，称量，但是测定的准确度比灼烧法稍差。

硫酸钡重量分析法测定 SO_4^{2-} 的方法应用很广。铁矿中的硫和钡的含量测定（参见 GB 6730.16—1986 和 6730.29—1986），磷肥、萃取磷酸、水泥中的硫酸根和许多其他可溶硫酸盐都可用此法测定。

本章重点和有关计算公式

重点：

1. 重量分析对沉淀形式和称量形式的要求
2. 沉淀剂的选择与用量
3. 同离子效应、酸效应、配位效应对沉淀溶解度的影响
4. 化学因数（换算因数）的表示
5. 重量分析组分的计算

有关计算公式：

1. 被测组分的质量＝称量形式的质量×换算因数

2. 换算因数$(F) = \dfrac{\text{被测组分的摩尔质量}}{\text{称量形式的摩尔质量}}$

3. 待测组分在试样中的质量分数

$$w_{\text{待测}} = \frac{m_{\text{待测}}}{m_{\text{试样}}} \times 100\% = \frac{m_{\text{称量}} \times F}{m_{\text{试样}}} \times 100\%$$

思 考 题

1. 沉淀形式和称量形式有何区别？试举例说明之。

2. 为了使沉淀定量完全，必须加入过量沉淀剂，为什么又不能过量太多？沉淀剂的用量原则是什么？

3. 影响沉淀溶解度的主要因素有哪些？它们是怎样发生影响的？在分析工作中，对于复杂的情况，应如何考虑主要影响因素？

4. 共沉淀和后沉淀对重量分析有什么不良影响？在分析化学中什么情况下需要利用共沉淀？

5. 在测定试样中的 Ba^{2+} 或 SO_4^{2-} 时，下列情况对测定结果将产生怎样的影响。

(1) 如果 $BaSO_4$ 中有少量 $BaCl_2$ 共沉淀，测定结果将偏高还是偏低？

(2) 如有 Na_2SO_4、$Fe_2(SO_4)_3$、$BaCrO_4$ 共沉淀，他们对测定结果有何影响？

(3) 如果测定 SO_4^{2-} 时，$BaSO_4$ 中带有少量 $BaCl_2$、Na_2SO_4、$BaCrO_4$、$Fe_2(SO_4)_3$，测定结果将偏高还是偏低？

6. 影响沉淀完全的因素有哪些？影响沉淀纯度的因素有哪些？如何避免这些因素的影响？

7. 什么是陈化？其目的是什么？

8. 怎样选择一个合适的沉淀剂？

9. 什么是换算因数？如何计算？

10. 重量分析法的一般误差来源是什么？怎样减少这些误差？

11. 在重量分析中使用有机沉淀剂具有很多优点。有机沉淀剂生成的沉淀在水溶液中溶解度一般较小，其原因是什么？

12. 在重量分析中，为减少因沉淀溶解而引起的损失，一般采用的主要方法是什么？

13. 在一定酸度的溶液中，一定浓度的 $C_2O_4^{2-}$ 存在下，CaC_2O_4 的溶解度计算式如何表达？

习 题

1. 下列情况，有无沉淀生成？

(1) $0.001\text{mol} \cdot L^{-1}$ $Ca(NO_3)_2$ 溶液与 $0.01\text{mol} \cdot L^{-1}$ NH_4HF_2 溶液以等体积相混合；

(2) $0.01\text{mol} \cdot L^{-1}$ $MgCl_2$ 溶液与 $0.1\text{mol} \cdot L^{-1}$ NH_3-$1\text{mol} \cdot L^{-1}$ NH_4Cl 溶液以等体积相混合。

2. 计算下列换算因数。

(1) 从 $Mg_2P_2O_7$ 的质量计算 $MgSO_4 \cdot 7H_2O$ 的质量；

(2) 从 $(NH_4)_3PO_4 \cdot 12MoO_3$ 的质量计算 P 和 P_2O_5 的质量；

(3) 从 $Cu(C_2H_3O_2)_2 \cdot 3Cu(AsO_2)_2$ 的质量计算 As_2O_3 和 CuO 的质量；

(4) 从丁二酮肟镍$[Ni(C_4H_7N_2O_2)_2]$的质量计算 Ni 的质量；

(5) 从 8-羟基喹啉铝 $[(C_9H_6NO)_3Al]$ 的质量计算 Al_2O_3 的质量。

3. 称取某含硫的纯有机化合物 1.000g，首先用 Na_2O_2 熔融，使其中的硫定量转化为 Na_2SO_4，然后溶于水，用 $BaCl_2$ 溶液处理后，定量转化为 $BaSO_4$，经干燥等操作，称量得 1.0890g。

(1) 计算有机化合物中硫的质量分数；

(2) 若有机化合物摩尔质量为 214.33g·mol^{-1}，求该有机化合物分子中硫原子的个数。

4. 将 $1.5×10^{-2}$ mol 氯化银沉淀置于 500mL 氨水中，已知氨水平衡时的浓度为 0.50mol·L^{-1}，计算溶液中游离的 Ag^+ 离子浓度。（已知 Ag^+-NH_3 配合物的 $lg\beta_1$，$lg\beta_2$ 分别是 3.24，7.05）

5. 计算 Cu_2S 在 pH=10.0 且 NH_3-NH_4Cl 总浓度为 0.40mol·L^{-1} 的缓冲溶液中的溶解度。（已知 Cu^+-NH_3 配合物的 $lg\beta_1$，$lg\beta_2$ 分别是 5.93，10.86）

6. 写出下列重量分析中的换算因数表达式。

(1) 以 BaO 为称量形式测定 $K_2SO_4·Al_2(SO_4)_3·24H_2O$；

(2) 以 $(UO_2)_2P_2O_7$ 为称量形式测定 U_3O_8。

7. 计算 AgCN 在 pH=3.00 的缓冲溶液中的溶解度，忽略 Ag 配合物的生成。

8. 0.5000g 有机物试样以浓硫酸煮解，使其中的氮转化为 $(NH_4)HSO_4$，并使其沉淀为 $(NH_4)_2PtCl_6$，再将沉淀物灼烧成 0.1756g Pt，则试样中 N 的质量分数为多少？

9. 计算在含有 0.20mol·L^{-1} EDTA 且 pH=10.0 的缓冲溶液中，Bi_2S_3 的溶解度。

第9章 吸光光度法

9.1 吸光光度法的基本原理

吸光光度法（或分光光度法）是广为应用的一种微量组分分析方法。该法是基于物质对光的选择性吸收而建立起来的分析方法，用以研究物质的组成和结构。根据物质对不同波长范围的光的吸收，吸光光度法可分为可见光吸光光度法、紫外吸光光度法、红外吸光光度法等。分析化学中常将可见光吸光光度法简称为吸光光度法。本章仅重点介绍可见光吸光光度法。

许多物质是有颜色的，如高锰酸钾水溶液呈深紫色，硫酸铜水溶液呈蓝色。溶液愈浓，颜色愈深。可以比较颜色的深浅来测定物质的浓度，这称为比色分析法。它既可以靠目视来进行，也可以采用分光光度计来进行。后者称为分光光度法。

例如，含铁 0.001% 的试样，若用滴定分析法测定，称量 1g 试样，仅含铁 0.01mg，用 $1.6 \times 10^{-3} \, mol \cdot L^{-1} \, K_2Cr_2O_7$ 标准溶液滴定，仅消耗 0.02mL 滴定剂。与一般滴定管的读数误差（0.02mL）相当，显然，不能用滴定分析法测定。但若在容量瓶中配成 50mL 溶液，在一定条件下，用 1,10-邻二氮菲显色，生成橙红色的 1,10-邻二氮菲亚铁配合物，就可以用吸光光度法来测定。

9.1.1 吸光光度法的特点

吸光光度法是一类历史悠久，应用十分广泛的分析方法。其主要特点如下。

① 灵敏度较高　吸光光度法常用于测定试样中 $10^{-3}\%\sim 1\%$ 的微量组分，有的甚至可测定 $10^{-6}\%\sim 10^{-5}\%$ 的痕量组分。某些新技术如催化分光光度法，测定含量甚至更低，检测下限可达 $10^{-8}\%$。

② 准确度较高　一般吸光光度法的相对误差为 $2\%\sim 5\%$，这对于微量组分或痕量组分的测定，已基本满足要求。如果使用精密的分光光度计，测量的相对误差可减少至 $1\%\sim 2\%$。

③ 选择性好　吸光光度法的选择性虽然比不上某些仪器分析法，如原子吸收光谱法，但远优于化学分析法。只要创造适宜的分析条件，可在多种组分共存的溶液中不经分离而测定欲测组分。

④ 设备简单，操作简便、快速　与其他各种仪器分析方法相比，吸光光度法所用的仪器比较简单、价格便宜，分析操作比较简便，分析速度也较快，应用广泛。

156

9.1.2 物质对光的选择性吸收

（1）光的基本性质

光是一种电磁波，具有波粒二象性。光的偏振、干涉、衍射、折射等现象就是其波动性的反映，光的波长（λ）、频率（ν）与光速（c）之间的关系式：

$$\lambda\nu = c$$

光又是由大量具有能量的粒子流所组成，这些粒子称为光子。光子的能量则反映微粒性，光子的能量 E 与波长 λ 的关系：

$$E = h\nu = hc/\lambda$$

式中，h 为普朗克常量，$h = 6.626 \times 10^{-34}$ J·s。

由上述关系可知，光子的能量与光的波长（或频率）有关，波长越短，能量越大，反之亦然。

光的能量范围很广，在波长或频率上相差大约 20 个数量级。不同光的波长范围及其分析方法见表 9-1。

表 9-1 各种光的波长范围及其分析方法

光的名称	波长范围	跃迁类型	分析方法
X 射线	$10^{-1} \sim 100$nm	K 和 L 层电子	X 射线光谱法
远紫外光	$100 \sim 200$nm	中层电子	真空紫外光度法
近紫外光	$200 \sim 400$nm	价电子	紫外光度法
可见光	$400 \sim 750$nm	价电子	比色及可见光度法
近红外光	$0.75 \sim 2.5\mu m$	分子振动	近红外光谱法
中红外光	$2.5 \sim 5.0\mu m$	分子振动	中红外光谱法
远红外光	$5.0 \sim 1000\mu m$	分子转动和低位振动	远红外光谱法
微波	$0.1 \sim 100$cm	分子转动	微波光谱法
无线电波	$1 \sim 1000$m	核的自旋	核磁共振光谱法

（2）物质的颜色与物质对光的选择性吸收

光可分为单色光与复合光，单色光是仅具有单一波长的光，而复合光由不同波长的光（不同能量的光子）组成。人们肉眼所见的白光（如阳光等）和各种有色光，实际上都是包含一定波长范围的复合光。

物质呈现的颜色与光有密切关系。一种物质呈现什么颜色与光的组成和物质本身的结构有关。当一束白光（日光、白炽电灯光等）通过分光器件棱镜后，就可分解为红、橙、黄、绿、青、蓝、紫 7 种颜色的光，这种现象称光的色散。相反，不同颜色的光按照一定的强度比例混合后又可成为白光。

如果两种适当的色光按一定的强度比例混合后形成白光，这两种光就称为互补色光。当用不同波长的混合光照射物质分子时，不同结构的分子只选择性地吸收一定波长的光，其他波长的光会透过，溶液的颜色由透射光的波长决定。吸收光和透射光即为互补色光，两种光对应的颜色称为互补色。

图 9-1 中处于直线关系的两种单色光，如绿光和紫光、蓝光和黄光即是互补色光。

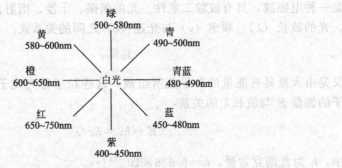

图 9-1 光的互补色

表 9-2 物质颜色与吸收光颜色的互补关系

物质颜色	吸收光	
	颜色	波长/nm
黄绿	紫	400～450
黄	蓝	450～480
橙	绿蓝	480～490
红	蓝绿	490～500
紫红	绿	500～560
紫	黄绿	560～580
蓝	黄	580～600
绿蓝	橙	600～650
蓝绿	红	650～780

这就是分子对光的选择性吸收特征。物质所呈现的颜色是未被吸收的透射光的颜色。例如有一束白光照射 $KMnO_4$ 溶液时，$KMnO_4$ 溶液会选择性地吸收白光中的绿青色光，而透过紫红色，即人眼看到溶液呈现紫红色。如果物质能把白色光完全吸收，则呈现黑色，如果对白色光完全不吸收，则呈现无色。表 9-2 列出了物质颜色与吸收光颜色的互补关系。

（3）吸收曲线与最大吸收波长

各种物质都有其特征的分子能级，内部结构的差异决定了它们对光的吸收是具有选择性的。如果将不同波长的单色光透过某一固定浓度和厚度的有色溶液，测量每一波长下溶液对光的吸收程度（即吸光度 A），然后以波长 λ 为横坐标，以吸光度 A 为纵坐标绘制的曲线称为物质对不同波长光的吸收曲线。例如 1,10-邻二氮菲亚铁配合物的吸收曲线（图 9-2），曲线描述了物质对不同波长光的吸收能力。

吸收曲线中的各个峰称为吸收峰，其最大吸收峰对应的波长称为最大吸收波长，用 λ_{max} 表示。图 9-2 中 $\lambda=510nm$，吸光度 A 最大。不同浓度的同一物质，其最大吸收波长 λ_{max} 的位置不变，吸收光谱的形状相似，在吸收峰及附近处的吸光度随浓度的增大而增大，据此可对

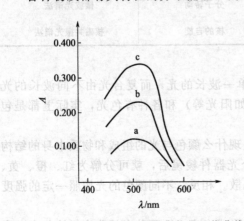

图 9-2 1,10-邻二氮菲亚铁配合物的吸收曲线
a—$0.2\mu g\cdot mL^{-1}$; b—$0.4\mu g\cdot mL^{-1}$; c—$0.6\mu g\cdot mL^{-1}$

物质进行定量分析。在 λ_{max} 处测定吸光度，则灵敏度最高。

不同物质的吸收曲线的形状和最大吸收波长 λ_{max} 各不相同的，说明溶液对光的吸收与溶液中物质的结构有关，根据这一特征可以进行物质的初步定性分析。

另外吸收曲线可作为吸光光度分析时选择测定波长的重要依据，测定时一般选择最大吸收波长的单色光作为光源。这样即使被测物质浓度较低，也可得到较大的吸光度，因而提高了分析的灵敏度。

9.1.3 光吸收基本定律

（1）透光度和吸光度

当一束平行单色光垂直照射到一均匀、非散射的吸光物质溶液时，光的一部分被溶液中的吸光质点吸收，一部分透过溶液，还有一部分被器皿的表面反射。

设入射光强为 I_0，吸收光强度为 I_a，透过光强度为 I_t，反射光强度为 I_r，则

$$I_0 = I_a + I_t + I_r \tag{9-1}$$

在光谱分析中，盛装待测试液和参比溶液的吸收池是采用相同质料和厚度的光学玻璃制成，I_r 基本不变，且其值很小，其影响可相互抵消，式（9-1）可简化为：

$$I_0 = I_a + I_t \tag{9-2}$$

由式（9-2）可以看出，当入射光强度 I_0 一定时，溶液透射光的强度 I_t 越大，则溶液吸收光的强度就越小；相反，溶液透射光的强度 I_t 越小，溶液吸收光的强度就越大，表明溶液对光的吸收能力越强。透射光强度 I_t 与入射光强度 I_0 之比称为透光度，用 T 表示，即

$$T = \frac{I_t}{I_0} \times 100\% \tag{9-3}$$

入射光强度与透射光强度之比的对数值称为吸光度，用符号 A 表示，则

$$A = \lg \frac{I_0}{I_t} = \lg \frac{1}{T} = -\lg T \tag{9-4}$$

（2）朗伯-比尔定律

溶液的吸光度与液层的厚度、溶液的浓度及入射光波长有关。朗伯和比尔分别于 1760 年和 1852 年研究了光的吸收与液层厚度及浓度的定量关系，二者结合称为朗伯-比尔定律，即光的吸收定律，可表示为：

$$A = abc \tag{9-5}$$

或

$$A = \varepsilon bc \tag{9-6}$$

式中，A 为吸光度；c 为溶液浓度，$g \cdot L^{-1}$ 或 $mol \cdot L^{-1}$；b 为液层厚度（吸收池或比色皿的厚度），cm；a 为吸光系数，$L \cdot g^{-1} \cdot cm^{-1}$；$\varepsilon$ 为摩尔吸光系数，$L \cdot mol^{-1} \cdot cm^{-1}$。

ε 比 a 更常用，因为有时吸收光谱的纵坐标用 ε 或 $\lg\varepsilon$ 表示，并以最大摩尔吸光系数 ε_{max} 表示吸光强度。摩尔吸光系数的物理意义是：当吸光物质的浓度为 $1mol \cdot L^{-1}$，吸收液层厚度为 1cm 时，吸光物质对某波长光的吸光度。但在实际工作中，不能直接取 $1mol \cdot L^{-1}$ 这样高浓度的溶液来测定，而是在适宜的低浓度时测量其吸光度 A，然后据 $\varepsilon = A/bc$ 求得。

摩尔吸光系数在特定波长和溶剂的情况下是吸光质点的一个特征常数，是物质吸光能力的量度，可作为定性分析的参考，也可用于大致估计定量分析方法的灵敏度。通常所说的摩尔吸光系数是指最大吸收波长 λ_{max} 处的摩尔吸光系数 ε_{max}。ε 值越大，方法的灵敏度越高。如 ε 为 10^4 数量级时，测定该物质的浓度范围可以达到 $10^{-6} \sim 10^{-5} mol \cdot L^{-1}$，灵敏度比较

高；当 $\varepsilon < 10^3$ 时，其测定浓度范围在 $10^{-4} \sim 10^{-3}\,mol \cdot L^{-1}$，灵敏度就要低得多。

例 9-1 已知含铁 Fe^{2+} 为 $1\mu g \cdot mL^{-1}$ 的溶液，用邻二氮菲分光光度法测定。吸收池厚度为 2cm，在 510nm 处测得其吸光度 $A = 0.380$，计算其摩尔吸光系数。

解：已知 Fe 的摩尔质量 $55.85\,g \cdot mol^{-1}$

$$c = \frac{1.0 \times 10^{-3}\,g \cdot L^{-1}}{55.85\,g \cdot mol^{-1}} = 1.8 \times 10^{-5}\,mol \cdot L^{-1}$$

$$\varepsilon = \frac{A}{bc} = \frac{0.380}{2cm \times 1.8 \times 10^{-5}\,mol \cdot L^{-1}} = 1.1 \times 10^4\,L \cdot mol^{-1} \cdot cm^{-1}$$

朗伯-比尔定律的物理意义是：当一束平行单色光垂直通过某一均匀、非散射的吸光物质时，其吸光度 A 与吸光物质的浓度 c 及吸光液层厚度 b 成正比。这就是吸光光度法进行定量分析的理论依据。

朗伯-比尔定律是光吸收的基本定律，适用于所有的电磁辐射和所有的吸光物质（气体、固体、液体、原子、分子和离子）。

(3) 朗伯-比尔定律成立的前提
① 入射光为平行单色光且垂直照射；
② 吸收光物质为均匀非散射体系；
③ 吸光质点之间无相互作用；
④ 辐射与物质之间的作用仅限于光吸收过程，无荧光和光化学现象发生。

9.1.4 偏离朗伯-比尔定律的原因

根据朗伯-比尔定律，当吸收池液层厚度不变，以吸光度对浓度作图时，应得到一条通过原点的直线。但在实际工作中吸光度与浓度之间常常偏离线性关系，即对朗伯-比尔定律发生偏离，一般以负偏离的情况居多，如图 9-3 所示。

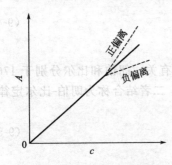

图 9-3 朗伯-比尔定律的偏离

产生偏离的主要因素如下。

(1) 仪器因素

朗伯-比尔定律仅适用于单色光。偏离朗伯-比尔定律的主要原因是仪器不能提供真正的单色光，就是说在实际上，经单色器分光后通过仪器的出射狭缝投射到被测溶液的光，并不是理论上要求的单色光。因为实际用于测量的是一小段波长范围的复合光，吸光物质对不同波长的光的吸收能力不一样，就导致了对朗伯-比尔定律的偏离。在所使用的波长范围内，吸光物质的吸收能力变化越大，这种偏离就越显著。

(2) 溶液因素

① 介质不均匀引起的偏离 朗伯-比尔定律是建立在吸光质点之间没有相互作用的前提下，它只适用于均匀的稀溶液。但随着溶液浓度的增大，吸光质点间的平均距离减小，彼此间相互影响和相互作用加强，就会改变吸光质点的电荷分布，从而改变它们对光的吸收能力，即改变物质的摩尔吸光系数，导致对朗伯-比尔定律的偏离。另外如果是胶体溶液、乳浊液或悬浮液时，入射光通过溶液后，除了被溶液吸收外，还有部分因散射而损失，使透光度减小，实测吸光度增加，导致偏离。

② 化学因素引起的偏离 溶液中的化学反应，如吸光物质的解离、缔合、形成新化合物或互变异构等作用，都会使被测组分的吸收曲线发生明显改变，吸收峰的位置、高度以及

光谱的精细结构等都会不同，从而破坏了原来的吸光度与浓度的函数关系，导致偏离朗伯-比尔定律。

9.2　显色反应及其影响因素

有些物质本身具有吸收可见光的性质，可直接进行分光光度法测定。但大多数物质本身在可见光区没有吸收或虽有吸收但摩尔吸光系数很小，因此不能直接进行吸光光度法测定，这时就需要借助适当试剂，使之转化为摩尔吸光系数较大的有色化合物后再进行测定。

在吸光光度分析中，与待测组分形成有色化合物的试剂称为显色剂，将待测组分转变为有色化合物的反应称为显色反应。

常见的显色反应大多数是生成配合物的反应，少数是氧化还原反应和增加吸光能力的生化反应。在吸光光度分析中，选择合适的显色反应，严格控制显色反应条件，是提高分析灵敏度、准确度和重现性的前提。

9.2.1　显色反应与显色剂

在光度分析中，为使测定结果准确可靠，必须做到显色反应完全，待测组分定量转化为可测量的有色化合物，且条件易于控制、重现性好。

同一组分常可与多种显色剂反应，生成不同的有色物质，但不一定都能用于吸光光度法的测定中，应用于光度分析的显色反应必须符合下列要求。

① 灵敏度高　由于光度法一般用于微量组分的测定，故要求显色反应中所生成的有色化合物有较大的摩尔吸光系数，一般应有 $10^4 \sim 10^5$ 数量级，才有足够的灵敏度。摩尔吸光系数越大，表示显色剂与被测物质形成有色物质的颜色越深，被测物质在含量较低的情况下也能测出。但对于高含量组分的测定，有时可选用灵敏度较低的显色反应。

② 选择性好　指显色剂仅与待测组分或少数几个组分发生显色反应。仅与一种物质发生显色反应的显色剂称为特效（或专属）显色剂。特效显色剂实际上是不存在的，所以应根据实际情况，选用干扰较少或干扰易于除去的显色剂。

③ 显色剂在测定波长处无明显吸收　这样试剂空白值就小，可以提高测定的准确度及降低方法的检测下限。通常把两种有色物质最大吸收波长之差称为"对比度"，即一般要求显色剂与有色化合物的对比度在 60nm 以上。

④ 有色化合物的组成恒定，化学性质稳定　这样可以保证至少在测定过程中吸光度基本不变，否则将影响吸光度测定的准确度及重现性。

9.2.2　影响显色反应的因素

吸光光度法是通过测定显色反应达到平衡时溶液的吸光度的一种分析方法，因此，应用化学平衡原理，严格控制反应条件，使显色反应趋于完全和稳定，以提高测定的准确度。影响显色反应的主要因素如下。

（1）显色剂用量

显色反应一般可表示为：

$$M + R \rightleftharpoons MR$$
待测组分　显色剂　　有色配合物

根据化学平衡原理，有色配合物 MR 的稳定常数越大，显色剂 R 的用量越多，越有利于显色反应的进行，即有利于待测组分形成有色配合物。但有时过多的显色剂会引起副反应，反而对测定不利。因此，在实际工作中，常根据实验结果来确定显色剂的适宜用量。

实验的方法是固定待测组分的浓度和其他条件，然后加入不同量的显色剂，显色后分别测定不同显色剂用量时的吸光度，绘制吸光度 A-显色剂浓度 c 关系曲线。通常可得到如图 9-4 所示的三种情况。

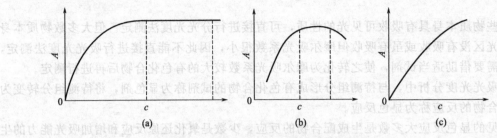

图 9-4 吸光度与显色剂浓度的关系曲线

曲线（a）表明在显色剂用量达到某一值时，吸光度达到最大，并趋于稳定，随后，曲线呈水平状；曲线（b）与曲线（a）不同的是当显色剂用量超过某一值时，溶液的吸光度反而下降；曲线（c）的情况是在不断增加显色剂用量时，溶液的吸光度一直在增大，并不出现平坦的情况。显然显色剂的用量应该在显色稳定、曲线平坦的范围内选择，但要防止过量太多。（a）、（b）两条曲线都有可选择的区域，只是曲线（b）的平坦区域较窄，即当浓度继续增大时，吸光度反而下降，硫氰酸盐与钼（Ⅴ）的反应就属于这种情况。

$$[Mo(SCN)_3]^{2+} \longrightarrow [Mo(SCN)_5] \longrightarrow [Mo(SCN)_6]^-$$
　　　　浅红　　　　　　橙红　　　　　　浅红

上述显色反应测定的是 $[Mo(SCN)_5]$ 的吸光度，如果 SCN^- 浓度过高，就会生成浅红色的 $[Mo(SCN)_6]^-$，吸光度反而降低。

对于曲线（c）这种情况，必须严格控制显色剂的用量，才能保证结果的准确。例如 SCN^- 测定 Fe^{3+} 的反应就属于这种情况。随着 SCN^- 浓度的增大，生成配位数逐渐增大的配合物 $[Fe(SCN)_n]^{3-n}$（$n=1,2,\cdots,6$），其颜色由橙黄变为色调逐渐加深的血红色。

（2）溶液的酸度

酸度对显色反应的影响是多方面的。由于大多数显色剂都是有机弱酸或有机弱碱，溶液酸度的改变，直接影响显色剂的离解平衡，从而影响显色反应的完全程度。这些有机显色剂具有酸碱指示剂性质，溶液中存在着下列平衡：

$$HR \Longrightarrow H^+ + R^-$$
显色剂

$$nR^- + M^{n+} \Longrightarrow MR_n$$
有色化合物

显然，酸度增加不利于上述显色反应的进行。酸度改变，将引起平衡移动，从而影响显色剂及有色化合物的浓度，还可能引起配位基团（R）数目的改变，以致改变溶液的颜色。

此外，酸度对待测离子存在状态及是否发生水解也是有影响的。大多数高价金属离子都易水解，当溶液酸度降低时，可能使金属离子形成各种形式的羟基配离子乃至沉淀，不利于显色反应的进行，故溶液的酸度不能太低。

对于某些能形成逐级配合物的显色反应，产物的组成也会随介质酸度而改变。如 Fe^{3+} 与磺基水杨酸的显色反应：

　　　　pH＝2～3　　　$[Fe(ssal)]^+$　　紫红色配合物
　　　　pH＝4～7　　　$[Fe(ssal)_2]^-$　　橙红色配合物

$$\text{pH}=8\sim10 \qquad [\text{Fe(ssal)}_3]^{3-} \qquad \text{黄色配合物}$$
$$\text{pH}>12 \qquad \text{Fe(OH)}_3 \qquad \text{沉淀}$$

可见，酸度对显色反应影响很大，某一显色反应最适宜的酸度范围应通过实验来确定。一般确定适宜酸度的具体方法是，在其他实验条件相同时，分别测定不同 pH 条件下显色溶液的吸光度。通常可以得到如图 9-5 所示的吸光度与 pH 的关系曲线。适宜酸度可在吸光度较大且恒定的平坦区域所对应的 pH 范围中选择。

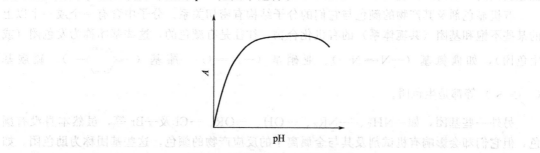

图 9-5　吸光度与 pH 的关系曲线

（3）显色温度

显色反应一般在室温下进行，有的反应则需要加热，以加速显色反应进行完全。但有些有色物质当温度高时又容易分解，为此，对不同的反应，应通过实验找出适宜的温度范围。

（4）显色反应的时间

显色反应的速率有快有慢，生成的有色化合物的稳定性也各不相同。大多数显色反应需要经一定的时间才能完成，时间的长短又与温度的高低有关。有些有色物质在放置时，受到空气的氧化或发生光化学反应，会使颜色减弱，这就要求吸光度的测定必须在一定的时间内完成。因此同样必须通过实验，作出一定温度下的吸光度-时间关系曲线，求出适宜的显色时间。

（5）干扰的消除

光度分析中，共存离子如本身有颜色，或与显色剂作用生成有色化合物，都将干扰测定。要消除共存离子的干扰，可采用下列方法。

① 加入配位掩蔽剂或氧化还原掩蔽剂，使干扰离子生成无色配合物或无色离子。如用 NH_4SCN 作显色剂测定 Co^{2+} 时，Fe^{3+} 的干扰可借加入 NaF 使之生成无色 FeF_6^{3-} 而消除。测定 Mo(Ⅵ)时可借加入 SnCl_2 或抗坏血酸等将 Fe^{3+} 还原为 Fe^{2+} 而避免与 SCN^- 作用。

② 选择适当的显色条件以避免干扰。如利用酸效应，控制显色剂解离平衡，降低 [R]，使干扰离子不与显色剂作用。如用磺基水杨酸测 Fe^{3+} 时，Cu^{2+} 与试剂形成黄色配合物，干扰测定，但如控制 pH 在 2.5 左右，则 Cu^{2+} 不干扰。

③ 分离干扰离子。在不能掩蔽的情况下，可采用沉淀、离子交换或溶剂萃取等分离方法除去干扰离子。应用萃取法时，可直接在有机相中显色测定，称为萃取光度法，不但可消除干扰，还可以提高分析灵敏度。

④ 选择适当的光度测量条件（例如适当的波长或参比溶液），消除干扰。

综上所述，建立一个新的光度分析方法，必须研究优化上述各种条件。应用某一显色反应进行测定时，必须对这些条件进行控制，并使试样的显色条件与绘制标准曲线时的条件一致，这样才能得到重现性好且准确度高的分析结果。

9.2.3　显色剂的种类及选择

（1）无机显色剂

无机显色剂与金属离子生成的化合物不够稳定，灵敏度和选择性也不高，应用已不多。尚有实用价值的仅有硫氰酸盐［测定 Fe^{3+}、$Mo(VI)$、$W(V)$、Nb^{5+} 等］，钼酸铵（测定 P、Si、W 等）及 H_2O_2（测定 V^{5+}、Ti^{4+} 等）等物质。

（2）有机显色剂

大多数有机显色剂与金属离子生成稳定的配合物，显色反应的选择性和灵敏度都较无机显色反应高，因而广泛应用于吸光光度分析中。

有机显色剂及其产物的颜色与它们的分子结构有密切关系。分子中含有一个或一个以上的某些不饱和基团（共轭体系）的有机化合物，往往是有颜色的，这些基团称为发色团（或生色团），如偶氮基（—N=N—）、亚硝基（—N=O）、醌基（ —⟨ ⟩— ）、硫羰基（ \C=S ）等都是生色团。

另外一些基团，如—NH_2、—NR_2、—OH、—OR、—Cl 及—Br 等，虽然本身没有颜色，但它们却会影响有机试剂及其与金属离子的反应产物的颜色，这些基团称为助色团。如水杨酸中引入甲氧基后，与 Fe^{3+} 反应产物的最大吸收波长向长波方向移动，颜色也因而加深。这种现象称为"红移"。

$$\text{(水杨酸结构)} + Fe^{3+} \xrightarrow{H^+ \text{介质}} \text{紫色配合物}$$

$$\text{(甲氧基水杨酸结构)} + Fe^{3+} \xrightarrow{H^+ \text{介质}} \text{蓝色配合物}$$

当金属离子与有机显色剂形成螯合物时，金属离子与显色剂中的不同基团通常形成一个共价键和一个配位键，改变了整个试剂分子内共轭体系的电子云分布情况，从而引起颜色的改变。如茜素与 Al^{3+} 反应：

黄色　　　　　　　　　　　　　红色

由于茜素分子中氧原子提供电子对与 Al^{3+} 配位，氧原子的电子云发生较大变形，而这个氧原子又是处在共轭体系中，因此生成配合物的颜色显著地加深。

有机显色剂的类型、品种都非常多，下面仅介绍两类常用的显色剂。

① 偶氮类显色剂　分子中含有偶氮基，都是带色的物质。当偶氮基两端与芳烃碳原子相连，而且在其邻位上有一定的配位基团（—OH，—COOH，—AsO_3H_2，—N=）时，此类化合物在一定的条件下就能与某些金属离子作用，改变生色团的电子云结构，使颜色发生明显的变化。

偶氮类显色剂具有性质稳定、显色反应灵敏度高、选择性好及对比度大等特点，是应用最广泛的一类显色剂。其中以偶氮胂Ⅲ等最为突出，特别适用于铀、钍、锆等元素以及稀土元素总量的测定。其衍生物偶氮氯膦Ⅲ是目前我国广为采用测定微量稀土元素的较好试剂。

偶氮胂Ⅲ

铬天青 S

② 三苯甲烷类显色剂　此类显色剂种类也很多，应用很广。如铬天青 S、二甲酚橙、结晶紫和罗丹明 B 等。

铬天青 S 可与许多金属离子（例如 Al^{3+}、Be^{2+}、Co^{2+}、Cu^{2+}、Fe^{3+} 及 Ca^{2+} 等）及阳离子表面活性剂如氯化十八烷基三甲基胺（CTMAC）、溴化十六烷基三甲基胺（CTMAB）、溴化十四烷基吡啶（CTAB）及溴化十六烷基吡啶（CPB）等形成三元配合物，其 ε 值可达 $10^4 \sim 10^5$ 数量级，故广泛用于吸光光度法测定。目前铬天青 S 常用来测定铍和铝。

9.3　分光光度计及测定方法

9.3.1　分光光度计的基本构造及性能

测定溶液吸光度或透光度所用的仪器是分光光度计。分光光度计的种类、型号较多，但就其结构而言，一般都包括光源、单色器（分光系统）、吸收池、检测器、显示器五大部分。

① 光源　可见分光光度计都以钨灯作光源，钨灯丝发出 320～3200nm 的连续光谱，其最适宜的波长范围是 360～1000nm。钨灯是 6～12V 的钨丝灯泡，仪器装有聚光透镜使光线变成平行光。为保证光强度恒定不变，配有稳压电源。紫外-可见分光光度计中除有钨灯外，其光源还有氢灯，氢灯发射 150～400nm 波长的光，适用于 200～400nm 波长范围的紫外分光光度法测定。

② 单色器　单色器又称波长控制器，是由棱镜或光栅等色散元件及狭缝和透镜等组成。其作用是把光源辐射的复合光分解成按波长顺序排列的单色光。色散元件用棱镜或光栅制成，棱镜有玻璃棱镜和石英棱镜。玻璃棱镜的色散波段一般在 360～700nm，主要用于可见分光光度计中。石英棱镜的色散波段一般在 200～1000nm，可用于紫外-可见分光光度计中。有些较好的分光光度计用光栅作色散元件，其特点是工作波段范围宽，适用性强，对各种波长色散率几乎一致。

③ 吸收池　吸收池（比色皿）是由无色透明的光学玻璃或熔融石英制成，用于盛装试液或参比溶液，形状一般是长方形。在可见光范围内使用玻璃吸收池，在紫外光范围内使用石英吸收池。一般分光光度计都配有一套不同宽度的吸收池，通常有 0.5cm、1.0cm、2.0cm、3.0cm 和 5.0cm，可适用于不同浓度范围的试样测定。同一组吸收池的透光度相差应小于 0.50%，使用时应保护其透光面，不要用手直接接触。

④ 检测器　检测器是把透过吸收池后，透射光强度转换成电讯号的装置。检测系统应

具有灵敏度高、对透射光的响应时间短、且响应的线性关系好，对不同波长的光具有相同的响应可靠性。在分光光度计中常用光电管和光电倍增管等作检测器。

光电管是一种二极管，它是在玻璃或石英管内装有两个电极，阳极通常是镍环或镜片封装于真空管中，阴极为一个半圆形金属片涂上一层光敏物质，如氧化铯。这种光敏物质受光照射可以放出电子，向阳极流动形成光电流。光电流的大小和照射到它上面的光强度成正比。由于光电管产生的光电流比较小，所以需要用放大装置将其放大后才能用微安表检测。目前一些较高级的分光光度计中广泛用光电倍增管作为检测器，其灵敏度要比光电管约高200倍，适用于测量较微弱的光。

⑤ 显示器　显示器是将检测器检测的信号显示和记录下来的装置。在分光光度计中常用的是数码显示管，现代精密的分光光度计多带有微机，能在屏幕上显示操作条件、各项数据并可对光谱图像进行数据处理，测定准确而可靠。

9.3.2　常用的分光光度计

按光路结构不同分光光度计分为单波长和双波长分光光度计两类。单波长分光光度计又分为单光束和双光束分光光度计。

单波长单光束分光光度计因其结构简单、使用方便而被广泛地应用于科研和生产等领域。其中最具代表性的是 721 型和 751 型分光光度计。

（1）721 型分光光度计

721 型分光光度计其工作范围是 360～800nm，采用光电管、晶体管放大线路和电表直读的结构，使仪器的灵敏度和稳定性在整个可见光区都比较好。图 9-6 为 721 型分光光度计光学系统示意图。图中，由光源 1 发出的连续光线射到聚光透镜 2 上，经过平面镜 7 转角90℃反射到入射狭缝 6，由此入射到单色光器内，狭缝正好位于球面准直镜 4 的焦面上。当入射光经过准直镜反射后，聚在出光狭缝上，经过聚光透镜 8 聚光后进入比色皿 9，经溶液吸收后的透射光通过光门 10 照射到光电管 12 上，这时光能转换为电能，经放大后，输入检流计，即可测得吸光度。

在 721 型基础上又有了 722 型分光光度计，其主要特点是用光栅代替棱镜作色散器，用数码管显示测定结果，同时在吸光度与透光度之间能方便地转换，使测定结果更为精确。

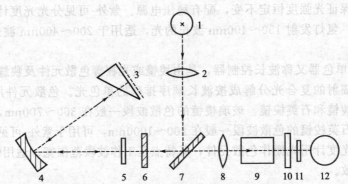

图 9-6　721 型分光光度计光学系统示意图

1—光源；2—聚光透镜；3—棱镜；4—准直镜；5—光学保护玻璃；6—入射狭缝；
7—平面镜；8—聚光透镜；9—比色皿；10—光门；11—保护玻璃；12—光电管

（2）751-G 型紫外-可见分光光度计

这是我国普及的一种紫外-可见分光光度计，适用波长范围在 200～1000nm。其光学系统如图 9-7 所示。

751-G 型紫外-可见分光光度计和 721 型分光光度计相比，其不同之处在于光源有钨灯和氢灯两种，可见光用钨灯（300～1000nm），紫外光用氢灯（200～300nm）。另外还具有两支光电管，一支为红敏光电管，在阴极表面涂有银和氧化铯，适用波长为 625～1000nm 范围；一支为蓝敏光电管，在阴极表面涂有锑和铯，适用波长为 200～625nm 范围。由于仪器结构精密，单色光纯度高，此型分光光度计的选择性和灵敏度都很高。此外亦有 751-GW 型紫外-可见分光光度计，用数字显示表示测定结果，输入标准溶液的浓度后，可直接读出试样的浓度。

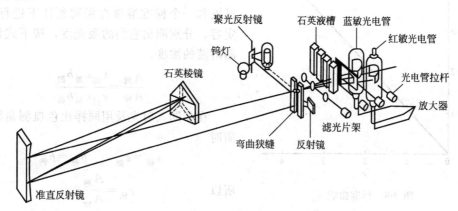

图 9-7 751-G 型紫外-可见分光光度计光学系统

（3）双波长双光束分光光度计

双波长双光束分光光度计的工作原理见图 9-8。它采用两个单色器，将同一光源的光分为两束，分别经单色器后得到两束不同波长的单色光，经切光器使两束单色光以一定频率交替照射同一试样，然后经过检测器显示出两个波长下的吸光度差值 ΔA。

$$\Delta A = A_{\lambda_2} - A_{\lambda_1} = (\varepsilon_{\lambda_2} - \varepsilon_{\lambda_1})bc$$

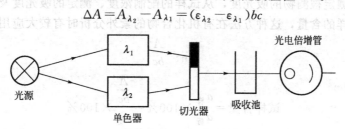

图 9-8 双波长双光束分光光度计原理图

ΔA 与吸光物质浓度 c 成正比，这是双波长分光光度计进行定量分析的理论依据。双波长分光光度计不仅可测多组分混合试样、混浊试样，而且还可测得导数光谱。测量时使用同一吸收池和同一光源，因而误差小，灵敏度高。

9.3.3 吸光光度法的测定方法

（1）标准曲线法

标准曲线法是吸光光度法中最经典的定量分析方法，此法尤其适用于单色光不纯的仪器。其方法是先配制一系列不同浓度的标准溶液，用选定的显色剂进行显色，在一定波长下分别测定它们的吸光度 A。以 A 为纵坐标，浓度 c 为横坐标，绘制 A-c 曲线。若符合朗伯-比尔定律，则得到一条通过原点的直线，称为标准曲线。如图 9-9 所示。然后用完全相同的方法和步骤测定被测溶液的吸光度，便可从标准曲线上找出对应的被测溶液浓度或含量，这就是标准曲线法。在仪器、方法和条件都固定的情况下，标准曲线可以多次使用而不必重新制作，因而标准曲线法适用于大量的经常性的测定。

实际分析工作中，为使标准曲线描绘得最准确，误差最小，需要对测定数据进行标准曲线的回归分析，用直线回归的方法，求出回归的直线方程，再根据试液所测得的吸光度，从回归方程求得试液的浓度。在带有微机的分光光度计上，这些工作都能自动完成。

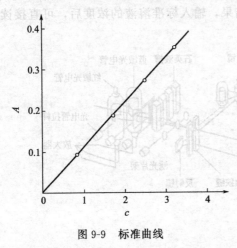

图 9-9　标准曲线

（2）标准对照法

标准对照法又称直接比较法。其方法是将试液和一个标准溶液在相同条件下进行显色、定容，分别测出它们的吸光度，按下式计算被测溶液的浓度：

$$\frac{A_{测}}{A_{标}}=\frac{\varepsilon_{测}c_{测}b_{测}}{\varepsilon_{标}c_{标}b_{标}}$$

在相同入射光及用同样比色皿测量同一物质时

$$\varepsilon_{标}=\varepsilon_{测} \qquad b_{标}=b_{测}$$

所以

$$c_{测}=\frac{A_{测}}{A_{标}}c_{标}$$

标准对照法要求 A 与 c 线性关系良好，试液与标准溶液浓度接近，以减少测定误差。由于该法仅用一份标准溶液即可计算出试液的含量或浓度，这给非经常性分析工作带来方便，操作亦简单。

（3）吸光系数法

在没有标准样品可供比较测定的条件下，可查阅文献，找出被测物质的吸光系数，然后按文献规定条件测定被测物的吸光度，从试样的配制浓度、测定的吸光度及文献查出的吸光系数即可计算试样的含量，这种方法在有机化合物的紫外分析时有较大应用价值。

因为

$$a_{样}=\frac{A}{bc}$$

则

$$试样含量=\frac{a_{样}}{a_{标}}\times100\%=\frac{\frac{A}{bc}}{a_{标}}\times100\%$$

例 9-2　已知维生素 B_{12} 在 361nm 条件下 $a_{标}=20.7 L\cdot g^{-1}\cdot cm^{-1}$。精确称取试样 30mg，加水溶解稀释至 1000mL。在波长 361nm 下，用 1.00cm 吸收池测得溶液的吸光度为 0.618。计算试样维生素 B_{12} 的含量。

解： $A=a_{样}bc$

则

$$a_{样}=\frac{A}{bc}=\frac{0.618}{(30/1000)\times1}=20.6 L\cdot g^{-1}\cdot cm^{-1}$$

$$维生素 B_{12} 的含量=\frac{20.6 L\cdot g^{-1}\cdot cm^{-1}}{20.7 L\cdot g^{-1}\cdot cm^{-1}}\times100\%=99.5\%$$

9.4　吸光光度法测量条件的选择

为使吸光光度法有较高的灵敏度和准确度，除了要注意选择和控制适当的显色条件外，还必须选择和控制适当的吸光度测量条件。

9.4.1 入射光波长的选择

入射光波长选择的依据是吸收曲线，一般以最大吸收波长 λ_{max} 为测量的入射光波长。这不仅因为在此波长处，摩尔吸光系数 ε 最大，测定的灵敏度高，而且在此波长处，吸光度有一较小的平坦区，能够减小或消除由于单色光的不纯而引起的对朗伯-比尔定律的偏离，提高测定结果的准确度。因此，一般选择 λ_{max} 作测定波长。

若 λ_{max} 不在仪器的测定波长范围内，或共存离子在此波长处也有强烈的吸收而产生干扰，可选用非最大吸收处的波长，即考虑选择灵敏度稍低但能避免干扰的入射光波长，而且尽可能选择摩尔吸光系数 ε 随波长变化不大的区域内的波长。

现以钴与 1-亚硝基-2-萘酚-3,6-二磺酸形成的配合物为例说明特殊情况下波长的选择。如图 9-10 所示，1-亚硝基-2-萘酚-3,6-二磺酸显色剂及其与钴形成的配合物在 420nm 处均有最大吸收，曲线（a）和曲线（b）分别是配合物、显色剂

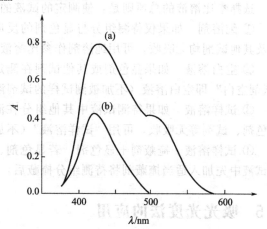

图 9-10 钴配合物的吸收曲线（a）
和 1-亚硝基-2-萘酚-3,6-二磺酸显色剂的吸收曲线（b）

的吸收曲线，如在 420nm 波长下测定钴，则未反应的显色剂会发生干扰而降低测定的准确度。因此，通常测定中选择 500nm 为测定波长，因为在此波长下显色剂无吸收，而钴配合物则有一吸收平台。虽然灵敏度有所下降，但可以消除显色剂的干扰。

有时为测定高浓度组分，也选用灵敏度稍低的吸收峰波长作为入射波长，以保证其标准曲线有足够的线性范围。

9.4.2 吸光度范围的选择

任何分光光度计都有一定的测量误差，这是由于光源不稳定，读数不准确等原因造成的。一般来说，透光度的绝对误差 ΔT 是一个常数，但在不同的读数范围内所引起的浓度的相对误差却是不同的。

理论推导计算表明，被测溶液的吸光度 A 为 0.434 或透光率 T 为 36.8% 时，测量的相对误差最小。为了减少相对误差，提高测定结果的准确度，一般应控制被测溶液的吸光度值在 0.2～0.8。实际工作中，应参照仪器说明书，设法使测定在适宜的吸光度范围内进行。为此可从以下三个方面加以控制：

① 改变试样的称样量，或采用稀释、浓缩、富集等方法来控制被测溶液的浓度；
② 选择适宜厚度的吸收池；
③ 选择适当的显色反应和参比溶液。

9.4.3 参比溶液的选择

在吸光光度法测定中，常用参比溶液来调节仪器的吸光度，即在相同的比色皿中装入参比溶液，调节仪器使吸光度为零，再测试样的吸光度，此时待测试样的吸光度为：

$$A = \lg \frac{I_0}{I_t} \approx \lg \frac{I_{参比}}{I_{试液}}$$

即实际上是以通过参比溶液（或比色皿）的光强度作为测定试样的入射光强度，这样测得的吸光度消除了比色皿壁对入射光的反射或吸收而引起的误差，以及溶剂、试剂等对光的吸收，造成透射光强度的减弱而引起的误差。这样比较真实地反映了待测物质对光的吸收，也就能比较真实地反映待测物质的浓度。因此参比溶液的作用是非常重要的，应根据实际情况，对不同性质的测定溶液，选择适宜的参比溶液。

选择参比溶液的总原则是：使测定的试液的吸光度能真正反映待测物的浓度或含量。

① 纯溶剂 如果仅待测组分与显色剂的反应产物在测定波长处有吸收，而试液、显色剂及其他试剂均无吸收，可用纯溶剂作参比溶液。

② 空白溶液 如果显色剂或其他试剂在测定波长处略有吸收，而试液本身无吸收，用"试剂空白"即空白溶液（不加被测试样的试剂溶液）作为参比溶液。

③ 试样溶液 如果待测试液中其他组分在测定波长处有吸收，但不与显色剂反应，而显色剂、试剂等无吸收，可用"试样溶液"（不加显色剂的被测试液）作为参比溶液。

④ 试样溶液＋掩蔽剂＋显色剂 若显色剂、试液中其他组分在测定波长处有吸收，可在试液中先加入适当掩蔽剂将待测组分掩蔽后，再加显色剂作为参比溶液。

9.5 吸光光度法的应用

吸光光度法在许多领域都有广泛的应用。除可测量试样微量组分之基本功能外，还可用以测定配合物的组成及稳定常数、弱酸的解离常数、化学反应的速率常数、催化反应的活化能等。此外，还可根据分子的紫外或红外光谱数据确定分子结构。本节择其主要加以介绍。

9.5.1 单一组分含量的测定

对于在选定波长下只有待测单一组分有吸收的试样，可用 9.3.3 节中所述的三种方法（前两种方法在可见分光光度法中更常用）计算含量。由于某一组分可用多种显色剂使其显色，因而又会有多种方法测定该组分。如铁的测定有硫氰酸盐法、磺基水杨酸法和1,10-邻二氮菲法等。不同方法测定的条件、灵敏度、选择性等是不同的，应根据实际情况选择一种合格的方法。

（1）1,10-邻二氮菲法测定微量铁

1,10-邻二氮菲是有机配位剂之一。它与 Fe^{2+} 能形成 $3:1$ 的红色配离子：

其最大吸收波长 $\lambda_{max} = 512nm$，ε 为 $1.1 \times 10^4 \, L \cdot mol^{-1} \cdot cm^{-1}$。在 pH 为 $3 \sim 9$ 范围内，反应能迅速完成，且显色稳定。在铁含量 $0.5 \sim 8\mu g \cdot mL^{-1}$ 范围内，浓度与吸光度符合朗伯-比尔定律。被测溶液用 $pH = 4.5 \sim 5.0$ 的缓冲液保持其酸度，并用盐酸羟胺还原其中的 Fe^{3+}，同时防止 Fe^{2+} 被空气氧化。一般用标准曲线的回归分析法进行测定。

（2）磷钼蓝法测定全磷

磷是构成生物体的重要元素，也是土壤肥效的要素之一，在工农业生产及生命科学研究中常会遇到磷的测定。测定时先用浓硫酸和高氯酸（$HClO_4$）处理试样，使磷的各种形式转变为 H_3PO_4，然后在 HNO_3 介质中，H_3PO_4 与 $(NH_4)_2MoO_4$ 反应形成磷钼酸铵 $(NH_4)_3PO_4 \cdot 12MoO_3$。反应如下：

$$H_3PO_4 + 12(NH_4)_2MoO_4 + 21HNO_3 \Longrightarrow (NH_4)_3PO_4 \cdot 12MoO_3 + 21NH_4NO_3 + 12H_2O$$

用适当的还原剂如维生素 C 将其中的 Mo(Ⅵ) 还原为 Mo(Ⅴ)，即生成蓝色的磷钼蓝，其最大吸收波长为 $\lambda_{max}=660nm$，用标准曲线法可测得试样的全磷含量。

9.5.2 多组分含量的测定

在含有多组分的体系中，各组分对同一波长的光可能都有吸收。这时，溶液的总吸光度等于各组分的吸光度之和：

$$A = A_1 + A_2 + A_3 + \cdots + A_n$$

这就是吸光度的加和性。因此，常可在同一溶液中进行多组分含量的测定，其测定的结果往往可以通过计算求得。

现以双组分混合物为例，根据吸收峰相互重叠的情况，可按下列两种情况进行定量测定。

（1）吸收峰互不重叠

如图 9-11(a)，A，B 两组分的吸收峰相互不重叠，则可分别在 λ_{max}^A，λ_{max}^B 处用单组分含量测定的方法，分别测定组分 A 和 B。

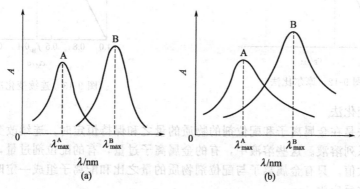

图 9-11　多组分的吸收曲线

（2）吸收峰相互重叠

如图 9-11(b)，A，B 两组分的吸收峰相互重叠，两组分彼此有干扰，即 A 在 λ_{max}^B 处，B 在 λ_{max}^A 处也有吸收。这时可分别在 λ_{max}^A，λ_{max}^B 处测出 A，B 两组分的总吸光度 A_1 和 A_2，然后根据吸光度的加和性列出联立方程：

$$在 \lambda_{max}^A 处 \qquad A_1 = \varepsilon_1^A bc(A) + \varepsilon_1^B bc(B)$$
$$在 \lambda_{max}^B 处 \qquad A_2 = \varepsilon_2^A bc(A) + \varepsilon_2^B bc(B)$$

式中，ε_1^A、ε_1^B 分别为 A 和 B 在波长 λ_{max}^A 处的摩尔吸光系数；ε_2^A 和 ε_2^B 分别为 A 和 B 在波长 λ_{max}^B 处的摩尔吸光系数。

ε_1^A、ε_1^B、ε_2^A、ε_2^B 可由已知准确浓度的纯组分 A 和纯组分 B 在 λ_{max}^A 和 λ_{max}^B 处测定，代入上述联立方程，即可求得 A，B 两组分的浓度 $c(A)$ 和 $c(B)$。

在实际应用中，常限于 2～3 个组分体系，对于更复杂的多组分体系，可用计算机处理测定结果。

9.5.3　配合物组成的测定

吸光光度法是研究配合物组成的最常用的方法，下面简单介绍测定配合物组成的两种常用方法。

（1）摩尔比法

摩尔比法是固定一种组分如金属离子 M 的浓度，改变配位剂 R 的浓度，得到一系列 c_R/c_M 不同的溶液，以相应的试剂空白作参比溶液，分别测定其吸光度。以吸光度 A 为纵坐标，配位剂与金属离子的浓度比值为横坐标作图。当配位剂减少时，金属离子没有完全被配合。随着配位剂的增加，生成的配合物便不断增多。当金属离子全部被配位剂配合后，再增加配位剂，其吸光度亦不会增加了，如图 9-12 所示。图中的转折点不敏锐，这是由于配合物解离造成的。利用外推法可得一交叉点 D，D 点所对应的浓度比值就是配合物的配合比。对于解离度小的配合物，这种方法简单快速，可以得到满意的结果。

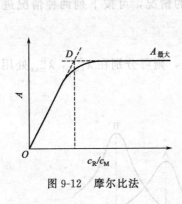

图 9-12　摩尔比法

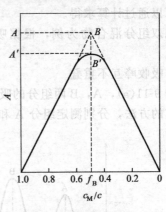

图 9-13　连续变化法

（2）连续变化法

连续变化法是在金属离子和配位剂的物质的量之和保持恒定时，连续改变它们之间相对比率，配制一系列溶液。这些溶液中，有的金属离子过量，有的配位剂过量，它们的配合物浓度都不是最大值。只有金属离子与配位剂物质的量之比和配离子组成一定时，配合物浓度才最大。设配位反应为：

$$M + nR \rightleftharpoons MR_n$$

M 为金属离子，R 为配位剂。并设 c_M 和 c_R 为溶液中 M 和 R 两组分的浓度，则

$$c_M + c_R = c \text{（常数）}$$

金属离子和配位剂的摩尔分数分别为：

$$x_M = \frac{c_M}{c_M + c_R}$$

$$x_R = \frac{c_R}{c_M + c_R}$$

配制一系列不同 x_M（或 x_R）的溶液，溶液中配合物浓度随 x_M 而改变，当 x_M 或 x_R 与形成的配合物组成相当时，即金属离子和配位剂物质的量之比和配合物组成一致时，配合物的浓度最大。如果选择某一波长的光，M 和 R 对这波长的光基本不吸收，仅是 MR_n 吸收，测定各溶液的吸光度 A，以吸光度 A 为纵坐标，x_M（或 x_R）为横坐标，即可得配合物浓度的连续变化法曲线，如图 9-13 所示。由图 9-13 可见，MR_n 最大吸光度为 A，但由于配合物有一部分解离，其浓度要稍小些，实测得最大吸光度在 B' 处，即吸光度为 A'，根据与最

大吸光度对应的 x 值，即可求出 n。

$$n = \frac{x_R}{x_M} = \frac{c_R}{c_M}$$

如 $x_M = x_R = 0.5$，$n = 1$ 即生成 MR 配合物；如 $x_R = 0.67$，$x_M = 0.33$，$n = 2$ 即生成 MR_2 配合物。

9.5.4 醋酸解离常数的测定

吸光光度法可用于测定对光有吸收的酸（碱）的解离常数。它是研究分析化学中广泛应用的指示剂、显色剂及有机试剂的重要方法之一。例如有一元弱酸 HL，按下式解离：

$$HL \Longrightarrow H^+ + L^- \qquad K_a = \frac{[H^+][L^-]}{[HL]}$$

首先配制一系列总浓度（c）相等，而 pH 不同的 HL 溶液，用酸度计测定各溶液的 pH。在酸式（HL）或碱式（L^-）有最大吸收的波长处，用 1cm 比色皿测定各溶液的吸光度 A，则

$$A = \varepsilon_{HL}[HL] + \varepsilon_L[L^-] = \varepsilon_{HL}\frac{[H^+]c}{K_a + [H^+]} + \varepsilon_L\frac{K_a c}{K_a + [H^+]} \tag{9-7}$$

假设高酸度时，弱酸全部以酸式形式存在（即 $c = [HL]$），测得的吸光度为 A_{HL}，则

$$A_{HL} = \varepsilon_{HL}c \tag{9-8}$$

在低酸度时，弱酸全部以碱式形式存在（即 $c = [L^-]$），测得的吸光度为 A_L，则

$$A_L = \varepsilon_L c \tag{9-9}$$

将式（9-8）、式（9-9）代入式（9-7），得

$$A = \frac{A_{HL}[H^+]}{K_a + [H^+]} + \frac{A_L K_a}{K_a + [H^+]}$$

整理得

$$K_a = \frac{A_{HL} - A}{A - A_L}[H^+]$$

$$pK_a = pH + \lg\frac{A - A_L}{A_{HL} - A} \tag{9-10}$$

式（9-10）是用光度法测定一元弱酸离解常数的基本公式。利用实验数据可由此公式用代数法计算 pK_a 值，或由图解法（如图 9-14）求 pK_a 值。

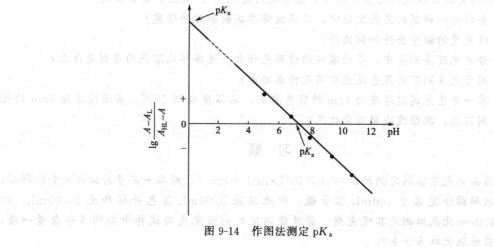

图 9-14 作图法测定 pK_a

本章重点和有关计算公式

重点：

1. 吸收曲线与最大吸收波长
2. 光吸收基本定律：朗伯-比尔定律
3. 显色反应与显色剂的选择
4. 入射光波长的选择
5. 参比溶液的选择
6. 吸光光度法的分析方法及应用

有关计算公式：

1. 光的基本选择 $E = h\nu = hc/\lambda$

2. 吸光度与透光度的关系 $A = \lg \dfrac{I_0}{I_t} = \lg \dfrac{1}{T} = -\lg T$

3. 朗伯-比尔定律 $A = abc$

    或 $A = \varepsilon bc$

4. 吸光度的加和性 $A = A_1 + A_2 + A_3 + \cdots + A_n$

5. 酸碱离解常数的测定 $pK_a = pH + \lg \dfrac{A - A_L}{A_{HL} - A}$

思 考 题

1. 吸光光度法测定时，为什么常要使用显色剂？为什么可以通过测定显色后的产物的吸光度来确定被测物质的浓度？
2. 什么叫作单色光？什么叫作复合光？哪一种光适用于朗伯-比尔定律？
3. 什么叫作互补色？与物质的颜色有什么关系？
4. 为什么物质对光会发生选择性吸收？常见的电子跃迁还有哪几种类型？
5. 朗伯-比尔定律的物理意义是什么？
6. 什么是透光度、吸光度？二者有什么关系？
7. 摩尔吸光系数的物理意义是什么？它与哪些因素有关系？在分析工作中有何意义？
8. 什么是吸收光谱曲线？什么是标准曲线？它们有何意义？
9. 利用标准曲线进行定量分析时，能否使用透光度 T-浓度 c 关系曲线？
10. 当研究一种新的显色反应时，必须做哪些实验条件的研究？
11. 吸光度的测量条件如何选择？
12. 分光光度法测定中，参比溶液的作用是什么？选择参比溶液的原则是什么？
13. 用于光度测定的显色反应应满足什么要求？
14. 有一单色光通过厚度为 1cm 的有色溶液，其强度减弱 20%。若通过厚度 5cm 的相同溶液，其强度减弱百分之几？

习 题

1. 用分光光度法测定铜的 $\varepsilon = 4.0 \times 10^4 \, L \cdot mol^{-1} \cdot cm^{-1}$，称取一定量的试样完全溶解后，准确稀释定容于 100mL 容量瓶，取此溶液 5.00mL 显色并稀释至 25.00mL，以 1.0cm 比色皿测定其吸光度。若欲使测定时的吸光度与试样中铜的百分含量一致，应称取试样多少克？

2. 有一溶液，每升中含有 5.0×10^{-3} g 溶质，其摩尔质量为 125g·mol^{-1}，将此溶液放在厚度为 1.0cm 比色皿内，测得吸光度为 1.00，求该溶质的摩尔吸光系数。

3. 在进行水中微量铁的测定时，所应用的标准溶液含 Fe_2O_3 0.25mg·L^{-1} 测得其吸光度 0.370，将试样稀释 5 倍后，在同样条件下显色，其吸光度为 0.410，求原试液中 Fe_2O_3 的含量。

4. 用吸光光度法测定土壤试样中磷的含量。已知一种土壤含 P_2O_5 为 0.40%，其溶液显色后的吸光度为 0.320。现在测得未知试样溶液吸光度为 0.200，求该土壤样品中 P_2O_5 的质量分数。

5. 0.5000g 钢样，溶于酸后，使其中的锰氧化成 MnO_4^-，在容量瓶中将溶液稀释至 100mL。稀释后的溶液用 2.0cm 厚度的比色皿，在波长 520nm 处测得吸光度为 0.620，计算钢样中锰的质量分数。已知 MnO_4^- 在 520nm 处的摩尔吸光系数为 2235L·mol^{-1}·cm^{-1}。

6. 有一浓度为 2.0×10^{-4} mol·L^{-1} 的某有色溶液，若用 3.0cm 比色皿测得吸光度为 0.120，将其稀释一倍后用 5.0cm 比色皿测得吸光度为 0.200。问是否符合朗伯-比尔定律？

7. 酮肟光度法测定镍，若显色后有色物质的浓度为 1.7×10^{-5} mol·L^{-1}，用 2.0cm 的吸收池在 470nm 波长处测得透光度为 30.0%，计算此有色物质在该波长下的摩尔吸光系数。

8. 某一吸光物质的摩尔吸光系数为 1.0×10^4 L·mol^{-1}·cm^{-1}，当此物质溶液的浓度为 3.00×10^{-5} mol·L^{-1}，液层厚度为 0.5cm 时，求 A 和 T。

9. 用 1cm 的比色皿在 525nm 波长处测得浓度为 1.28×10^{-4} mol·L^{-1} $KMnO_4$ 溶液的透光度是 50%，试求：

(1) 此溶液的吸光度；

(2) 如果 $KMnO_4$ 的浓度是原来浓度的 2 倍，透光度和吸光度各是多少？

(3) 在 1cm 比色皿中，若透光度是 75%，则其浓度又是多少？

10. 浓度为 25.5μg/50mL 的 Cu^{2+} 溶液，用双环己酮草酰二腙比色测定。在波长 600nm 处，用 1cm 的比色皿测得 $T = 70.8\%$。求摩尔吸光系数和质量吸光系数。

11. 用磺基水杨酸法测定试样中的微量铁。以 $NH_4Fe(SO_4)_2 \cdot 12H_2O$ 作为标准溶液，称取 0.2160g $NH_4Fe(SO_4)_2 \cdot 12H_2O$ 溶解、稀释，定容于 500mL 容量瓶中，根据下列数据，绘制标准曲线。

标准铁溶液体积 V/mL	0.0	2.0	4.0	6.0	8.0	10.0
吸光度 A	0.0	0.165	0.320	0.489	0.630	0.790

取某试液 5.00mL，定容于 250mL 容量瓶中，取此稀释液 2.00mL，与绘制标准曲线相同条件下显色和测定吸光度 $A = 0.500$。求试液中的铁含量（单位 mg·mL^{-1}）。

12. 已知在 0.1mol·L^{-1} HCl 溶液中的某生物碱于 356nm 波长处的 ε 为 400L·mol^{-1}·cm^{-1}；在 0.2mol·L^{-1} NaOH 溶液中为 17100L·mol^{-1}·cm^{-1}。在 pH=9.50 的缓冲溶液中表观摩尔吸光系数 ε 为 9800L·mol^{-1}·cm^{-1}，求 pK_a 值。

13. 未知相对分子质量的胺试样，通过用苦味酸（相对分子质量 229）处理后转化成胺苦味酸盐（1:1 加成化合物）。当波长为 380nm 时大多数苦味酸盐在 95% 乙醇中的摩尔吸光系数大致相同，即 $\varepsilon = 10^{4.13}$ L·mol^{-1}·cm^{-1}。现将 0.0300g 苦味酸盐溶于 95% 乙醇中，准确配制成 1L 溶液。测得该溶液在 380nm，$b = 1$cm 时 $A =$

0.800。试估算未知胺的相对分子质量。

14. 用 1.0cm 比色皿在 480nm 处测得某有色溶液的透光度为 60%。若用 5.0cm 比色皿，要获得同样的透光度，则该溶液的浓度应为原溶液浓度的多少倍？

15. 准确称取 1.00mmol 指示剂 HIn 5 份，分别溶解于 1.0L 不同 pH 的缓冲溶液中，用 1.0cm 比色皿在 615nm 波长处测得吸光度如下。试求该指示剂的 pK_a。

pH	1.00	2.00	7.00	10.00	11.00
A	0.00	0.00	0.588	0.840	0.840

16. 纯品氯霉素（$M=323.15g \cdot mol^{-1}$）2.00mg 配制成 100mL 溶液，以 1cm 比色皿在其最大吸收波长 278nm 处测得透光度为 24.3%。试求氯霉素的摩尔吸光系数。

17. 有一 A 和 B 两种化合物混合溶液，已知 A 在波长 282nm 和 238nm 处的吸光系数分别为 $720L \cdot g^{-1} \cdot cm^{-1}$ 和 $270L \cdot g^{-1} \cdot cm^{-1}$；而 B 在上述两波长处吸光度相等。现把 A 和 B 混合液盛于 1cm 吸收池中，测得 λ_{max} 为 282nm 处的吸光度为 0.442，在 λ_{max} 为 238nm 处的吸光度为 0.278，求化合物中 A 的浓度。

18. 某酸碱指示剂在水中存在一下列平衡：

$$HIn \Longleftrightarrow H^+ + In^-$$
$$\text{（黄色）} \qquad \qquad \text{（蓝色）}$$

在 650nm 处仅 In^- 有吸收。今配制两份相同浓度而不同 pH 指示剂溶液，分别于 650nm 处在同样测量条件下测量吸光度，得到 $pH_1=5.50$ 时，测得 $A_1=0.180$；$pH_2=5.50$ 时，$A_2=0.360$。求该指示剂的理论变色点。

19. 强心药托巴丁胺（$M=270g \cdot mol^{-1}$）在 260nm 波长处有最大吸收，其摩尔吸光系数 $\varepsilon=703L \cdot mol^{-1} \cdot cm^{-1}$。取一片该药溶于水准确稀释至 2.00L，静置后取上层清液用 1.00cm 比色皿，于 260nm 波长处测得吸光度为 0.687，计算药片中含托巴丁胺多少克？

20. 苯胺（其 $M=93.0g \cdot mol^{-1}$）与苦味酸在一定条件下生成盐，在 369nm 处有最大吸收，其 ε 值为 $1.26 \times 10^4 L \cdot mol^{-1} \cdot cm^{-1}$。将 0.2000g 苯胺定溶于 500mL 水中，取 25.00mL 与苦味酸充分反应后，以水稀释至 250mL，取此溶液 10.00mL，稀释至 100mL，于 1cm 比色皿中，在 369nm 处测得吸光度为 0.425，求苯胺的质量分数。

第10章 电位分析法

10.1 电位分析法的基本原理

10.1.1 概述

电位分析法是电化学分析法的一个重要组成部分。

电化学分析法主要是应用电化学的基本原理和技术，研究在化学电池内发生的特定现象，利用物质的组成及含量与该电池的电学量，如电导、电位、电流、电荷量等有一定的关系而建立起来的一类分析方法。

根据测量的电学参数不同，电化学分析法主要分为电位分析法、电解和库仑分析法、伏安分析法、电导分析法等。本章重点讨论电位分析法。

电位分析法是基于溶液和两支电极组成的电池，通过测量电池产生的电动势来计算溶液中待测离子含量的方法。电位分析法的定量依据是能斯特方程。

（1）电位分析法的分类

① 电位测定法　它是利用测定原电池的电动势，然后直接通过能斯特方程式计算出待测离子的活度的方法。例如用玻璃电极测定溶液中 H^+ 的活度 a_{H^+}，用离子选择性电极测定各种阴离子或阳离子的活度等。

② 电位滴定法　它是通过测量滴定过程中原电池电动势的变化来确定滴定终点的滴定分析方法，按照滴定中消耗的标准溶液的体积和浓度来计算被测物质含量。电位滴定法可用于酸碱、氧化还原等各类滴定反应终点的确定。此外，电位滴定法还可用来测定电对的条件电极电位、酸碱的解离常数、配合物的稳定常数等。

（2）电位分析法的特点

① 选择性好　在多数情况下，共存离子干扰很小，对组成复杂的试样往往不需经过分离处理就可直接测定。

② 分析速度快、灵敏度高　电位测定法的检出限一般在 $10^{-8} \sim 10^{-5} \, \text{mol} \cdot \text{L}^{-1}$，因此特别适合微量组分的测定。电位滴定法则适用于常量分析。

③ 仪器设备简单，操作方便　测定只需很少试液，即试样用量少，适于微量操作，并可作无损分析和原位测量。易于实现分析的自动化，与计算机联用，可用于工农业生产流程的远程监测和自动控制，适用于环境保护监测等。

因此，电位分析法应用范围很广，20 世纪 60 年代由于膜电极技术的出现，相继研制成了多种具有良好选择性的指示电极，即离子选择性电极（ISE）。离子选择性电极的出现和应用，促进了电位分析法的发展，并使其应用有了新的突破。目前，已广泛用于轻工、化工、生物、石油、地质、医药卫生、环境保护、海洋探测等各个领域中，并已成为重要的测试手段。

电位分析法测量结果的准确度直接与电池电动势的测量结果有关，而电池的电动势值等于组成电池的两个电极的电极电位之差。所以，电位分析法的关键是如何准确测定电极电位值。利用电极电位值与其相应的离子活度遵守能斯特（Nernst）关系就可达到测定离子活度的目的。

将一金属片浸入该金属离子的水溶液中，在金属和溶液界面间产生了扩散双电层，两相之间产生了一个电位差，称之为电极电位，其大小可用能斯特方程描述：

$$\varphi_{M^{n+}/M} = \varphi_{M^{n+}/M}^{\ominus} + \frac{RT}{nF} \ln a_{M^{n+}} \tag{10-1}$$

式中，$a_{M^{n+}}$ 为 M^{n+} 的活度，溶液中离子浓度较小时，若忽略离子强度的影响，可用 M^{n+} 的浓度代替活度。

由式（10-1）可知，离子的活度或浓度似乎可直接从电极电位求得，但是由于电极电位的绝对值不能测得，显然也就不能根据式（10-1）计算求得。

在电位分析中为了测定未知离子的浓度，必须由两个性质不同的电极与被测溶液组成工作电池，其中一支电极的电极电位将随被测离子的活度改变而改变，称为指示电极；另一支电极的电极电位与被测离子活度无关，称为参比电极。设电池为：

$$M \,|\, M^{n+} \,\|\, 参比电极$$

习惯上正极写在右边，负极写在左边，用 φ_+ 表示电位较高的正极的电极电位；φ_- 为电位较低的负极的电极电位；φ_L 为液体接界电位，用 E 表示电池电动势，则

$$E = \varphi_+ - \varphi_- + \varphi_L$$

由于液体接界电位 φ_L 其值很小，往往可以忽略，故

$$E = \varphi_{参比} - \varphi_{M^{n+}/M} = \varphi_{参比} - \varphi_{M^{n+}/M}^{\ominus} - \frac{RT}{nF} \ln a_{M^{n+}} \tag{10-2}$$

式中，$\varphi_{参比}$ 代表参比电极的电极电位。

式（10-2）中 $\varphi_{参比}$ 和 $\varphi_{M^{n+}/M}^{\ominus}$ 在温度一定时，都是常数。只要测出电池电动势 E，就可求得 $a_{M^{n+}}$，这种方法就称为电位测定法。

若 M^{n+} 是被滴定的离子，在滴定过程中，电极电位 $\varphi_{M^{n+}/M}$ 将随 $a_{M^{n+}}$ 变化而变化，E 也随之不断变化。在化学计量点附近，$a_{M^{n+}}$ 将发生突变，相应的 E 也有较大的变化。通过测量 E 的变化就可以确定滴定终点，这种方法称为电位滴定法。

电位分析法中，常使用两电极（指示电极和参比电极）系统，所使用的参比电极和指示电极有很多种，下面将分别介绍。应当指出，某一电极是作为指示电极还是参比电极不是绝对的，在一定条件下可用作参比电极，在另一种情况下，又可用作指示电极。

10.1.2 参比电极

参比电极是一个辅助电极，是测量电池电动势和计算电极电位的基准，因此，要求参比电极的电极电位必须已知而且恒定。理想的参比电极应具有电极电位值稳定、重现性好、结构简单、容易制作和使用寿命长的特点。

（1）标准氢电极（SHE）

标准氢电极是最精确的参比电极，是参比电极的一级标准，用标准氢电极与另一电极组成原电池，测得的原电池的电动势即电池两极的电位差值，就是另一电极的电极电位。但是标准氢电极制作麻烦，氢气的净化、压力的控制等难以满足要求，而且铂黑容易中毒。因此

直接用 SHE 作参比电极很不方便，实际工作中常用的参比电极有甘汞电极、银-氯化银电极等。它们的电极电位值是相对于标准氢电极而测得的，故称为二级标准。

（2）甘汞电极

甘汞电极是金属汞、甘汞（Hg_2Cl_2）及 KCl 溶液组成的电极。它的结构如图 10-1 所示。

甘汞电极的半电池组成：Hg，Hg_2Cl_2（固）$|KCl$

电极反应为：

$$Hg_2Cl_2 + 2e^- \rightleftharpoons 2Hg + 2Cl^-$$

在温度一定时，甘汞电极的电极电位主要与 KCl 溶液中 Cl^- 的活度有关：

$$\varphi_{Hg_2Cl_2/Hg} = \varphi^{\ominus}_{Hg_2Cl_2/Hg} - 0.059 V lg a_{Cl^-} \quad (298.15K)$$

$$(10-3)$$

由式（10-3）可以看出，温度一定时，甘汞电极的电极电位主要决定于 a_{Cl^-}，当 a_{Cl^-} 一定时，甘汞电极的电极电位就是个定值。不同浓度 KCl 溶液的甘汞电极电位，具有不同的恒定值，如表 10-1 所示。

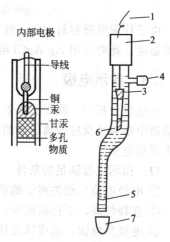

图 10-1 甘汞电极
1—电极引线；2—绝缘套；3—内部电极；4—封装口；5—纤维塞；6—KCl 溶液；7—电极胶盖

表 10-1　25℃时甘汞电极的电极电位（对 SHE）

名称	KCl 溶液浓度	电极电位 φ/V
0.1mol·L^{-1}甘汞电极	0.1mol·L^{-1}	+0.3365
标准甘汞电极（NCE）	1.0mol·L^{-1}	+0.2828
饱和甘汞电极（SCE）	饱和溶液	+0.2438

如果温度不是 25℃，其电极电位值应进行校正，对饱和甘汞电极（SCE），温度 t 时电极电位满足如下关系：

$$\varphi = 0.2438 - 7.6 \times 10^{-4}(t - 25℃) \quad (V)$$

$$(10-4)$$

（3）银-氯化银电极

银丝表面镀上一薄层 AgCl，浸在一定浓度的 KCl 溶液中，即构成 Ag-AgCl 电极。

其半电池组成为：　　　　　　Ag，$AgCl$（固）$|KCl$

电极反应为：　　　　　　$AgCl + e^- \rightleftharpoons Ag + Cl^-$

在温度一定时，银-氯化银电极的电极电位主要与 KCl 溶液中 Cl^- 的活度有关：

$$\varphi_{AgCl/Ag} = \varphi^{\ominus}_{AgCl/Ag} - 0.059 V lg a_{Cl^-} \quad (298.15K)$$

$$(10-5)$$

由式（10-5）可以看出，温度一定，当 a_{Cl^-} 一定时，银-氯化银电极的电极电位是个定值。不同浓度 KCl 溶液的银-氯化银电极电位，具有不同的恒定值。如表 10-2 所示。

表 10-2　25℃时银-氯化银的电极电位（对 SHE）

名称	KCl 溶液浓度	电极电位 φ/V
0.1mol·L^{-1} Ag-AgCl 电极	0.1mol·L^{-1}	+0.2880
标准 Ag-AgCl 电极	1.0mol·L^{-1}	+0.2223
饱和 Ag-AgCl 电极	饱和溶液	+0.2000

如果温度不是 25℃，标准 Ag-AgCl 电极其电极电位值应进行校正，温度 t 时电极电位为：

$$\varphi = 0.2223 - 6 \times 10^{-4}(t - 25℃) \text{ (V)} \quad (10\text{-}6)$$

由于甘汞电极容易制备，便于使用，所以最常用。但是当温度超过80℃时，甘汞电极不够稳定，此时可用Ag-AgCl电极代替。

10.1.3 指示电极

在电位分析中，除了上述的参比电极外，还需要另一类性能的电极，它能快速而灵敏地对溶液中参与半反应的离子的活度或不同氧化态的离子的活度比产生能斯特响应，这类电极称为指示电极。

（1）指示电极满足的条件

① 电极电位与相关离子的活度之间的关系符合能斯特方程；

② 选择性高，干扰物质少；

③ 电极反应快，响应速度快；

④ 重现性好，使用方便。

（2）指示电极的分类

指示电极包括两类：金属基电极和离子选择性电极（膜电极）。

金属基电极（以金属为基体的电极）是电位分析法早期被采用的电极。其共同特点是电极反应中有电子交换反应，即氧化还原反应发生。只有少数几种金属基电极能在电位测定法中用于测定溶液中离子浓度，但干扰严重，未得到广泛应用。目前仅少数几种在电位滴定中作指示电极和参比电极。金属基电极的主要类型如表10-3所示。

表 10-3 金属基电极的主要类型

类型	组成	电极反应	电极电位
零类电极（惰性金属电极，氧化还原电极）	惰性材料(Pt) | Ox,Red	$Fe^{3+} + e^- \longrightarrow Fe^{2+}$	$\varphi = \varphi_{Fe^{3+}/Fe^{2+}}^{\ominus} + 0.059V lg\dfrac{a_{Fe^{3+}}}{a_{Fe^{2+}}}$
第一类电极（金属-金属离子电极）	M | M^{n+}	$Ag^+ + e^- \longrightarrow Ag$	$\varphi = \varphi_{Ag^+/Ag}^{\ominus} + 0.059V lg a_{Ag^+}$
第二类电极（金属-金属难溶盐电极）	Hg | $Hg_2Cl_2(s)$ | Cl^-	$Hg_2Cl_2 + 2e^- \longrightarrow 2Hg + 2Cl^-$	$\varphi = \varphi_{Hg_2Cl_2/Hg}^{\ominus} - 0.059V lg a_{Cl^-}$
第三类电极（以汞电极为例）	Hg | HgY^{2-}, MY^{n-4}, M^{n+}		$\varphi = \varphi^{\ominus\prime} + \dfrac{0.059}{2}V lg a_{M^{n+}}$

上述指示电极属于金属基电极，它们的电极电位主要来源于电极表面的氧化还原反应。由于这些电极受溶液中氧化剂、还原剂等许多因素的影响，选择性不如离子选择性电极高。

目前最常用的指示电极是离子选择性电极。离子选择性电极又叫膜电极，1975年IUPAC推荐使用"离子选择性电极"这个专门术语，并定义为：离子选择性电极是一类电化学传感体，它的电极电位与溶液中给定的离子活度的对数呈线性关系。它们都具有敏感膜，故又称膜电极。

离子选择性电极是通过电极上的薄膜对各种离子有选择性的电位响应而作为指示电极

的。它与金属基电极的区别在于电极的薄膜并不发生电子转移，而是选择性地让一些离子渗透，同时也包含离子交换过程。

10.1.4 离子选择性电极

（1）离子选择性电极的基本构造。

离子选择性电极的基本构造包括三部分，如图 10-2 所示：

① 敏感膜 这是最关键的部分，可以通过该薄膜对各种离子有选择性的电位响应。

② 内参比溶液 它含有与膜及内参比电极响应的离子。

③ 内参比电极 通常用 Ag-AgCl 电极，但也有离子选择性电极不用内参比溶液和内参比电极，它们在晶体膜上压一层银粉，把导线直接焊在银粉层上，或把敏感膜涂在金属丝或片上制成涂层电极。

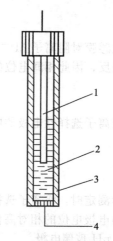

图 10-2 离子选择性电极的基本构造
1—内参比电极；2—内参比溶液；
3—电极管；4—敏感膜

（2）离子选择性电极的种类

根据敏感膜的类型，1975 年 IUPAC 推荐的关于离子选择性电极的命名和分类如下：

$$
离子选择性电极
\begin{cases}
原电极
\begin{cases}
晶体电极
\begin{cases}
均相膜电极 \\
非均相膜电极
\end{cases} \\
非晶体电极
\begin{cases}
惰性基质电极 \\
流动载体电极（液膜电极）
\begin{cases}
正电荷载体电极 \\
负电荷载体电极 \\
中性载体电极
\end{cases}
\end{cases}
\end{cases} \\
敏化电极
\begin{cases}
气敏电极 \\
酶电极
\end{cases}
\end{cases}
$$

近些年来，还出现了一些新型的离子选择性电极，如离子敏感场效应管电极、修饰电极、细菌电极、分子选择性电极等。

（3）离子选择性电极的膜电位

离子选择性电极的膜电位与有关离子浓度的关系符合能斯特公式，但膜电位的产生机理与其他电极不同，膜电位的产生是由于离子交换和扩散的结果，而没有电子转移。

在敏感膜与溶液两相间的界面上，由于离子扩散的结果，破坏了界面附近电荷分布的均匀性而建立双电层结构，产生相界电位。其膜电位为膜内外两界面的两个相界电位的差值。

若敏感膜对阳离子 M^{n+} 有选择性响应，其膜电位与溶液中 M^{n+} 离子活度之间的关系符合能斯特方程的形式：

$$\varphi_{膜} = K + \frac{RT}{nF} \ln a_{M^{n+}} \tag{10-7}$$

式中，$a_{M^{n+}}$ 为膜外溶液中 M^{n+} 的活度。

离子选择性电极的电位 φ_{ISE} 为内参比溶液的电位与膜电位之和，而内参比溶液的浓度一定时，$\varphi_{内参}$ 为定值，所以阳离子选择性电极的电位为：

$$\varphi_{ISE} = \varphi_{内参} + \varphi_{膜}$$

$$=K'+\frac{RT}{nF}\ln a_{M^{n+}} \tag{10-8}$$

若敏感膜对阴离子 M^{n-} 有选择性响应，由于双电层结构中电荷的符号与阳离子敏感膜的情况相反，因此相间电位的方向也相反，其膜电位为：

$$\varphi_{膜}=K-\frac{RT}{nF}\ln a_{M^{n-}} \tag{10-9}$$

则阴离子选择性电极的电位为：

$$\varphi_{ISE}=\varphi_{膜}+\varphi_{内参}$$
$$=K'-\frac{RT}{nF}\ln a_{M^{n-}} \tag{10-10}$$

实际测定时，将离子选择性电极与参比电极及待测溶液组成工作电池，其正负极取决于两电极的电极电位的相对高低。

（4）pH 玻璃电极

20 世纪 60 年代中期以来，各种类型的离子选择性电极相继出现，用它作指示电极进行电位分析，具有简便、快速、灵敏等特点，特别适用于某些方法难以测定的离子。所以，目前在电位分析法中，离子选择性电极的使用占了主导地位。

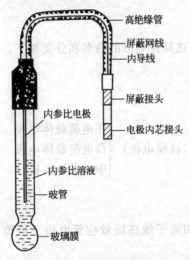

图 10-3　pH 玻璃电极

众所周知，最早问世（1906 年）的离子选择性电极是玻璃电极，也是研究最多的离子选择性电极。下面对 pH 玻璃电极的结构作一简介。

典型的 pH 玻璃电极如图 10-3 所示。电极的核心部分是电极下端的球形玻璃泡（也有平板式玻璃膜），是由特殊成分玻璃制成，膜厚 $30\sim100\mu m$，玻璃膜的化学组成对 pH 电极性能影响较大。球泡内充注 $0.1mol\cdot L^{-1}$ 的 HCl，作为内参比溶液，并以 Ag-AgCl 电极作内参比电极，浸入内参比溶液中，其内参比电极的电极电位是恒定的，与待测溶液的 pH 无关。由于玻璃膜的电阻很高，所以要求电极要有良好的绝缘性能，以免发生旁路漏电现象，影响测定。pH 玻璃电极能测定溶液的 pH，主要是由于它的玻璃膜（敏感膜）产生的膜电位与待测溶液的 pH 有特殊的关系。

纯净的石英玻璃的结构为：Si 原子处在正四面体的中心，分别以共价键与处于正四面体的顶角氧原子键合，形成硅氧正四面体。Si—O 键在空间不断重复，形成大分子的石英晶体，如图 10-4 所示。这种稳定结构不能形成敏感膜，因为它没有可提供离子交换的电荷点位，因此也不具有电极功能。把碱金属的氧化物引进玻璃中，使部分 Si—O 键断裂，形成“晶格氧离子”，如图 10-5 所示。在这种形式的结构中，晶格氧离子与 H^+ 的键合力比与 Na^+ 键合力要强约 10^{14} 倍，即这种质点对 H^+ 有较强的选择性。所以，其中的 Na^+ 可和溶液中的 H^+ 发生交换扩散，于是就显示出了玻璃膜对溶液中的 H^+ 响应作用。

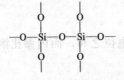

图 10-4　石英的晶格结构

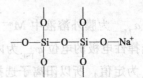

图 10-5　钠硅酸盐玻璃的晶格结构

因为这种玻璃膜的结构是由固定的带负电荷的硅酸晶格组成的骨架（以 GL^- 表示），在晶格中存在体积较小，但活动能力较强的 Na^+，它的活动起导电作用。当玻璃电极长时间浸泡在水溶液中时，膜的表面便形成一层厚度为 $0.05\sim1\mu m$ 的水合硅胶层。水合硅胶层是产生膜电位的必要条件。所以，玻璃电极在使用之前必须在水中浸泡一定时间，以便形成稳定的水合硅胶层，如图 10-6 所示。

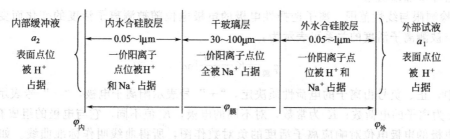

图 10-6　浸泡后的玻璃膜示意图

浸泡后，玻璃电极水合硅胶层表面的 Na^+ 与水溶液中的质子发生如下交换反应：

$$\underset{\text{溶液}}{H^+}+\underset{\text{玻璃膜}}{Na^+GL^-}\Longrightarrow\underset{\text{溶液}}{Na^+}+\underset{\text{水合硅胶层}}{H^+GL^-}$$

当玻璃膜与试液接触时，由于外部试液与玻璃膜的外水合层，以及内参比溶液与玻璃膜的内水合层中，H^+ 的浓度不同，H^+ 就会从高浓度向低浓度扩散。扩散的结果，破坏了界面附近原来正负电荷分布的均匀性。于是，在两相界面附近就形成双电层结构，从而产生了相界电位（$\varphi_{外}$ 和 $\varphi_{内}$）。可见，膜电位的产生不是由于电子的得失和转移，而是离子交换和扩散的结果，而 $\varphi_{外}$、$\varphi_{内}$ 分别为：

$$\varphi_{外}=k_1+0.059V\lg\frac{a_1}{a_1'} \tag{10-11}$$

$$\varphi_{内}=k_2+0.059V\lg\frac{a_2}{a_2'} \tag{10-12}$$

式中，a_1、a_2 分别为外部溶液和内参比溶液的 H^+ 活度；a_1'、a_2' 分别为玻璃膜外、内侧水合硅胶层表面的 H^+ 活度。k_1、k_2 别为由玻璃外、内膜表面性质决定的常数。

玻璃电极的膜电位就等于二者之差，即 $\varphi_{膜}=\varphi_{外}-\varphi_{内}$。因玻璃内外膜表面性质基本相同，故 $k_1=k_2$；又因水合硅胶层表面的 Na^+ 都被 H^+ 所代替，故 $a_1'=a_2'$，因此有：

$$\varphi_{膜}=\varphi_{外}-\varphi_{内}=0.059V\lg\frac{a_1}{a_2} \tag{10-13}$$

由于内参比溶液 H^+ 活度 a_2 是一定值，故

$$\varphi_{膜}=K+0.059V\lg a_1=K-0.059V pH_{试} \tag{10-14}$$

式（10-14）表明在一定温度下玻璃电极的膜电位与试液的 pH 呈线性关系。从理论上讲，若内参比溶液和外参比溶液中 H^+ 的浓度完全相同，则玻璃电极的膜电位应该为零，但实际上它并不等于零。这是由于膜内外两个表面情况不一致（如组成不均匀、表面张力不同、水合程度不同等）而引起的。这时的膜电位称为不对称电位（用 $\varphi_{不}$ 表示），其大小为 $1\sim30mV$。一般的玻璃电极，在刚浸入溶液中时，其不对称电位较大，随着浸泡时间的增加，不对称电位要下降，最后达到恒定。

玻璃电极具有内参比电极，如 Ag-AgCl 电极，因此整个玻璃电极的电位应是内参比电极电位与膜电位之和，即

$$\varphi_{玻}=\varphi_{AgCl/Ag}+\varphi_{膜}=\varphi_{AgCl/Ag}+(K-0.059V pH_{试})$$

即

$$\varphi_{玻} = K' - 0.059\text{V pH}_{试} \tag{10-15}$$

（5）离子选择性电极的性能指标

评价某一种离子选择性电极的性能优与劣或某一支电极的质量好与差，通常可用下列一些性能指标来加以衡量。

① 检测限与线性范围　离子选择性电极的电极电位随被测离子活度的变化而变化，其膜电位与被测离子活度的关系可表示为：

$$\varphi_{膜} = K \pm \frac{RT}{nF}\ln a_i \tag{10-16}$$

式中，正、负号由离子的电荷性质决定，"＋"号表示阳离子电极，"－"号表示阴离子电极；n 为离子的电荷数；K 为常数，对不同的电极，K 值不同，它与电极的组成有关。

以电极的电极电位对响应离子活度的负对数作图，所得曲线叫作标准曲线。如图 10-7 所示，在一定的活度范围内，标准曲线呈直线（AB），这一段为电极的线性响应范围。当活度较低时，曲线就逐渐弯曲。

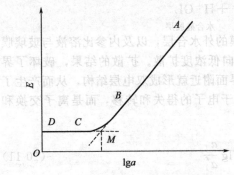

图 10-7　电极的校正曲线和检侧下限

检测限是灵敏度的标志。在实际应用中定义为 AB 与 CD 两外推线的交点 M 处的活度（或浓度）值。

② 电极选择性系数　在同一敏感膜上，可以对多种离子同时进行程度不同的响应，因此膜电极的响应并没有绝对的专一性，而只有相对的选择性。电极对各种离子的选择性，可用选择性系数来表示。当有共存离子时，膜电位与响应离子 i^{n+} 及共存离子 j^{m+} 的关系，由尼柯尔斯基（Nicolsky）方程式表示：

$$\varphi_{膜} = K + \frac{RT}{nF}\ln(a_i + K_{i,j}^{Pot}a_j^{n/m}) \tag{10-17}$$

式中，$K_{i,j}^{Pot}$ 为电极选择性系数，它表示了共存离子 j^{m+} 对响应离子 i^{n+} 干扰的程度。当有多种离子 i^{n+}、j^{m+}、k^{l+}…存在时，式（10-17）可写成：

$$\varphi_{膜} = K + \frac{RT}{nF}\ln(a_i + K_{i,j}^{Pot}a_j^{n/m} + K_{i,k}^{Pot}a_k^{n/l} + \cdots) \tag{10-18}$$

从式（10-17）可以看出，选择性系数越小，则电极对 i^{n+} 及共存离子 j^{m+} 的选择性越高，如果 $K_{i,j}^{Pot}$ 等于 10^{-2}，表示电极对 i^{n+} 的敏感性为 j^{m+} 的 100 倍。

③ 响应时间　膜电位是响应离子在敏感膜表面扩散及建立双电层结构的结果。电极达到这一平衡的速度，可用响应时间来表示，它取决于敏感膜的结构本性。IUPAC 将响应时间定义为静态响应时间，即从离子选择性电极与参比电极一起接触试液时算起，直至电池电动势达到稳定值（即变化在 1mV 以内）时为止所经过的时间，称之为实际响应时间。在实际工作中，通常采用搅拌试液的方式来加快扩散速度，缩短响应时间。

10.2　电位测定法

电位测定法又称为直接电位法，是利用测定工作电池的电动势，然后根据能斯特方程式，计算被测离子活度的定量方法。本法应用最多的是利用玻璃电极测定溶液 pH 以及用离子选择性电极测定某些离子的浓度。

10.2.1 溶液 pH 的测定

用电位法测定溶液 pH 的装置见图 10-8。玻璃电极为指示电极、饱和甘汞电极为参比电极。将两个电极插入被测试液中，组成工作电池。该电池符号可用下式表示：

（－）Ag，AgCl|内参比溶液|玻璃膜|试液 ‖ KCl（饱和）|Hg_2Cl_2，Hg(＋)

电池电动势

$$E = \varphi_{甘汞} + \varphi_L - \varphi_{玻璃} \tag{10-19}$$

式中，φ_L 为液体接界电位。当甘汞电极插入试液中时，在甘汞电极内的 KCl 溶液与被测溶液的接触界面两侧，不同种类或不同浓度的离子会相互扩散，因不同离子的迁移率不同，界面上形成双电层，产生电位差，即为液体接界电位 φ_L。在实际测定中，由于使用盐桥，液体接界电势降至最小。

将玻璃电极的电极电位的表达式（10-15）代入式（10-19），得

$$E = \varphi_{甘汞} + \varphi_L - (K' - 0.059\mathrm{VpH})$$

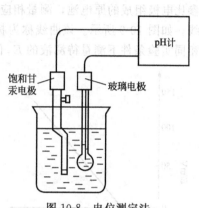

图 10-8 电位测定法

在一定条件下，上式中的 $\varphi_{甘汞}$ 和 φ_L 及 K' 为固定值，则上式可以写成：

$$E = K + 0.059\mathrm{VpH} \tag{10-20}$$

式（10-20）就是电位测定法测定溶液 pH 的理论依据。若已知 K，则通过测量电动势，即可以求出溶液的 pH。但 K 值包括难以测量和计算的 $\varphi_不$ 和 φ_L，因此，在实际测量中，不能用式（10-20）直接计算，一般采用标准比较法。该法以已知的标准缓冲溶液为参比，通过比较待测溶液和标准缓冲溶液的电动势来确定待测溶液的 pH。

设被测液和标准缓冲溶液的 pH 分别为 pH_x、pH_s，响应的电动势分别为 E_x、E_s，则

$$E_x = K_x + 0.059\mathrm{VpH}_x \tag{10-21}$$

$$E_s = K_s + 0.059\mathrm{VpH}_s \tag{10-22}$$

如果两溶液的 H^+ 活度相差很小，则在测量条件相同时，$K_x = K_s$，式（10-21）、式（10-22）相减整理，得

$$\mathrm{pH}_x = \mathrm{pH}_s + \frac{E_x - E_s}{0.059\mathrm{V}} \tag{10-23}$$

可见，只要测准已知 pH 缓冲溶液与试样溶液的电动势，即可利用式（10-23）求算被测溶液的 pH。在实际用 pH 计测定溶液 pH 时，先用标准缓冲溶液对 pH 进行定位，然后在 pH 计上直接读出未知溶液的 pH。pH 计的工作原理可参阅有关资料。

10.2.2 离子活度或浓度的测定

（1）测定离子活度或浓度的原理

与玻璃电极测定溶液 pH 的方法类似，把离子选择性电极与参比电极插入待测溶液中组成电池，通过测量电池电动势，再根据离子活度与电动势之间的关系，求得离子活度。对各种离子选择性电极，其电动势与离子活度之间的关系式为：

$$E = K \pm \frac{0.059\mathrm{V}}{n}\lg a_i \tag{10-24}$$

如果离子选择性电极作正极，被测离子为阳离子时，式（10-24）中的 K 后取正号；被测离子为阴离子时取负号。

在实际分析工作中，需要测定的是浓度而不是活度，活度与浓度的关系 $a=\gamma c$ 代入式（10-24）中，得

$$E=K\pm\frac{0.059V}{n}\lg\gamma_i\pm\frac{0.059V}{n}\lg c_i$$

在一定条件下，活度系数 γ_i 可认为是一个常数，则将上式中的两个常数项合并，得

$$E=K'\pm\frac{0.059V}{n}\lg a_i \qquad (10\text{-}25)$$

（2）离子浓度的测定方法

测定离子浓度一般采用标准曲线法和标准加入法。

① 标准曲线法　先配制一系列不同浓度的待测离子的标准溶液，利用离子选择性电极和参比电极组成的原电池，测量相应的电池的电动势，然后根据实验数据绘制 $E_s\text{-}\lg c_s$ 关系曲线，如图 10-9 所示。该曲线称为标准曲线，在一定浓度范围内，标准曲线是一条直线。在相同实验条件下测量待测液的 E_x 值，即可从标准曲线上求出待测离子的浓度。

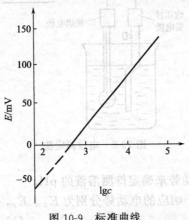

图 10-9　标准曲线

应注意：式（10-25）成立的前提是溶液的离子强度不变，即 γ_i 为定值，但离子强度随溶液中离子浓度而变化，γ_i 也相应地发生变化。所以在实际测定中，需要在标准溶液和待测溶液中加入离子强度调节剂，使标准溶液与待测溶液的活度系数保持不变。例如，测定 F^- 时，加入一定量的总离子强度调节缓冲剂，该缓冲剂的组成为 $0.1mol\cdot L^{-1}$ NaCl、$0.25mol\cdot L^{-1}$ NaAc、$0.75mol\cdot L^{-1}$ HAc 及 $0.001mol\cdot L^{-1}$ 柠檬酸钠，可使溶液维持较大而稳定的离子强度（$I=1.75$），同时使溶液保持适宜的 pH（$pH=5.0$）。其中的柠檬酸钠用于掩蔽 Fe^{3+}、Al^{3+}，避免它们对测定 F^- 时的干扰。

② 标准加入法　标准曲线法要求标准溶液与待测溶液具有相近的离子强度和组成，否则将会因 γ_i 值变化而引起误差。如果采用标准加入法，则在一定程度上减免这一误差。

标准加入法是将一定体积和一定浓度的标准溶液加入到已知体积的待测试液中，根据加入前后的电动势变化来计算待测离子的浓度。下面介绍其原理。

设浓度为 c_x 的待测离子试液的体积为 V_0（mL），测得其电池电动势为 E_1，则

$$E_1=K+\frac{0.059V}{n}\lg x_1\gamma_1 c_x \qquad (10\text{-}26a)$$

式中，x_1 为游离离子（未配位的离子）的摩尔分数。

然后在原试样中准确加入浓度为 c_s（约为 c_x 的 100 倍）、体积为 V_s（约为 V_0 的 1/100）的待测离子的标准溶液，在相同实验条件下测得电池电动势为 E_2，则

$$E_2=K+\frac{0.059V}{n}\lg(x_2\gamma_2 c_x+x_2\gamma_2\Delta c) \qquad (10\text{-}26b)$$

式中，x_2 和 γ_2 分别为加入标准溶液后的游离离子的摩尔分数和活度系数；Δc 是加入标准溶液后试样浓度的增量，即

$$\Delta c=\frac{c_s V_s}{V_0+V_s}\approx\frac{c_s V_s}{V_0} \qquad (10\text{-}26c)$$

因为 $V_s \ll V_0$，所以可认为 $\gamma_1 \approx \gamma_2$、$x_1 \approx x_2$，两次测量电动势的差值为：

$$E_2 - E_1 = \Delta E = \frac{0.059\text{V}}{n}\lg(1+\frac{\Delta c}{c_x}) \tag{10-26d}$$

令 $S = \frac{0.059}{n}$，并代入式（10-26d）后整理，得

$$c_x = \Delta c(10^{\Delta E/S}-1)^{-1} \tag{10-27}$$

式中，S 为常数，可由式（10-26c）求得 Δc，所以根据测得的 ΔE 值可算出 c_x。

标准加入法的特点是仅需一种标准溶液，操作简单、快速。

10.2.3 影响测量准确度的因素

影响测量准确度的因素主要有以下 4 个方面。

（1）温度

在电位测定法中电动势与离子活度之间的关系符合能斯特方程式，即

$$E = K \pm \frac{RT}{nF}\ln a_i = K \pm \frac{2.303RT}{nF}\lg a_i \tag{10-28}$$

显然，温度与 E-$\lg a_i$ 直线的斜率有关。另外，因 K 项与参比电极电位、膜电位和液界电位等有关，而这些电位值都是温度的函数，所以在整个测定过程中必须保持温度恒定，以提高测定的准确度。

在实际测定中通过由仪器对温度进行校正或补偿的方法来维持温度不变。

（2）电动势的测定

电池电动势的测量误差直接影响离子活度测定的准确度。若将式（10-28）微分，得

$$dE = \left(\frac{RT}{nF}\right)\frac{da}{a}$$

当 $T = 298\text{K}$ 时，$\frac{RT}{nF} = \frac{0.02568}{n}$，则

$$\frac{da}{a} = \frac{n\,dE}{0.02568}$$

如果微分符号 d 替换为微差符号 Δ，可得如下活度的相对误差表达式：

$$\frac{\Delta a}{a} = \frac{n\Delta E}{0.02568} \approx 39n\Delta E \tag{10-29}$$

可见，活度的相对误差与电动势的测量误差 ΔE 及离子的电荷数 n 有关。例如电动势的测量误差 $\Delta E = 1\text{mV}$ 时，一价离子的相对误差为 3.9%，而二价离子的相对误差增至 7.8%。

由此可知，为了减小活度测量的相对误差，所用仪器需要具有高的准确度和灵敏度，以便减小电动势的测量误差。另外，电位测定法较适宜测量低价离子，若被测离子是高价离子，应尽可能将它还原为低价离子后再测定。

（3）干扰离子

若干扰离子在测定电极上有响应，直接影响待测离子的测定，其影响程度可用离子选择性系数来衡量。如果共存的干扰离子与被测离子反应并生成在电极上无响应的物质或与电极膜反应改变膜的特性时，都影响测定的准确度。为了消除干扰离子的影响，一般采用掩蔽或分离的方法。

（4）其他因素

除上述影响因素外，还应考虑以下因素：正确选择适宜的 pH，避免 H^+ 或 OH^- 的干扰。如使用氟离子选择性电极时，应控制 pH 为 5~7。离子选择电极可以检测的线性范围

一般为 $10^{-6} \sim 10^{-1} mol \cdot L^{-1}$，所以试液中待测离子的浓度应与线性检测范围相符。

10.3 电位滴定法

当滴定反应平衡常数较小，滴定突跃不明显，或试液有色、浑浊，用指示剂指示终点有困难时，通常采用电位滴定法。即根据滴定过程中化学计量点附近的电位突跃来确定滴定终点。

电位滴定法以测量电位变化为基础，它比直接电位法具有较高的准确度和精密度。电位滴定法可以应用于酸碱、沉淀、配位、氧化还原及非水溶液等各种滴定分析中。电位滴定法不仅用于确定终点，还可以用于弱酸、弱碱的解离常数及配离子稳定常数的测定。

10.3.1 方法原理和特点

(1) 电位滴定的基本装置

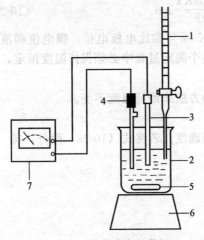

图 10-10 电位滴定的装置
1—滴定管；2—滴定池；3—指示电极；4—参比电极；
5—磁力转子；6—磁力搅拌器；7—电位计

电位滴定的基本仪器装置如图 10-10 所示，包括滴定管、滴定池、指示电极、参比电极、磁力搅拌器及磁力转子、测量电动势的仪器（电位计或直流毫伏计）。滴定时用磁力搅拌器搅拌试液以加速反应尽快达到平衡。因为在电位滴定过程中需多次测量电动势，所以使用能直接读数的直流毫伏计较为方便。

(2) 电位滴定过程及特点

电位滴定法是以指示电极、参比电极与试液组成电池，在不断搅拌下，由滴定管加入滴定剂，观察记录滴定过程中电池电动势的变化。在化学计量点附近，由于被滴定物质的浓度发生突变，所以电池电动势产生突跃，由此即可确定滴定终点。

可见，电位滴定法的基本原理与普通的滴定分析法并无本质的差别，其区别主要在于确定终点的方法不同，因而具有下述特点：

① 准确度较高，测定的相对误差可低至 0.2%；

② 能用于难以用指示剂判断终点的浑浊或有色溶液的滴定；

③ 可以用于非水溶液的滴定；

④ 能用于连续滴定和自动滴定。

10.3.2 电位滴定终点的确定

在电位滴定法中，终点的确定方法主要有 E-V 曲线法、一阶导数法、二阶导数法和直线法等。下面介绍 E-V 曲线法。

取一定体积的试液于小烧杯中，在磁力搅拌下，每加入一定量的滴定剂，就测一次溶液电动势，直到超过计量点为止。在滴定开始时，每次所加体积可以多些，一般为 1mL 测一次电动势，在化学计量点附近时每加 0.1mL 就测一次电动势，这样就可以得到一系列的滴定剂用量 (V) 和相应电动势 (E) 的一组数据。以滴定剂的体积为横坐标，电动势为纵坐标，作 E-V 滴定曲线，如图 10-11 所示。作两条与滴定曲线成 45°夹角的切线，在两切线间作一条垂线，通过垂线的中点作一条切线的平行线，它与曲线相交的点即为滴定终点。

此外，滴定终点还可根据滴定终点时的电动势值来确定。此时，可以先从滴定标准试样获得的经验计量点来作为终点电动势值的依据。这也就是自动电势滴定的方法依据之一。

自动电位滴定有两种类型：一种是自动控制滴定终点，当到达终点电位时，即自动关闭滴定装置，并显示滴定剂用量；另一种类型是自动记录滴定曲线，经自动运算并显示终点时滴定剂的体积。

10.3.3 电位滴定法的应用

电位滴定的反应类型与普通滴定分析完全相同。滴定时，应根据不同的反应选择合适的指示电极。

（1）酸碱滴定

一般酸碱滴定都可以使用电位滴定，常用于有色或浑浊的试样溶液，尤其是弱酸弱碱的滴定，使用电位滴定法更有实际意义。滴定中常用玻璃电极作指示电极，甘汞电极作参比电极。

（2）配位滴定

配位滴定中可根据不同的配位反应，采用不同的指示电极。以 EDTA 进行电位滴定时，可采用两种类型的指示电极。

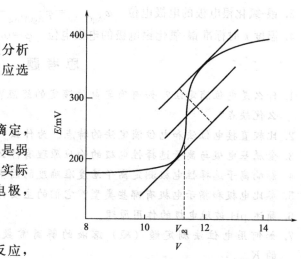

图 10-11　E-V 滴定曲线

一种是应用于个别反应的指示电极，如用 EDTA 滴定 Fe^{3+} 时，可用铂电极（加入 Fe^{2+}）为指示电极。滴定 Ca^{2+} 时，则可用 Ca^{2+} 选择性电极作为指示电极。汞电极为指示电极时，可用 EDTA 滴定 Cu^{2+}、Zn^{2+}、Ca^{2+}、Mg^{2+} 等多种金属离子。

另一种是能够指示多种金属离子浓度的电极，可称之为 pM 电极，这是在试液中加入 Cu-EDTA 配合物，然后用铜离子选择性电极作指示电极，当用 EDTA 滴定金属离子时，溶液中游离的 Cu^{2+} 的浓度受游离 EDTA 浓度的制约，所以铜离子电极的电位可以指示溶液中游离 EDTA 的浓度，间接反映被测金属离子浓度的变化。

（3）氧化还原滴定

在滴定过程中溶液中氧化态和还原态的浓度比值发生变化，可采用零类电极作指示电极，一般用惰性金属铂或金作为指示电极，甘汞电极作为参比电极。在化学计量点附近，氧化态和还原态的浓度发生急剧的变化，使电极电位发生突跃，以此确定滴定终点。例如用 $KMnO_4$ 标准溶液滴定 I^-、NO_2^-、Fe^{2+}、V^{4+}、Sn^{2+}、$C_2O_4^{2-}$ 等离子。用 $K_2Cr_2O_7$ 标准溶液可滴定 Fe^{2+}、V^{4+}、Sb^{2+}、I^- 等离子。

（4）沉淀滴定

根据不同的滴定反应，选择不同的指示电极。例如，用硝酸银滴定卤素离子时，在滴定过程中，卤素离子浓度发生变化，可用银电极来反映。目前则更多采用相应的卤素离子选择性电极。如以 I^- 选择性电极作指示电极，可用硝酸银连续滴定氯、溴和碘离子。

本章重点和有关计算公式

重点：

1. 电位测定法的基本原理

2. 常见指示电极和参比电极
3. 电位滴定法的基本原理
4. 电位滴定法终点的确定

有关计算公式:

1. 甘汞电极的电极电位 $\varphi_{Hg_2Cl_2/Hg} = \varphi^{\ominus}_{Hg_2Cl_2/Hg} - 0.059V \lg a_{Cl^-}$ (25℃)

2. 温度 t 时饱和甘汞电极电位 $\varphi = 0.2438 - 7.6 \times 10^{-4}(t - 25℃)$ (V)

3. 银-氯化银电极的电极电位 $\varphi_{AgCl/Ag} = \varphi^{\ominus}_{AgCl/Ag} - 0.059V \lg a_{Cl^-}$ (25℃)

4. 温度 t 时标准银-氯化银电极的电极电位 $\varphi = 0.2223 - 6 \times 10^{-4}(t - 25℃)$ (V)

思 考 题

1. 什么是电位滴定法? 如何确定电位滴定的终点? 与一般的滴定分析法比较, 它有什么优缺点?

2. 比较直接电位法和电位滴定法的特点。为什么一般说电位滴定法较准确?

3. 金属基电极与离子选择性电极的响应原理有什么区别?

4. 影响离子选择性电极测定离子活度准确度的因素有哪几个方面? 应该如何避免?

5. 参比电极和指示电极有哪些类型? 它们的主要作用是什么?

6. 简述 pH 玻璃电极的作用原理。

7. 如何用电位法测定酸 (碱) 溶液的解离常数, 配合物的稳定常数及难溶电解质的 K_{sp}。

8. 直接电位法测定离子活度的方法有哪些? 哪些因素影响测定的准确度?

9. 用 $AgNO_3$ 电位滴定含相同浓度的 I^- 和 Cl^- 的溶液, 当 AgCl 开始沉淀时, AgI 是否已经沉淀完全?

10. pH 玻璃电极使用前为什么要在水中浸泡一昼夜? pH 玻璃电极测定溶液 pH 时, 其适用范围是多少?

习 题

1. 以玻璃电极为指示电极, 饱和甘汞电极为参比电极, 测得 pH = 9.18 溶液的电动势为 0.418V, 在相同条件下测得一未知溶液的电动势为 0.392V, 求未知溶液的 pH。

2. 在 25℃ 时用标准加入法测定 Cu^{2+} 的浓度, 于 100mL 铜盐溶液中添加了 $0.1 mol \cdot L^{-1}$ 的 $Cu(NO_3)_2$ 溶液 1mL, 电动势增加 4mV。求原溶液的铜离子总浓度。

3. 用下列电池:

$$(-)Pt | H_2 \ (101.325kPa) | 未知 pH 的试液 \| SCE(+)$$

在 298K 时测得不同溶液时的电动势分别为: (1) 0.806V; (2) 0.608V; (3) 0.496V。计算三种溶液的 pH。

4. KCl 浓度为 $1.0 mol \cdot L^{-1}$ 的甘汞电极作为正极, 氢电极作为负极与试液组成电池。在 298K 下, $p(H_2) = 101.325kPa$ 时测得试样 HCl 溶液的电动势为 0.342V。在相同条件下, 当试样为 NaOH 溶液时, 测得电动势为 1.050V。用此碱溶液中和 20.00mL 上述 HCl 溶液, 需要 NaOH 溶液多少毫升?

5. 将 20.00mL 未知浓度的某一元弱酸 HA 准确稀释至 100mL 后, 以 $0.1000 mol \cdot L^{-1}$ NaOH 标准溶液电位滴定。所用指示电极为氢电极, 参比电极为饱和甘汞电极, 当中和一半酸时, 电池电动势为 0.524V; 滴定至终点电动势为 0.749V。求:

(1) 该弱酸的解离常数;

(2) 终点时溶液的 pH；

(3) 终点所消耗 NaOH 溶液的体积；

(4) 未知弱酸 HA 的浓度。

6. 25℃时，下列电池的电动势为 0.518V（忽略液接电位）：

（-）Pt│H$_2$（100kPa）│HA（0.0100mol·L^{-1}），A$^-$（0.0100mol·L^{-1}）‖ SCE（+）

计算弱酸 HA 的 K_a 值。

7. 25℃时，测得下列电池的电动势为 0.873V：

（-）Cd│Cd(CN)$_4^{2-}$（8.0×10^{-2} mol·L^{-1}），CN$^-$（0.100mol·L^{-1}）‖ SHE（+）

试计算 Cd(CN)$_4^{2-}$ 的稳定常数。

8. 下列电池：

$$（-）Ag│Ag_2CrO_4，CrO_4^{2-}（x\,mol·L^{-1}）‖ SCE（+）$$

测得 E＝-0.285V，计算 CrO$_4^{2-}$ 的浓度（忽略液接电位）。

9. 以 SCE 作正极，氟离子选择性电极作负极，放入 1.00×10^{-3} mol·L^{-1} 的氟离子溶液中，测得电池电动势为 -0.159V。换用含氟离子试液，测得电动势为 -0.212V。计算试液中氟离子的浓度。

10. 下列是用 0.1000mol·L^{-1} NaOH 溶液电位滴定某弱酸试液（10mL 弱酸＋10mL 1mol·L^{-1} NaNO$_3$＋80mL 水）的数据：

NaOH 滴入量 V/mL	pH	NaOH 滴入量 V/mL	pH	NaOH 滴入量 V/mL	pH
0.00	2.90	6.00	4.03	9.00	6.80
1.00	3.01	7.00	4.34	9.20	9.10
2.00	3.15	8.00	4.81	9.40	9.80
3.00	3.34	8.40	5.25	9.60	10.15
4.00	3.57	8.60	5.61	9.80	10.41
5.00	3.80	8.80	6.20	10.00	10.71

(1) 绘制 pH-V 滴定曲线，并求 V_{ep}；

(2) 计算弱酸的浓度；

(3) 化学计量点的 pH 应是多少？

附录

附录1　国际相对原子质量表

符号	名称	相对原子质量	符号	名称	相对原子质量	符号	名称	相对原子质量	符号	名称	相对原子质量
Ac	锕	227.03	Er	铒	167.259	Mn	锰	54.98305	Ru	钌	101.07
Ag	银	107.8682	Es	锿	252.08	Mo	钼	95.94	S	硫	32.065
Al	铝	26.98154	Eu	铕	151.964	N	氮	14.00672	Sb	锑	121.760
Am	镅	243.06	F	氟	18.99840	Na	钠	22.98977	Sc	钪	44.95591
Ar	氩	39.948	Fe	铁	55.845	Nb	铌	92.90638	Se	硒	78.96
As	砷	74.92160	Fm	镄	257.10	Nd	钕	144.24	Si	硅	28.0855
At	砹	209.99	Fr	钫	223.02	Ne	氖	20.1797	Sm	钐	150.36
Au	金	196.96655	Ga	镓	69.723	Ni	镍	58.6934	Sn	锡	118.710
B	硼	10.811	Gd	钆	157.25	No	锘	259.10	Sr	锶	87.62
Ba	钡	137.327	Ge	锗	72.64	Np	镎	237.05	Ta	钽	180.9479
Be	铍	9.01218	H	氢	1.00794	O	氧	15.9994	Tb	铽	158.92534
Bi	铋	208.98038	He	氦	4.00260	Os	锇	190.23	Tc	锝	98.907
Bk	锫	247.07	Hf	铪	178.49	P	磷	30.97376	Te	碲	127.60
Br	溴	79.904	Hg	汞	200.59	Pa	镤	231.03588	Th	钍	232.0381
C	碳	12.0107	Ho	钬	164.93032	Pb	铅	207.2	Ti	钛	47.867
Ca	钙	40.078	I	碘	126.90447	Pd	钯	106.42	Tl	铊	204.3833
Cd	镉	112.411	In	铟	114.818	Pm	钷	144.91	Tm	铥	168.93421
Ce	铈	140.116	Ir	铱	192.217	Po	钋	208.98	U	铀	238.02891
Cf	锎	251.08	K	钾	39.0983	Pr	镨	140.90765	V	钒	50.9415
Cl	氯	35.453	Kr	氪	83.798	Pt	铂	195.078	W	钨	183.84
Cm	锔	247.07	La	镧	138.9055	Pu	钚	244.06	Xe	氙	131.293
Co	钴	58.93320	Li	锂	6.941	Ra	镭	226.03	Y	钇	88.90585
Cr	铬	51.9961	Lr	铹	260.11	Rb	铷	85.4678	Yb	镱	173.04
Cs	铯	132.90545	Lu	镥	174.967	Re	铼	186.207	Zn	锌	65.409
Cu	铜	63.546	Md	钔	258.10	Rh	铑	102.90550	Zr	锆	91.224
Dy	镝	162.500	Mg	镁	24.3050	Rn	氡	222.02			

附录 2 化合物的相对分子质量

化合物	相对分子质量	化合物	相对分子质量
AgBr	187.78	$Ba(OH)_2$	171.35
AgCl	143.32	$BaSO_4$	233.39
AgCN	133.89	$BiCl_3$	315.34
Ag_2CrO_4	331.73	BiOCl	260.43
AgI	234.77		
$AgNO_3$	169.87	$CaCO_3$	100.09
AgSCN	165.95	CaC_2O_4	128.10
Ag_3AsO_4	462.52	$CaCl_2$	110.99
Al_2O_3	101.96	$CaCl_2 \cdot H_2O$	129.00
$Al_2(SO_4)_3$	342.15	CaF_2	78.08
$Al_2(SO_4)_3 \cdot 18H_2O$	666.41	$Ca(NO_3)_2$	164.09
$Al(OH)_3$	78.00	$Ca(NO_3)_2 \cdot 4H_2O$	236.15
$AlCl_3$	133.34	CaO	56.08
$AlCl_3 \cdot 6H_2O$	241.43	$Ca(OH)_2$	74.09
$Al(NO_3)_3$	213.00	$CaSO_4$	136.14
$Al(NO_3)_3 \cdot 9H_2O$	375.13	$Ca_3(PO_4)_2$	310.18
As_2O_3	197.84	$Ce(SO_4)_2$	332.24
As_2O_5	229.84	$Ce(SO_4)_2 \cdot 2(NH_4)_2SO_4 \cdot 2H_2O$	632.54
As_2S_3	246.02	CH_3COOH	60.04
		CH_3OH	32.04
$BaCO_3$	197.34	CH_3COCH_3	58.07
BaC_2O_4	225.35	C_6H_5COOH	122.11
$BaCl_2$	208.24	C_6H_5COONa	144.09
$BaCl_2 \cdot 2H_2O$	244.27	$C_6H_4COOHCOOK$	204.20
$BaCrO_4$	253.32	(邻苯二甲酸氢钾)	
BaO	153.33	CH_3COONa	82.02

分析化学

化合物	相对分子质量	化合物	相对分子质量
C_6H_5OH	94.11	$CuCl_2$	134.45
$(C_9H_7N)_3H_3(PO_4 \cdot 12MoO_3)$	2212.73	$CuCl_2 \cdot 2H_2O$	170.48
(磷钼酸喹啉)		CuI	190.45
$COOHCH_2COOH$	104.06	$Cu(NO_3)_2$	187.56
$COOHCH_2COONa$	126.04	$Cu(NO_3)_2 \cdot 3H_2O$	241.60
$CO(NH_2)_2$	60.06	CuS	95.61
CCl_4	153.82	$FeCl_2$	126.75
CO_2	44.01	$FeCl_2 \cdot 4H_2O$	198.81
$CoCl_2$	129.84	$FeCl_3$	162.20
$CoCl_2 \cdot 6H_2O$	237.93	$FeCl_3 \cdot 6H_2O$	270.29
$Co(NO_3)_2$	182.94	$Fe(NO_3)_3$	241.86
$Co(NO_3)_2 \cdot 6H_2O$	291.03	$Fe(NO_3)_3 \cdot 9H_2O$	404.00
CoS	90.99	FeO	71.84
$CoSO_4$	154.99	Fe_2O_3	159.69
$CoSO_4 \cdot 7H_2O$	281.10	Fe_3O_4	231.53
Cr_2O_3	151.99	$Fe(OH)_3$	106.87
$CrCl_3$	158.35	FeS	87.91
$CrCl_3 \cdot 6H_2O$	266.45	Fe_2S_3	207.87
$Cr(NO_3)_3$	238.01	$FeSO_4 \cdot H_2O$	169.92
$Cu(C_2H_3O_2)_2 \cdot 3Cu(AsO_2)_2$	1013.79	$FeSO_4 \cdot 7H_2O$	278.02
CuO	79.54	$Fe_2(SO_4)_3$	399.88
Cu_2O	143.09	$FeSO_4 \cdot (NH_4)_2SO_4 \cdot 6H_2O$	392.15
$CuSCN$	121.62	$FeNH_4(SO_4)_2 \cdot 12H_2O$	482.18
$CuSO_4$	159.61		
$CuSO_4 \cdot 5H_2O$	249.69		
$CuCl$	98.999	HI	127.91

化合物	相对分子质量	化合物	相对分子质量
HIO_3	175.91	$Hg(NO_3)_2$	324.60
H_3AsO_3	125.94	HgO	216.59
H_3AsO_4	141.94	HgS	232.65
H_3BO_3	61.83	$HgSO_4$	296.65
HBr	80.91	Hg_2SO_4	497.24
$H_2C_4H_4O_6$(酒石酸)	150.09		
HCN	27.03	$KAl(SO_4)_2 \cdot 12H_2O$	474.39
H_2CO_3	62.02	$KB(C_6H_5)_4$	358.32
$H_2C_2O_4$	90.03	KBr	119.01
$H_2C_2O_4 \cdot 2H_2O$	126.07	$KBrO_3$	167.01
$HCOOH$	46.03	KCN	65.12
HCl	36.46	$KSCN$	97.18
$HClO_4$	100.46	K_2CO_3	138.21
HF	20.01	KCl	74.56
HNO_2	47.01	$KClO_3$	122.55
HNO_3	63.01	$KClO_4$	138.55
H_2O	18.02	K_2CrO_4	194.20
H_2O_2	34.02	$K_2Cr_2O_7$	294.19
H_3PO_4	98.00	$KHC_2O_4 \cdot H_2C_2O_4 \cdot 2H_2O$	254.19
H_2S	34.08	$KHC_2O_4 \cdot H_2O$	146.14
H_2SO_3	82.08	KI	166.01
H_2SO_4	98.08	KIO_3	214.00
$HgCl_2$	271.50	$KIO_3 \cdot HIO_3$	389.91
Hg_2Cl_2	472.09	$K_3Fe(CN)_6$	329.25
HgI_2	454.40	$K_4Fe(CN)_6$	368.35
$Hg_2(NO_3)_2$	525.19	$KFe(SO_4)_2 \cdot 12H_2O$	503.24
$Hg_2(NO_3)_2 \cdot 2H_2O$	561.22	$KHC_4H_4O_6$	188.18

化合物	相对分子质量	化合物	相对分子质量
$KHSO_4$	136.16	NO_2	46.006
K_2SO_4	174.25	NH_3	17.03
$KMnO_4$	158.03	CH_3COONH_4	77.083
KNO_2	85.104	NH_4Cl	53.491
KNO_3	101.10	$(NH_4)_2CO_3$	96.086
K_2O	94.196	$(NH_4)_2C_2O_4$	124.10
KOH	56.106	$(NH_4)_2C_2O_4 \cdot H_2O$	142.11
		NH_4SCN	76.12
$MgCO_3$	84.314	NH_4HCO_3	79.055
$MgCl_2$	95.211	$(NH_4)_2MoO_4$	196.01
$MgCl_2 \cdot 6H_2O$	203.30	NH_4NO_3	80.043
MgC_2O_4	112.33	$(NH_4)_2HPO_4$	132.06
$Mg(NO_3)_2 \cdot 6H_2O$	256.41	$(NH_4)_2S$	68.14
$MgNH_4PO_4$	137.32	$(NH_4)_2SO_4$	132.13
MgO	40.304	NH_4VO_3	116.98
$Mg(OH)_2$	58.32	Na_3AsO_3	191.89
$Mg_2P_2O_7$	222.55	$Na_2B_4O_7$	201.22
$MgSO_4 \cdot 7H_2O$	246.47	$Na_2B_4O_7 \cdot 10H_2O$	381.37
$MnCO_3$	114.95	$NaBiO_3$	279.97
$MnCl_2 \cdot 4H_2O$	197.91	$NaCN$	49.007
$Mn(NO_3)_2 \cdot 6H_2O$	287.04	$NaSCN$	81.07
MnO	70.937	Na_2CO_3	105.99
MnO_2	86.937	$Na_2CO_3 \cdot 10H_2O$	286.14
MnS	87.00	$Na_2C_2O_4$	134.00
$MnSO_4$	151.00	$NaCl$	58.443
$MnSO_4 \cdot 4H_2O$	223.06	$NaClO$	74.442
		$NaHCO_3$	84.007
NO	30.006	$NaHPO_4 \cdot 12H_2O$	358.14

化合物	相对分子质量	化合物	相对分子质量
$Na_2H_2Y \cdot 2H_2O$	372.24	$PbCl_2$	278.10
$NaNO_2$	68.995	$Pb(NO_3)_2$	331.20
$NaNO_3$	84.995	PbO	223.20
Na_2O	61.979	PbO_2	239.20
Na_2O_2	77.978	Pb_3O_4	685.596
$NaOH$	39.997	$Pb_3(PO_4)_2$	811.54
Na_3PO_4	163.94	PbS	239.30
Na_2S	78.04	$PbSO_4$	303.30
$Na_2S \cdot 9H_2O$	240.18		
Na_2SO_3	126.04	SO_2	64.06
Na_2SO_4	142.04	SO_3	80.06
$Na_2S_2O_3$	158.10	$SbCl_3$	228.11
$Na_2S_2O_3 \cdot 5H_2O$	248.17	$SbCl_5$	299.02
$NiCl_2 \cdot 6H_2O$	237.69	Sb_2O_3	291.50
NiO	74.69	Sb_2S_3	339.68
$Ni(NO_3)_2 \cdot 6H_2O$	290.79	SiF_4	104.08
NiS	90.75	SiO_2	60.084
$NiSO_4 \cdot 7H_2O$	280.85	$SnCl_2$	189.60
$NiC_8H_{14}O_4N_4$(丁二酮肟镍)	288.91	$SnCl_2 \cdot 2H_2O$	225.63
		$SnCl_4$	260.50
P_2O_5	141.94	$SnCl_4 \cdot 5H_2O$	350.58
$PbCO_3$	267.20	SnO_2	150.71
PbC_2O_4	295.22	SnS	150.75
$PbCrO_4$	323.20	$SnCO_3$	178.72
$Pb(CH_3COO)_2$	325.30	$SrCO_3$	147.63
$Pb(CH_3COO)_2 \cdot 3H_2O$	379.30	SrC_2O_4	175.64
PbI_2	461.00	$SrCrO_4$	203.61

化合物	相对分子质量	化合物	相对分子质量
$Sr(NO_3)_2$	211.63	$ZnCl_2$	136.29
$Sr(NO_3)_2 \cdot 4H_2O$	283.69	$Zn(CH_3COO)_2$	183.47
		$Zn(CH_3COO)_2 \cdot 2H_2O$	219.50
TiO_2	79.87	$Zn(NO_3)_2$	189.39
		$Zn(NO_3)_2 \cdot 6H_2O$	297.48
$UO_2(CH_3COO)_2 \cdot 2H_2O$	424.15	ZnO	81.38
		ZnS	97.44
WO_3	231.84	$ZnSO_4$	161.44
		$ZnSO_4 \cdot 7H_2O$	287.54
$ZnCO_3$	125.39	$Zn_2P_2O_7$	304.72
ZnC_2O_4	153.40		

附录3 常用洗液的配制

名称	配制方法	备注
合成洗涤剂[①]	将合成洗涤剂粉用热水搅拌配成浓溶液	用于一般的洗涤
皂角水	将皂夹捣碎,用水熬成溶液	用于一般的洗涤
铬酸洗液	取 $K_2Cr_2O_7$(L.R) 20g 于 500mL 烧杯中,加水 40mL,加热溶解,冷却后缓缓加入 320mL 浓 H_2SO_4 即成(要边加边搅拌)。贮于磨口细口瓶中	用于洗涤油污及有机物,使用时防止被水稀释。用后倒回原瓶,可反复使用,直至溶液变为绿色[②]
$KMnO_4$ 碱性溶液	取 $KMnO_4$(L.R) 4g,溶于少量水中,缓缓加入 100mL 10% 的 NaOH 溶液	用于洗涤油污及有机物。洗后玻璃壁上附着的 MnO_2 沉淀,可用 Fe^{2+} 溶液或 Na_2SO_3 溶液洗去
碱性酒精溶液	30%~40% NaOH 酒精溶液	用于洗涤油污
酒精-浓硝酸洗液		用于洗涤沾有有机物或油污的结构较复杂的仪器。洗涤时先加少量酒精于脏仪器中,再加入少量浓硝酸,即产生大量棕色 NO_2 气体,将有机物氧化而破坏

① 也可以用肥皂水。

② 已还原为绿色的铬酸洗液,可加入固体 $KMnO_4$ 使其再生,这样实际消耗的是 $KMnO_4$,可减少铬对环境的污染。

附录4 弱酸、弱碱在水中的解离常数 （298.15K，$I=0$）

弱酸	分子式	K_a	pK_a
砷酸	H_3AsO_4	$6.3\times10^{-3}(K_{a_1})$	2.20
		$1.0\times10^{-7}(K_{a_2})$	7.00
		$3.2\times10^{-12}(K_{a_3})$	11.50
亚砷酸	$HAsO_2$	6.0×10^{-10}	9.22
硼酸	H_3BO_3	5.8×10^{-10}	9.24
焦硼酸	$H_2B_4O_7$	$1\times10^{-4}(K_{a_1})$	4
		$1\times10^{-9}(K_{a_2})$	9
碳酸	H_2CO_3	$4.2\times10^{-7}(K_{a_1})$	6.38
		$5.6\times10^{-11}(K_{a_2})$	10.25
氢氰酸	HCN	6.2×10^{-10}	9.21
铬酸	H_2CrO_4	$1.8\times10^{-1}(K_{a_1})$	0.74
		$3.2\times10^{-7}(K_{a_2})$	6.50
氢氟酸	HF	6.6×10^{-4}	3.18
亚硝酸	HNO_2	5.1×10^{-4}	3.29
过氧化氢	H_2O_2	1.8×10^{-12}	11.75
磷酸	H_3PO_4	$7.6\times10^{-3}(K_{a_1})$	2.12
		$6.3\times10^{-8}(K_{a_2})$	7.20
		$4.4\times10^{-13}(K_{a_3})$	12.36
焦磷酸	$H_4P_2O_7$	$3.0\times10^{-2}(K_{a_1})$	1.52
		$4.4\times10^{-3}(K_{a_2})$	2.36
		$2.5\times10^{-7}(K_{a_3})$	6.60
		$5.6\times10^{-10}(K_{a_4})$	9.25
亚磷酸	H_3PO_3	$5.0\times10^{-2}(K_{a_1})$	1.30
		$2.5\times10^{-7}(K_{a_2})$	6.60
氢硫酸	H_2S	$1.3\times10^{-7}(K_{a_1})$	6.88
		$7.1\times10^{-15}(K_{a_2})$	14.15
硫酸	HSO_4^-	$1.0\times10^{-2}(K_{a_2})$	1.99
亚硫酸	H_2SO_3	$1.3\times10^{-2}(K_{a_1})$	1.90
		$6.3\times10^{-8}(K_{a_2})$	7.20
偏硅酸	H_2SiO_3	$1.7\times10^{-10}(K_{a_1})$	9.77
		$1.6\times10^{-12}(K_{a_2})$	11.8
甲酸	$HCOOH$	1.8×10^{-4}	3.74
乙酸	CH_3COOH	1.8×10^{-5}	4.74
一氯乙酸	$CH_2ClCOOH$	1.4×10^{-3}	2.86
二氯乙酸	$CHCl_2COOH$	5.0×10^{-2}	1.30
三氯乙酸	CCl_3COOH	0.23	0.64
氨基乙酸盐	$^+NH_3CH_2COOH$	$4.5\times10^{-3}(K_{a_1})$	2.35
	$^+NH_3CH_2COO^-$	$2.5\times10^{-10}(K_{a_2})$	9.60

弱酸	分子式	K_a	pK_a
抗坏血酸	$C_6H_8O_2$	$5.0\times10^{-5}(K_{a_1})$	4.30
		$1.5\times10^{-10}(K_{a_2})$	9.82
乳酸	$CH_3CHOHCOOH$	1.4×10^{-4}	3.86
苯甲酸	C_6H_5COOH	6.2×10^{-5}	4.21
草酸	$H_2C_2O_4$	$5.9\times10^{-2}(K_{a_1})$	1.22
		$6.4\times10^{-5}(K_{a_2})$	4.19
d-酒石酸	CH(OH)COOH | CH(OH)COOH	$9.1\times10^{-4}(K_{a_1})$	3.04
		$4.3\times10^{-5}(K_{a_2})$	4.37
邻苯二甲酸	COOH—COOH（苯环）	$1.1\times10^{-3}(K_{a_1})$	2.95
		$3.9\times10^{-6}(K_{a_2})$	5.41
柠檬酸	$HOOCCH_2$-C(OH)(COOH)-CH_2COOH	$7.4\times10^{-4}(K_{a_1})$	3.13
		$1.7\times10^{-5}(K_{a_2})$	4.76
		$4.0\times10^{-7}(K_{a_3})$	6.40
苯酚	C_6H_5OH	1.1×10^{-10}	9.95
乙二胺四乙酸	H_6Y^{2+}	$0.13(K_{a_1})$	0.9
		$3\times10^{-2}(K_{a_2})$	1.6
		$1\times10^{-2}(K_{a_3})$	2.0
		$2.1\times10^{-3}(K_{a_4})$	2.67
		$6.9\times10^{-7}(K_{a_5})$	6.16
		$5.5\times10^{-11}(K_{a_6})$	10.26

弱碱	分子式	K_b	pK_b
氨水	NH_3	1.8×10^{-5}	4.74
联氨	H_2NNH_2	$3.0\times10^{-6}(K_{b1})$	5.52
		$7.6\times10^{-15}(K_{b2})$	14.12
羟氨	NH_2OH	9.1×10^{-9}	8.04
甲胺	CH_3NH_2	4.2×10^{-4}	3.38
乙胺	$C_2H_5NH_2$	5.6×10^{-4}	3.25
二甲胺	$(CH_3)_2NH$	1.2×10^{-4}	3.93
二乙胺	$(C_2H_5)_2NH$	1.3×10^{-3}	2.89
乙醇胺	$HOCH_2CH_2NH_2$	3.2×10^{-5}	4.50
三乙醇胺	$(HOCH_2CH_2)_3N$	5.8×10^{-7}	6.24
六亚甲基四胺	$(CH_2)_6N_4$	1.4×10^{-9}	8.85
乙二胺	$H_2NCH_2CH_2NH_2$	$8.5\times10^{-5}(K_{b1})$	4.07
		$7.1\times10^{-8}(K_{b2})$	7.15
吡啶	C_5H_5N	1.7×10^{-9}	8.77

附录5　常用的酸溶液和碱溶液的相对密度和浓度

酸						
相对密度 (15℃)	HCl 的含量		HNO$_3$ 的含量		H$_2$SO$_4$ 的含量	
	$w/\%$	$c/\text{mol} \cdot \text{L}^{-1}$	$w/\%$	$c/\text{mol} \cdot \text{L}^{-1}$	$w/\%$	$c/\text{mol} \cdot \text{L}^{-1}$
1.02	4.13	1.15	3.70	0.6	3.1	0.3
1.04	8.16	2.3	7.26	1.2	6.1	0.6
1.05	10.2	2.9	9.0	1.5	7.4	0.8
1.06	12.2	3.5	10.7	1.8	8.8	0.9
1.08	16.2	4.8	13.9	2.4	11.6	1.3
1.10	20.0	6.0	17.1	3.0	14.4	1.6
1.12	23.8	7.3	20.2	3.6	17.0	2.0
1.14	27.7	8.7	23.3	4.2	19.9	2.3
1.15	29.6	9.3	24.8	4.5	20.9	2.5
1.19	37.2	12.2	30.9	5.8	26.0	3.2
1.20			32.3	6.2	27.3	3.4
1.25			39.8	7.9	33.4	4.3
1.30			47.5	9.8	39.2	5.2
1.35			55.8	12.0	44.8	6.2
1.40			65.3	14.5	50.1	7.2
1.42			69.8	15.7	52.2	7.6
1.45					55.0	8.2
1.50					59.8	9.2
1.55					64.3	10.2
1.60					68.9	11.2
1.65					73.0	12.3
1.70					77.2	13.4
1.84					95.6	18.0

碱						
相对密度 (15℃)	NH$_3 \cdot$H$_2$O 的含量		NaOH 的含量		KOH 的含量	
	$w/\%$	$c/\text{mol} \cdot \text{L}^{-1}$	$w/\%$	$c/\text{mol} \cdot \text{L}^{-1}$	$w/\%$	$c/\text{mol} \cdot \text{L}^{-1}$
0.88	35.0	18.0				
0.90	28.3	15				
0.91	25.0	13.4				
0.92	21.8	11.8				
0.94	15.6	8.6				
0.96	9.9	5.6				
0.98	4.8	2.8				
1.05			4.5	1.25	5.5	1.0
1.10			9.0	2.5	10.9	2.1
1.15			13.5	3.9	16.1	3.3
1.20			18.0	5.4	21.2	4.5
1.25			22.5	7.0	26.1	5.8
1.30			27.0	8.8	30.9	7.2
1.35			31.8	10.7	35.5	8.5

附录6 常用的缓冲溶液

1. 几种常用缓冲溶液的配制

pH	配制方法
0	1mol·L^{-1} HCl[①]
1	0.1mol·L^{-1} HCl
2	0.01mol·L^{-1} HCl
3.6	NaAc·3H$_2$O 8g,溶于适量水中,加 6mol·L^{-1} HAc 134mL,稀释至 500mL
4.0	NaAc·3H$_2$O 20g,溶于适量水中,加 6mol·L^{-1} HAc 134mL,稀释至 500mL
4.5	NaAc·3H$_2$O 32g,溶于适量水中,加 6mol·L^{-1} HAc 68mL,稀释至 500mL
5.0	NaAc·3H$_2$O 50g,溶于适量水中,加 6mol·L^{-1} HAc 34mL,稀释至 500mL
5.7	NaAc·3H$_2$O 100g,溶于适量水中,加 6mol·L^{-1} HAc 13mL,稀释至 500mL
7	NH$_4$Ac 77g,用水溶解后,稀释至 500mL
7.5	NH$_4$Cl 60g,溶于适量水中,加 15mol·L^{-1}氨水 1.4mL,稀释至 500mL
8.0	NH$_4$Cl 50g,溶于适量水中,加 15mol·L^{-1}氨水 3.5mL,稀释至 500mL
8.5	NH$_4$Cl 40g,溶于适量水中,加 15mol·L^{-1}氨水 8.8mL,稀释至 500mL
9.0	NH$_4$Cl 35g,溶于适量水中,加 15mol·L^{-1}氨水 24mL,稀释至 500mL
9.5	NH$_4$Cl 30g,溶于适量水中,加 15mol·L^{-1}氨水 65mL,稀释至 500mL
10.0	NH$_4$Cl 27g,溶于适量水中,加 15mol·L^{-1}氨水 197mL,稀释至 500mL
10.5	NH$_4$Cl 9g,溶于适量水中,加 15mol·L^{-1}氨水 175mL,稀释至 500mL
11	NH$_4$Cl 3g,溶于适量水中,加 15mol·L^{-1}氨水 207mL,稀释至 500mL
12	0.01mol·L^{-1} NaOH[②]
13	0.1mol·L^{-1} NaOH

[①] Cl$^-$ 对测定有妨碍时,可用 HNO$_3$。
[②] Na$^+$ 对测定有妨碍时,可用 KOH。

2. 几种温度下,标准缓冲溶液的 pH

温度/℃	0.05 mol·L^{-1} 草酸三氢钾	25℃ 饱和酒石酸氢钾	0.05 mol·L^{-1} 邻苯二甲酸氢钾	0.025mol·L^{-1} KH$_2$PO$_4$ + 0.025mol·L^{-1} Na$_2$HPO$_4$	0.008695mol·L^{-1} KH$_2$PO$_4$ + 0.03043mol·L^{-1} Na$_2$HPO$_4$	0.01mol·L^{-1} 硼砂	25℃ 饱和氢氧化钙
10	1.670	—	3.998	6.923	7.472	9.332	13.011
15	1.672	—	3.999	6.900	7.448	9.276	12.820
20	1.675	—	4.002	6.881	7.429	9.225	12.637
25	1.679	3.559	4.008	6.865	7.413	9.180	12.460
30	1.683	3.551	4.015	6.853	7.400	9.139	12.292
40	1.694	3.547	4.035	6.838	7.380	9.068	11.975
50	1.707	3.555	4.060	6.833	7.367	9.011	11.697
60	1.723	3.573	4.091	6.836	—	8.962	11.426

3. 25℃时几种缓冲溶液的 pH

50mL $0.1mol \cdot L^{-1}$ 三羟甲基氨基甲烷 + x mL $0.1mol \cdot L^{-1}$ HCl，稀释至 100mL

pH	x	pH	x
7.00	46.6	8.20	22.9
7.20	44.7	8.40	17.2
7.40	42.0	8.60	12.4
7.60	38.5	8.80	8.5
7.80	34.5	9.00	5.7
8.00	29.2		

50mL $0.025mol \cdot L^{-1}$ $Na_2B_4O_7$ + x mL $0.1mol \cdot L^{-1}$ HCl，稀释至 100mL

pH	x	pH	x
8.00	20.5	8.60	13.5
8.20	18.8	8.80	9.4
8.40	16.6	9.00	4.6

50mL $0.025mol \cdot L^{-1}$ $Na_2B_4O_7$ + x mL $0.1mol \cdot L^{-1}$ NaOH，稀释至 100mL

pH	x	pH	x
9.20	0.9	10.20	20.5
9.40	6.2	10.40	22.1
9.60	11.1	10.60	23.3
9.80	15.0	10.80	24.25
10.00	18.3		

50mL $0.05mol \cdot L^{-1}$ $NaHCO_3$ + x mL $0.1mol \cdot L^{-1}$ NaOH，稀释至 100mL

pH	x	pH	x
9.60	5.0	10.40	16.5
9.80	7.6	10.60	19.1
10.00	10.7	10.80	21.2
10.20	13.8	11.00	22.7

50mL $0.05mol \cdot L^{-1}$ Na_2HPO_4 + x mL $0.1mol \cdot L^{-1}$ NaOH，稀释至 100mL

pH	x	pH	x
11.00	4.1	11.60	13.5
11.20	6.3	11.80	19.4
11.40	9.1	12.00	26.9

25mL $0.2mol \cdot L^{-1}$ KCl + x mL $0.2mol \cdot L^{-1}$ NaOH，稀释至 100mL

pH	x	pH	x
12.00	6.0	12.60	25.6
12.20	10.2	12.80	41.2
12.40	16.2	13.00	66.0

25mL 0.2mol·L⁻¹ KCl＋x mL 0.2mol·L⁻¹ HCl，稀释至 100mL

pH	x	pH	x
1.00	67.0	1.60	16.2
1.20	42.5	1.80	10.2
1.40	26.6	2.00	6.5

50mL 0.1mol·L⁻¹ 邻苯二甲酸氢钾＋x mL 0.1mol·L⁻¹ HCl，稀释至 100mL

pH	x	pH	x
2.20	49.5	3.20	15.7
2.40	42.2	3.40	10.4
2.60	35.4	3.60	6.3
2.80	28.9	3.80	2.9
3.00	22.3	4.00	0.1

50mL 0.1mol·L⁻¹ 邻苯二甲酸氢钾＋x mL 0.1mol·L⁻¹ NaOH 稀释至 100mL

pH	x	pH	x
4.20	3.0	5.20	28.8
4.40	6.6	5.40	34.1
4.60	11.1	5.60	38.8
4.80	16.5	5.80	42.3
5.00	22.6		

50mL 0.1mol·L⁻¹ KH₂PO₄＋x mL 0.1mol·L⁻¹ NaOH，稀释至 100mL

pH	x	pH	x
5.80	3.6	7.00	29.1
6.00	5.6	7.20	34.7
6.20	8.1	7.40	39.1
6.40	11.6	7.60	42.8
6.60	16.4	7.80	45.3
6.80	22.4	8.00	46.7

50mL H₃BO₃ 和 HCl 各为 0.1mol·L⁻¹的溶液加 x mL 0.1mol·L⁻¹ NaOH，稀释至 100mL

pH	x	pH	x
8.00	3.9	9.20	26.4
8.20	6.0	9.40	32.1
8.40	8.6	9.60	36.9
8.60	11.8	9.80	40.6
8.80	15.8	10.00	43.7
9.00	20.8	10.20	46.2

附录 7　金属配合物的稳定常数（20~25℃）

金属离子	$I/mol \cdot L^{-1}$	n	$lg\beta_n$
氨配合物			
Ag^+	0.1	1,2	3.40,7.40
Cd^{2+}	0.1	1,…,6	2.60,4.65,6.04,6.92,6.6,4.9
Co^{2+}	0.1	1,…,6	2.05,3.62,4.61,5.31,5.43,4.75
Cu^{2+}	2	1,…,4	4.13,7.61,10.48,12.59
Ni^{2+}	0.1	1,…,6	2.75,4.95,6.64,7.79,8.50,8.49
Zn^{2+}	0.1	1,…,4	2.27,4.61,7.01,9.06
氟配合物			
Al^{3+}	0.53	1,…,6	6.1,11.15,15.0,17.7,19.4,19.7
Fe^{3+}	0.5	1,2,3	5.2,9.2,11.9
Th^{4+}	0.5	1,2,3	7.7,13.5,18.0
TiO^{2+}	3	1,…,4	5.4,9.8,13.7,17.4
Sn^{4+}	*	6	25
Zr^{4+}	2	1,2,3	8.8,16.1,21.9
氯配合物			
Ag^+	0.2	1,…,4	2.9,4.7,5.0,5.9
Hg^{2+}	0.5	1,…,4	6.7,13.2,14.1,15.1
碘配合物			
Cd^{2+}	*	1,…,4	2.4,3.4,5.0,6.15
Hg^{2+}	0.5	1,…,4	12.9,23.8,27.6,29.8
氰配合物			
Ag^+	0~0.3	1,…,4	—,21.1,21.8,20.7
Cd^{2+}	3	1,…,4	5.5,10.6,15.3,18.9
Cu^+	0	1,…,4	—,24.0,28.6,30.3
Fe^{2+}	0	6	35.4
Fe^{3+}	0	6	43.6
Hg^{2+}	0.1	1,…,4	18.0,34.7,38.5,41.5
Ni^{2+}	0.1	4	31.3
Zn^{2+}	0.1	4	16.7
硫氰酸配合物			
Fe^{3+}	*	1,…,5	2.3,4.2,5.6,6.4,6.4
Hg^{2+}	1	1,…,4	—,16.1,19.0,20.9

金属离子	$I/\text{mol} \cdot \text{L}^{-1}$	n	$\lg\beta_n$
硫代硫酸配合物			
Ag^+	0	1,2	8.82,13.5
Hg^{2+}	0	1,2	29.86,32.26
柠檬酸配合物			
Al^{3+}	0.5	1	20.0
Cu^{2+}	0.5	1	18
Fe^{3+}	0.5	1	25
Ni^{2+}	0.5	1	14.3
Pb^{2+}	0.5	1	12.3
Zn^{2+}	0.5	1	11.4
磺基水杨酸配合物			
Al^{3+}	0.1	1,2,3	12.9,22.9,29.0
Fe^{3+}	3	1,2,3	14.4,25.2,32.2
乙酰丙酮配合物			
Al^{3+}	0.1	1,2,3	8.1,15.7,21.2
Cu^{2+}	0.1	1,2	7.8,14.3
Fe^{3+}	0.1	1,2,3	9.3,17.9,25.1
邻二氮菲配合物			
Ag^+	0.1	1,2	5.02,12.07
Cd^{2+}	0.1	1,2,3	6.4,11.6,15.8
Co^{2+}	0.1	1,2,3	7.0,13.7,20.1
Cu^{2+}	0.1	1,2,3	9.1,15.8,21.0
Fe^{2+}	0.1	1,2,3	5.9,11.1,21.3
Hg^{2+}	0.1	1,2,3	—,19.65,23.35
Ni^{2+}	0.1	1,2,3	8.8,17.1,24.8
Zn^{2+}	0.1	1,2,3	6.4,12.15,17.0
乙二胺配合物			
Ag^+	0.1	1,2	4.7,7.7
Cd^{2+}	0.1	1,2	5.47,10.02
Cu^{2+}	0.1	1,2	10.55,19.60
Co^{2+}	0.1	1,2,3	5.89,10.72,13.82
Hg^{2+}	0.1	2	23.42
Ni^{2+}	0.1	1,2,3	7.66,14.06,18.59
Zn^{2+}	0.1	1,2,3	5.71,10.37,12.08

附录8　金属离子与氨羧配位剂形成的配合物的稳定常数（lgK_MY）

$I=0.1\ \mathrm{mol \cdot L^{-1}}$　　　$t=20\sim25℃$

金属离子	EDTA	EGTA	DCTA
Ag^+	7.32		
Al^{3+}	16.3		17.6
Ba^{2+}	7.86	8.4	8.0
Be^{2+}	9.20		
Bi^{3+}	27.94		24.1
Ca^{2+}	10.69	11.0	12.5
Ce^{3+}	15.98		
Cd^{2+}	16.46	15.6	19.2
Co^{2+}	16.31	12.3	18.9
Co^{3+}	36.0		
Cr^{3+}	23.4		
Cu^{2+}	18.80	17	21.3
Fe^{2+}	14.33		18.2
Fe^{3+}	25.1		29.3
Hg^{2+}	21.8	23.2	24.3
La^{3+}	15.50	15.6	
Mg^{2+}	8.69	5.2	10.3
Mn^{2+}	13.87	10.7	16.8
Na^+	1.66		
Ni^{2+}	18.60	17.0	19.4
Pb^{2+}	18.04	15.5	19.7
Pt^{3+}	16.31		
Sn^{2+}	22.1		
Sr^{2+}	8.73	6.8	10.0
Th^{4+}	23.2		23.2
Ti^{3+}	21.3		
TiO^{2+}	17.3		
UO_2^{2+}	～10		
U^{4+}	25.8		
VO_2^+	18.1		
VO^{2+}	18.8		
Y^{3+}	18.09		
Zn^{2+}	16.50	14.5	18.7

附录 9　标准电极电位（298.15K）

电极反应	$\varphi^{\ominus}/V$
氧化型 $+ne^- \Longrightarrow$ 还原型	
$Li^+(aq)+e^- \Longrightarrow Li(s)$	-3.040
$Cs^+(aq)+e^- \Longrightarrow Cs(s)$	-3.027
$Rb^+(aq)+e^- \Longrightarrow Rb(s)$	-2.943
$K^+(aq)+e^- \Longrightarrow K(s)$	-2.936
$Ra^{2+}(aq)+2e^- \Longrightarrow Ra(s)$	-2.910
$Ba^{2+}(aq)+2e^- \Longrightarrow Ba(s)$	-2.906
$Sr^{2+}(aq)+2e^- \Longrightarrow Sr(s)$	-2.899
$Ca^{2+}(aq)+2e^- \Longrightarrow Ca(s)$	-2.869
$Na^+(aq)+e^- \Longrightarrow Na(s)$	-2.714
$La^{3+}(aq)+3e^- \Longrightarrow La(s)$	-2.362
$Mg^{2+}(aq)+2e^- \Longrightarrow Mg(s)$	-2.357
$Sc^{3+}(aq)+3e^- \Longrightarrow Sc(s)$	-2.027
$Be^{2+}(aq)+2e^- \Longrightarrow Be(s)$	-1.968
$Al^{3+}(aq)+3e^- \Longrightarrow Al(s)$	-1.68
$[SiF_6]^{2-}(aq)+4e^- \Longrightarrow Si(s)+6F^-(aq)$	-1.365
$Mn^{2+}(aq)+2e^- \Longrightarrow Mn(s)$	-1.182
$SiO_2(am)+4H^++4e^- \Longrightarrow Si(s)+2H_2O$	-0.9754
$SO_4^{2-}(aq)+H_2O(l)+2e^- \Longrightarrow SO_3^{2-}(aq)+2OH^-(aq)$	-0.9362
$Fe(OH)_2(s)+2e^- \Longrightarrow Fe(s)+2OH^-(aq)$	-0.8914
$H_3BO_3(s)+3H^++3e^- \Longrightarrow B(s)+3H_2O(l)$	-0.8894
$Zn^{2+}(aq)+2e^- \Longrightarrow Zn(s)$	-0.7621
$Cr^{3+}(aq)+3e^- \Longrightarrow Cr(s)$	(-0.74)
$FeCO_3(s)+2e^- \Longrightarrow Fe(s)+CO_3^{2-}(aq)$	-0.7196
$2CO_2(g)+2H^+(aq)+2e^- \Longrightarrow H_2C_2O_4(aq)$	-0.5950
$2SO_3^{2-}(aq)+3H_2O(l)+4e^- \Longrightarrow S_2O_3^{2-}(aq)+6OH^-(aq)$	-0.5659
$Ga^{3+}(aq)+3e^- \Longrightarrow Ga(s)$	-0.5493
$Fe(OH)_3(s)+e^- \Longrightarrow Fe(OH)_2(s)+OH^-(aq)$	-0.5468
$Sb(s)+3H^+(aq)+3e^- \Longrightarrow SbH_3(g)$	-0.5104
$S(s)+2e^- \Longrightarrow S^{2-}(aq)$	-0.445
$Cr^{3+}(aq)+e^- \Longrightarrow Cr^{2+}(aq)$	(-0.41)
$Fe^{2+}(aq)+2e^- \Longrightarrow Fe(s)$	-0.4089
$Ag(CN)_2^-(aq)+e^- \Longrightarrow Ag(s)+2CN^-(aq)$	-0.4073
$Cd^{2+}(aq)+2e^- \Longrightarrow Cd(s)$	-0.4022
$PbI_2(s)+2e^- \Longrightarrow Pb(s)+2I^-(aq)$	-0.3653
$Cu_2O(aq)+H_2O(l)+2e^- \Longrightarrow 2Cu(s)+2OH^-(aq)$	-0.3557
$PbSO_4(s)+2e^- \Longrightarrow Pb(s)+SO_4^{2-}(aq)$	-0.3555
$In^{3+}(aq)+3e^- \Longrightarrow In(s)$	-0.338
$Tl^+(aq)+e^- \Longrightarrow Tl(s)$	-0.3358
$Co^{2+}(aq)+2e^- \Longrightarrow Co(s)$	-0.282
$PbBr_2(s)+2e^- \Longrightarrow Pb(s)+2Br^-(aq)$	-0.2798
$PbCl_2(s)+2e^- \Longrightarrow Pb(s)+2Cl^-(aq)$	-0.2676
$As(s)+3H^+(aq)+3e^- \Longrightarrow AsH_3(g)$	-0.2381
$Ni^{2+}(aq)+2e^- \Longrightarrow Ni(s)$	-0.2363

电极反应	$\varphi^{\ominus}/V$
氧化型$+ne^-\rightleftharpoons$还原型	
$VO_2^+(aq)+4H^+ +5e^-\rightleftharpoons V(s)+2H_2O(l)$	-0.2337
$CuI(s)+e^-\rightleftharpoons Cu(s)+I^-(aq)$	-0.1858
$AgCN(s)+e^-\rightleftharpoons Ag(s)+CN^-(aq)$	-0.1606
$AgI(s)+e^-\rightleftharpoons Ag(s)+I^-(aq)$	-0.1515
$Sn^{2+}(aq)+2e^-\rightleftharpoons Sn(s)$	-0.1410
$Pb^{2+}(aq)+2e^-\rightleftharpoons Pb(s)$	-0.1266
$CrO_4^{2-}(aq)+2H_2O(l)+3e^-\rightleftharpoons CrO_2^-(aq)+4OH^-(aq)$	(-0.120)
$Se(s)+2H^+(aq)+2e^-\rightleftharpoons H_2Se(aq)$	-0.1150
$WO_3(s)+6H^+(aq)+6e^-\rightleftharpoons W(s)+3H_2O(l)$	-0.0909
$2Cu(OH)_2(s)+2e^-\rightleftharpoons Cu_2O(s)+2OH^-(aq)+H_2O(l)$	(-0.08)
$MnO_2(s)+2H_2O(l)+2e^-\rightleftharpoons Mn(OH)_2(s)+2OH^-(aq)$	-0.0514
$[HgI_4]^{2-}(aq)+2e^-\rightleftharpoons Hg(l)+4I^-(aq)$	-0.02809
$2H+(aq)+2e^-\rightleftharpoons H_2(g)$	0
$NO_3^-(aq)+H_2O(aq)+2e^-\rightleftharpoons NO_2^-(aq)+2OH^-(aq)$	0.00849
$S_4O_6^{2-}(aq)+2e^-\rightleftharpoons 2S_2O_3^{2-}(aq)$	0.02384
$AgBr(s)+e^-\rightleftharpoons Ag(s)+Br^-(aq)$	0.07317
$S(s)+2H^+(aq)+2e^-\rightleftharpoons H_2S(aq)$	0.1442
$Sn^{4+}(aq)+2e^-\rightleftharpoons Sn^{2+}(aq)$	0.1539
$SO_4^{2-}(aq)+4H^+(aq)+2e^-\rightleftharpoons H_2SO_3(aq)+H_2O(l)$	0.1576
$Cu^{2+}(aq)+e^-\rightleftharpoons Cu^+(aq)$	0.1607
$AgCl(s)+e^-\rightleftharpoons Ag(s)+Cl^-$	0.2222
$[HgBr_4]^{2-}(aq)+2e^-\rightleftharpoons Hg(l)+4Br^-(aq)$	0.2318
$HAsO_2(aq)+3H^+(aq)+3e^-\rightleftharpoons As(s)+2H_2O(l)$	0.2473
$PbO_2(s)+H_2O(l)+2e^-\rightleftharpoons PbO(s,黄色)+2OH^-(aq)$	0.2483
$Hg_2Cl_2(s)+2e^-\rightleftharpoons 2Hg(l)+2Cl^-(aq)$	0.2680
$BiO^+(aq)+2H^++3e^-\rightleftharpoons Bi(s)+H_2O(l)$	0.3134
$Cu^{2+}(aq)+2e^-\rightleftharpoons Cu(s)$	0.3394
$Ag_2O(s)+H_2O(l)+2e^-\rightleftharpoons 2Ag(s)+2OH^-(aq)$	0.3428
$[Fe(CN)_6]^{3-}(aq)+e^-\rightleftharpoons [Fe(CN)_6]^{4-}(aq)$	0.3557
$[Ag(NH_3)_2]^+(aq)+e^-\rightleftharpoons Ag(s)+2NH_3(aq)$	0.3719
$ClO_4^-(aq)+H_2O(l)+2e^-\rightleftharpoons ClO_3^-(aq)+2OH^-(aq)$	0.3979
$O_2(g)+2H_2O(l)+4e^-\rightleftharpoons 4OH^-(aq)$	0.4009
$2H_2SO_3(aq)+2H^+(aq)+4e^-\rightleftharpoons S_2O_3^{2-}(aq)+3H_2O(l)$	0.4101
$Ag_2CrO_4(s)+2e^-\rightleftharpoons 2Ag(s)+CrO_4^{2-}(aq)$	0.4497
$2H_2SO_3(aq)+4H^+(aq)+4e^-\rightleftharpoons S(s)+3H_2O(l)$	0.5180
$Cu^+(aq)+e^-\rightleftharpoons Cu(s)$	0.5345
$I_2(s)+2e^-\rightleftharpoons 2I^-(aq)$	0.5545
$MnO_4^-(aq)+e^-\rightleftharpoons MnO_4^{2-}(aq)$	0.5748
$H_3AsO_4(aq)+2H^+(aq)+2e^-\rightleftharpoons H_3AsO_3(aq)+H_2O(l)$	0.5748
$MnO_4^-(aq)+2H_2O(l)+3e^-\rightleftharpoons MnO_2(s)+4OH^-(aq)$	0.5965
$H_3AsO_4(aq)+2H^+(aq)+2e^-\rightleftharpoons H_3AsO_3(aq)+H_2O(l)$	0.5748
$MnO_4^-(aq)+2H_2O(l)+3e^-\rightleftharpoons MnO_2(s)+4OH^-(aq)$	0.5965
$BrO_3^-(aq)+3H_2O(l)+6e^-\rightleftharpoons Br^-(aq)+6OH^-(aq)$	0.6126
$MnO_4^{2-}(aq)+2H_2O(l)+2e^-\rightleftharpoons MnO_2(s)+4OH^-(aq)$	0.6175
$2HgCl_2(s)+2e^-\rightleftharpoons Hg_2Cl_2(s)+2Cl^-(aq)$	0.6571

电极反应		$\varphi^{\ominus}/\text{V}$
氧化型 $+ne^- \Longleftrightarrow$ 还原型		
$ClO_2^-(aq)+H_2O(l)+2e^- \Longleftrightarrow ClO^-(aq)+2OH^-(aq)$		0.6807
$O_2(g)+2H^+(aq)+2e^- \Longleftrightarrow H_2O_2(aq)$		0.6945
$Fe^{3+}(aq)+e^- \Longleftrightarrow Fe^{2+}(aq)$		0.769
$Hg_2^{2+}(aq)+2e^- \Longleftrightarrow 2Hg(s)$		0.7956
$NO_3^-(aq)+2H^+(aq)+e^- \Longleftrightarrow NO_2(g)+H_2O(l)$		0.7989
$Ag^+(aq)+e^- \Longleftrightarrow Ag(s)$		0.7991
$[PtCl_4]^{2-}(aq)+2e^- \Longleftrightarrow Pt(s)+4Cl^-(aq)$		0.8473
$Hg^{2+}(aq)+2e^- \Longleftrightarrow Hg(l)$		0.8519
$HO_2^-(aq)+H_2O(l)+2e^- \Longleftrightarrow 3OH^-(aq)$		0.8670
$ClO^-(aq)+H_2O(l)+2e^- \Longleftrightarrow Cl^-(aq)+2OH^-(aq)$		0.8902
$2Hg^{2+}(aq)+2e^- \Longleftrightarrow Hg_2^{2+}(aq)$		0.9083
$NO_3^-(aq)+3H^+(aq)+2e^- \Longleftrightarrow HNO_2(g)+H_2O(l)$		0.9275
$NO_3^-(aq)+4H^+(aq)+3e^- \Longleftrightarrow NO(g)+2H_2O(l)$		0.9637
$HNO_2(aq)+H^+(aq)+e^- \Longleftrightarrow NO(g)+H_2O(l)$		1.04
$NO_2(aq)+H^+(aq)+e^- \Longleftrightarrow HNO_2(aq)$		1.056
$Br_2(l)+2e^- \Longleftrightarrow 2Br^-(aq)$		1.0774
$ClO_3^-(aq)+3H^+(aq)+2e^- \Longleftrightarrow HClO_2(aq)+H_2O(l)$		1.157
$ClO_2(aq)+H^+(aq)+e^- \Longleftrightarrow HClO_2(aq)$		1.184
$2IO_3^-(aq)+12H^+(aq)+10e^- \Longleftrightarrow I_2(s)+6H_2O(l)$		1.209
$ClO_4^-(aq)+2H^+(aq)+2e^- \Longleftrightarrow ClO_3^-(aq)+H_2O(l)$		1.226
$O_2(g)+4H^+(aq)+4e^- \Longleftrightarrow 2H_2O(l)$		1.229
$MnO_2(s)+4H^+(aq)+2e^- \Longleftrightarrow Mn^{2+}(aq)+2H_2O(l)$		1.2293
$O_3(g)+H_2O(l)+2e^- \Longleftrightarrow O_2(g)+2OH^-(aq)$		1.247
$Tl^{3+}(aq)+2e^- \Longleftrightarrow Tl^+(aq)$		1.280
$2HNO_2(aq)+4H^+(aq)+4e^- \Longleftrightarrow N_2O(g)+3H_2O(l)$		1.311
$Cr_2O_7^{2-}(aq)+14H^+(aq)+6e^- \Longleftrightarrow 2Cr^{3+}(aq)+7H_2O(l)$		1.360
$Cl_2(g)+2e^- \Longleftrightarrow 2Cl^-(aq)$		1.360
$2HIO(aq)+2H^+(aq)+2e^- \Longleftrightarrow I_2(g)+2H_2O(l)$		1.431
$PbO_2(s)+4H^+(aq)+2e^- \Longleftrightarrow Pb^{2+}(aq)+2H_2O(l)$		1.458
$Au^{3+}(aq)+3e^- \Longleftrightarrow Au(s)$		(1.50)
$Mn^{3+}(aq)+e^- \Longleftrightarrow Mn^{2+}(aq)$		(1.51)
$MnO_4^-(aq)+8H^+(aq)+5e^- \Longleftrightarrow Mn^{2+}(aq)+4H_2O(l)$		1.512
$2HBrO_3^-(aq)+12H^+(aq)+10e^- \Longleftrightarrow Br_2(l)+6H_2O(l)$		1.513
$Cu^{2+}(aq)+2CN^-(aq)+e^- \Longleftrightarrow Cu(CN)_2^-(l)$		1.580
$2H_5IO_6(aq)+H^+(aq)+2e^- \Longleftrightarrow IO_3^-(aq)+3H_2O(l)$		(1.60)
$2HBrO(aq)+2H^+(aq)+2e^- \Longleftrightarrow Br_2(l)+2H_2O(l)$		1.604
$2HClO(aq)+2H^+(aq)+2e^- \Longleftrightarrow Cl_2(l)+2H_2O(l)$		1.630
$HClO_2(aq)+2H^+(aq)+2e^- \Longleftrightarrow HClO(aq)+H_2O(l)$		1.673
$Au^+(aq)+e^- \Longleftrightarrow Au(s)$		(1.68)
$MnO_4^-(aq)+4H^+(aq)+3e^- \Longleftrightarrow MnO_2+2H_2O(l)$		1.700
$H_2O_2(aq)+2H^+(aq)+2e^- \Longleftrightarrow 2H_2O(l)$		1.763
$S_2O_8^{2-}(aq)+2e^- \Longleftrightarrow 2SO_4^{2-}(aq)$		1.939
$Co^{3+}(aq)+e^- \Longleftrightarrow Co^{2+}(aq)$		1.95
$Ag^{2+}(aq)+e^- \Longleftrightarrow Ag^+(aq)$		1.989
$O_3(g)+2H^+(aq)+2e^- \Longleftrightarrow O_2(g)+H_2O(l)$		2.075
$F_2(g)+2e^- \Longleftrightarrow 2F^-(aq)$		2.889
$F_2(g)+2H^+(aq)+2e^- \Longleftrightarrow 2HF(aq)$		3.076

附录 10 条件电极电位 $\varphi^{\ominus\prime}$

半反应	$\varphi^{\ominus\prime}/V$	介质
$Ag(II)+e^-\rightleftharpoons Ag^+$	1.927	$4mol\cdot L^{-1}\ HNO_3$
$Ce(IV)+e^-\rightleftharpoons Ce(III)$	1.70	$1mol\cdot L^{-1}\ HClO_4$
	1.61	$1mol\cdot L^{-1}\ HNO_3$
	1.44	$0.5mol\cdot L^{-1}\ H_2SO_4$
	1.28	$1mol\cdot L^{-1}\ HCl$
$CO^{3+}+e^-\rightleftharpoons CO^{2+}$	1.85	$4mol\cdot L^{-1}\ HNO_3$
$CO(en)_3^{3+}+e^-\rightleftharpoons CO(en)_3^{2+}$	-0.2	$0.1mol\cdot L^{-1}\ KNO_3+0.1mol\cdot L^{-1}$ 乙二胺
$Cr(III)+e^-\rightleftharpoons Cr(II)$	-0.40	$5mol\cdot L^{-1}\ HCl$
$Cr_2O_7^{2-}+14H^++6e^-\rightleftharpoons 2Cr^{3+}+7H_2O$	1.00	$1mol\cdot L^{-1}\ HCl$
	1.025	$1mol\cdot L^{-1}\ HClO_4$
	1.08	$3mol\cdot L^{-1}\ HCl$
	1.05	$2mol\cdot L^{-1}\ HCl$
	1.15	$4mol\cdot L^{-1}\ H_2SO_4$
$CrO_4^{2-}+2H_2O+3e^-\rightleftharpoons CrO_2^-+4OH^-$	-0.12	$1mol\cdot L^{-1}\ NaOH$
$Fe(III)+e^-\rightleftharpoons Fe(II)$	0.73	$1mol\cdot L^{-1}\ HClO_4$
	0.71	$0.5mol\cdot L^{-1}\ HCl$
	0.68	$1mol\cdot L^{-1}\ H_2SO_4$
	0.68	$1mol\cdot L^{-1}\ HCl$
	0.46	$2mol\cdot L^{-1}\ H_3PO_4$
	0.51	$1mol\cdot L^{-1}\ HCl+0.25mol\cdot L^{-1}\ H_3PO_4$
$H_3AsO_4+2H^++2e^-\rightleftharpoons H_3AsO_3+H_2O$	0.557	$1mol\cdot L^{-1}\ HCl$
	0.557	$1mol\cdot L^{-1}\ HClO_4$
$Fe(EDTA)^-+e^-\rightleftharpoons Fe(EDTA)^{2-}$	0.12	$0.1mol\cdot L^{-1}\ EDTA\ pH=4\sim6$
$Fe(CN)_6^{3-}+e^-\rightleftharpoons Fe(CN)_6^{4-}$	0.48	$0.01mol\cdot L^{-1}\ HCl$
	0.56	$0.1mol\cdot L^{-1}\ HCl$
	0.71	$1mol\cdot L^{-1}\ HCl$
	0.72	$1mol\cdot L^{-1}\ HClO_4$
$I_2(水)+2e^-\rightleftharpoons 2I^-$	0.628	$1mol\cdot L^{-1}\ H^+$
$I_3^-+2e^-\rightleftharpoons 3I^-$	0.545	$1mol\cdot L^{-1}\ H^+$
$MnO_4^-+8H^++5e^-\rightleftharpoons Mn^{2+}+4H_2O$	1.45	$1mol\cdot L^{-1}\ HClO_4$
	1.27	$8mol\cdot L^{-1}\ H_3PO_4$
$Os(VIII)+4e^-\rightleftharpoons Os(IV)$	0.79	$5mol\cdot L^{-1}\ HCl$
$SnCl_6^{2-}+2e^-\rightleftharpoons SnCl_4^{2-}+2Cl^-$	0.14	$1mol\cdot L^{-1}\ HCl$
$Sn^{2+}+2e^-\rightleftharpoons Sn$	-0.16	$1mol\cdot L^{-1}\ HClO_4$
$Sb(V)+2e^-\rightleftharpoons Sb(III)$	0.75	$3.5mol\cdot L^{-1}\ HCl$
$Sb(OH)_6^-+2e^-\rightleftharpoons SbO_2^-+2OH^-+2H_2O$	-0.428	$3mol\cdot L^{-1}\ NaOH$

半反应	$\varphi^{\ominus\prime}/V$	介质
$SbO_2^- + 2H_2O + 3e^- \rightleftharpoons Sb + 4OH^-$	-0.675	$10\text{mol}\cdot L^{-1}$ KOH
$Ti(IV) + e^- \rightleftharpoons Ti(III)$	-0.01	$0.2\text{mol}\cdot L^{-1}$ H_2SO_4
	0.12	$2\text{mol}\cdot L^{-1}$ H_2SO_4
	-0.04	$1\text{mol}\cdot L^{-1}$ HCl
	-0.05	$1\text{mol}\cdot L^{-1}$ H_3PO_4
$Pb(II) + 2e^- \rightleftharpoons Pb$	-0.32	$1\text{mol}\cdot L^{-1}$ NaAc
	-0.14	$1\text{mol}\cdot L^{-1}$ $HClO_4$
$UO_2^{2+} + 4H^+ + 2e^- \rightleftharpoons U(IV) + 2H_2O$	0.41	$0.5\text{mol}\cdot L^{-1}$ H_2SO_4

附录 11 难溶化合物的溶度积常数（18℃）

难溶化合物	化学式	溶度积 K_{sp}	温度
氢氧化铝	$Al(OH)_3$	2×10^{-32}	
溴酸银	$AgBrO_3$	5.77×10^{-5}	25℃
溴化银	$AgBr$	4.1×10^{-13}	
碳酸银	Ag_2CO_3	6.15×10^{-12}	25℃
氯化银	$AgCl$	1.56×10^{-10}	25℃
铬酸银	Ag_2CrO_4	9×10^{-12}	25℃
氢氧化银	$AgOH$	1.52×10^{-8}	20℃
碘化银	AgI	1.5×10^{-16}	25℃
硫化银	Ag_2S	1.6×10^{-49}	
硫氰酸银	$AgSCN$	4.9×10^{-13}	
碳酸钡	$BaCO_3$	8.1×10^{-9}	
铬酸钡	$BaCrO_4$	1.6×10^{-10}	
草酸钡	$BaC_2O_4 \cdot 3.5 H_2O$	1.62×10^{-7}	
硫酸钡	$BaSO_4$	8.7×10^{-11}	
氢氧化铋	$Bi(OH)_3$	4.0×10^{-31}	
氢氧化铬	$Cr(OH)_3$	5.4×10^{-31}	
硫化镉	CdS	3.6×10^{-29}	
碳酸钙	$CaCO_3$	8.7×10^{-9}	25℃
氟化钙	CaF_2	3.4×10^{-11}	
草酸钙	$CaC_2O_4 \cdot H_2O$	1.78×10^{-9}	
硫酸钙	$CaSO_4$	2.45×10^{-5}	25℃
硫化钴	$CoS\ (\alpha)$	4×10^{-21}	
	$CoS\ (\beta)$	2×10^{-25}	
碘酸铜	$CuIO_3$	1.4×10^{-7}	25℃
草酸铜	CuC_2O_4	2.87×10^{-8}	25℃

难溶化合物	化学式	溶度积 K_{sp}	温度
硫化铜	CuS	8.5×10^{-45}	
溴化亚铜	$CuBr$	4.15×10^{-8}	(18~20℃)
氯化亚铜	$CuCl$	1.02×10^{-6}	(18~20℃)
碘化亚铜	CuI	1.1×10^{-12}	(18~20℃)
硫化亚铜	Cu_2S	2×10^{-47}	(16~18℃)
硫氰酸亚铜	$CuSCN$	4.8×10^{-15}	
氢氧化铁	$Fe(OH)_3$	3.5×10^{-38}	
氢氧化亚铁	$Fe(OH)_2$	1.0×10^{-15}	
草酸亚铁	FeC_2O_4	2.1×10^{-7}	25℃
硫化亚铁	FeS	3.7×10^{-19}	
硫化汞	HgS	$4 \times 10^{-53} \sim 2 \times 10^{-49}$	
溴化亚汞	Hg_2Br_2	5.8×10^{-23}	25℃
氯化亚汞	Hg_2Cl_2	1.3×10^{-18}	25℃
碘化亚汞	Hg_2I_2	4.5×10^{-29}	
磷酸铵镁	$MgNH_4PO_4$	2.5×10^{-13}	25℃
碳酸镁	$MgCO_3$	2.6×10^{-5}	25℃
氟化镁	MgF_2	7.1×10^{-9}	
氢氧化镁	$Mg(OH)_2$	1.8×10^{-11}	
草酸镁	MgC_2O_4	8.57×10^{-5}	
氢氧化锰	$Mn(OH)_2$	4.5×10^{-13}	
硫化锰	MnS	1.4×10^{-15}	
氢氧化镍	$Ni(OH)_2$	6.5×10^{-18}	
碳酸铅	$PbCO_3$	3.3×10^{-14}	
铬酸铅	$PbCrO_4$	1.77×10^{-14}	
氟化铅	PbF_2	3.2×10^{-8}	
草酸铅	PbC_2O_4	2.74×10^{-11}	
氢氧化铅	$Pb(OH)_2$	1.2×10^{-15}	
硫酸铅	$PbSO_4$	1.06×10^{-8}	
硫化铅	PbS	3.4×10^{-28}	
碳酸锶	$SrCO_3$	1.6×10^{-9}	25℃
氟化锶	SrF_2	2.8×10^{-9}	
草酸锶	SrC_2O_4	5.61×10^{-8}	
硫酸锶	$SrSO_4$	3.81×10^{-7}	17.4℃
氢氧化锡	$Sn(OH)_4$	1×10^{-57}	
氢氧化亚锡	$Sn(OH)_2$	3×10^{-27}	
氢氧化钛	$TiO(OH)_2$	1×10^{-29}	
氢氧化锌	$Zn(OH)_2$	1.2×10^{-17}	(16~18℃)
草酸锌	ZnC_2O_4	1.35×10^{-9}	
硫化锌	ZnS	1.2×10^{-23}	

参 考 文 献

[1] 武汉大学. 分析化学. 第5版. 北京：高等教育出版社，2006.
[2] 胡乃非，欧阳津，晋卫军等. 分析化学. 第3版. 北京：高等教育出版社，2010.
[3] 华东理工大学化学系，四川大学化工学院. 分析化学. 第6版. 北京：高等教育出版社，2003.
[4] 四川大学工科基础化学教学中心. 分析测试中心. 分析化学. 北京：科学出版社，2001.
[5] 孙毓庆. 分析化学. 第2版. 北京：科学出版社，2006.
[6] 甘峰. 分析化学基础教程. 北京：化学工业出版社，2006.
[7] 吴性良，朱万森，马林. 分析化学原理. 北京：化学工业出版社，2004.
[8] 樊行雪，方国女. 大学化学原理及应用(上、下册). 第2版. 北京：化学工业出版社，2004.
[9] 陈虹锦. 无机与分析化学. 北京：科学出版社，2002.
[10] 邓建成. 大学基础化学. 北京：化学工业出版社，2003.
[11] 呼世斌，黄蔷蕾. 无机及分析化学. 北京：高等教育出版社，2001.
[12] 傅洵，许泳吉，解从霞. 基础化学教程. 北京：科学出版社，2007.
[13] 揭念芹. 基础化学I(无机及分析化学). 北京：科学出版社，2000.
[14] 张士勇. 无机及分析化学. 杭州：浙江大学出版社，2000.
[15] 钟国清，赵明宪. 大学基础化学. 北京：高等教育出版社，2003.
[16] 浙江大学. 无机及分析化学. 北京：高等教育出版社，2003.
[17] 北京大学《大学基础化学》编写组. 大学基础化学. 北京：高等教育出版社，2003.
[18] 钟国清，朱云云. 无机及分析化学. 北京：科学出版社，2006.
[19] 孙为银. 配位化学. 北京：化学工业出版社，2004.
[20] 朱明华，胡坪. 仪器分析. 第4版. 北京：高等教育出版社，2008.
[21] 叶宪曾，张新祥. 仪器分析教程. 第2版. 北京：北京大学出版社，2007.
[22] 刘约权. 现代仪器分析. 第2版. 北京：高等教育出版社，2006.
[23] 江万全，金谷. 分析化学：要点、例题、习题、真题. 合肥：中国科技大学出版社，2003.
[24] 樊行雪. 分析化学学习与考研指津. 上海：华东理工大学出版社，2006.